国家卫生健康委员会"十四五"规划教材

全国高等学校**制药工程专业第二轮**规划教材

供制药工程专业用

电工与电子技术

主　编　章新友

副主编　郭永新　杨欣欣

编　委（按姓氏笔画排序）

王　勤（贵州中医药大学）　　　陈伟炜（福建中医药大学）

石继飞（包头医学院）　　　　金　力（安徽中医药大学）

司兴勇（山东中医药大学）　　　洪　锐（广西中医药大学）

齐　峰（黑龙江中医药大学）　　原　杰（哈尔滨医科大学）

李　光（长春中医药大学）　　　顾柏平（南京中医药大学）

杨欣欣（辽宁中医药大学）　　　高智贤（新乡医学院）

杨海波（河北医科大学）　　　　郭永新（山东第一医科大学）

张　翼（沈阳药科大学）　　　　章新友（江西中医药大学）

张春强（江西中医药大学）

人民卫生出版社

·北　京·

图书在版编目（CIP）数据

电工与电子技术 / 章新友主编. —北京：人民卫生出版社，2024.5

ISBN 978-7-117-36274-0

Ⅰ.①电…　Ⅱ.①章…　Ⅲ.①电工技术②电子技术　Ⅳ.①TM ②TN

中国国家版本馆 CIP 数据核字 (2024) 第 088950 号

| 人卫智网 | www.ipmph.com | 医学教育、学术、考试、健康，购书智慧智能综合服务平台 |
| 人卫官网 | www.pmph.com | 人卫官方资讯发布平台 |

电工与电子技术
Diangong yu Dianzi Jishu

主　　编：章新友
出版发行：人民卫生出版社（中继线 010-59780011）
地　　址：北京市朝阳区潘家园南里 19 号
邮　　编：100021
E - mail：pmph @ pmph.com
购书热线：010-59787592　010-59787584　010-65264830
印　　刷：人卫印务（北京）有限公司
经　　销：新华书店
开　　本：850×1168　1/16　印张：20
字　　数：474 千字
版　　次：2024 年 5 月第 1 版
印　　次：2024 年 6 月第 1 次印刷
标准书号：ISBN 978-7-117-36274-0
定　　价：79.00 元

打击盗版举报电话：010-59787491　E-mail：WQ @ pmph.com
质量问题联系电话：010-59787234　E-mail：zhiliang @ pmph.com
数字融合服务电话：4001118166　E-mail：zengzhi @ pmph.com

出版说明

　　随着社会经济水平的增长和我国医药产业结构的升级,制药工程专业发展迅速,融合了生物、化学、医学等多学科的知识与技术,更呈现出了相互交叉、综合发展的趋势,这对新时期制药工程人才的知识结构、能力、素养方面提出了新的要求。党的二十大报告指出,要"加强基础学科、新兴学科、交叉学科建设,加快建设中国特色、世界一流的大学和优势学科。"教育部印发的《高等学校课程思政建设指导纲要》指出,"落实立德树人根本任务,必须将价值塑造、知识传授和能力培养三者融为一体、不可割裂。"通过课程思政实现"培养有灵魂的卓越工程师",引导学生坚定政治信仰,具有强烈的社会责任感与敬业精神,具备发现和分析问题的能力、技术创新和工程创造的能力、解决复杂工程问题的能力,最终使学生真正成长为有思想、有灵魂的卓越工程师。这同时对教材建设也提出了更高的要求。

　　全国高等学校制药工程专业规划教材首版于 2014 年,共计 17 种,涵盖了制药工程专业的基础课程和专业课程,特别是与药学专业教学要求差别较大的核心课程,为制药工程专业人才培养发挥了积极作用。为适应新形势下制药工程专业教育教学、学科建设和人才培养的需要,助力高等学校制药工程专业教育高质量发展,推动"新医科"和"新工科"深度融合,人民卫生出版社经广泛、深入的调研和论证,全面启动了全国高等学校制药工程专业第二轮规划教材的修订编写工作。

　　此次修订出版的全国高等学校制药工程专业第二轮规划教材共 21 种,在上一轮教材的基础上,充分征求院校意见,修订 8 种,更名 1 种,为方便教学将原《制药工艺学》拆分为《化学制药工艺学》《生物制药工艺学》《中药制药工艺学》,并新编教材 9 种,其中包含一本综合实训,更贴近制药工程专业的教学需求。全套教材均为国家卫生健康委员会"十四五"规划教材。

　　本轮教材具有如下特点:

　　1. 专业特色鲜明,教材体系合理　本套教材定位于普通高等学校制药工程专业教学使用,注重体现具有药物特色的工程技术性要求,秉承"精化基础理论、优化专业知识、强化实践能力、深化素质教育、突出专业特色"的原则来合理构建教材体系,具有鲜明的专业特色,以实现服务新工科建设,融合体现新医科的目标。

　　2. 立足培养目标,满足教学需求　本套教材编写紧紧围绕制药工程专业培养目标,内容构建既有别于药学和化工相关专业的教材,又充分考虑到社会对本专业人才知识、能力和素质的要求,确保学生掌握基本理论、基本知识和基本技能,能够满足本科教学的基本要求,进而培养出能适应规范化、规模化、现代化的制药工业所需的高级专业人才。

3. 深化思政教育，坚定理想信念　以习近平新时代中国特色社会主义思想为指导，将"立德树人"放在突出地位，使教材体现的教育思想和理念、人才培养的目标和内容，服务于中国特色社会主义事业。各门教材根据自身特点，融入思想政治教育，激发学生的爱国主义情怀以及敢于创新、勇攀高峰的科学精神。

4. 理论联系实际，注重理工结合　本套教材遵循"三基、五性、三特定"的教材建设总体要求，理论知识深入浅出，难度适宜，强调理论与实践的结合，使学生在获取知识的过程中能与未来的职业实践相结合。注重理工结合，引导学生的思维方式从以科学、严谨、抽象、演绎为主的"理"与以综合、归纳、合理简化为主的"工"结合，树立用理论指导工程技术的思维观念。

5. 优化编写形式，强化案例引入　本套教材以"实用"作为编写教材的出发点和落脚点，强化"案例教学"的编写方式，将理论知识与岗位实践有机结合，帮助学生了解所学知识与行业、产业之间的关系，达到学以致用的目的。并多配图表，让知识更加形象直观，便于教师讲授与学生理解。

6. 顺应"互联网＋教育"，推进纸数融合　在修订编写纸质教材内容的同时，同步建设以纸质教材内容为核心的多样化的数字化教学资源，通过在纸质教材中添加二维码的方式，"无缝隙"地链接视频、动画、图片、PPT、音频、文档等富媒体资源，将"线上""线下"教学有机融合，以满足学生个性化、自主性的学习要求。

本套教材在编写过程中，众多学术水平一流和教学经验丰富的专家教授以高度负责、严谨认真的态度为教材的编写付出了诸多心血，各参编院校对编写工作的顺利开展给予了大力支持，在此对相关单位和各位专家表示诚挚的感谢！教材出版后，各位教师、学生在使用过程中，如发现问题请反馈给我们（发消息给"人卫药学"公众号），以便及时更正和修订完善。

人民卫生出版社

2023 年 3 月

前　言

　　随着电子技术在医药领域的广泛应用,电工学和电子学已成为制药工程人才的必备知识,全国医药院校在本科生中都开设了电工与电子技术课程。本书作为国家卫生健康委员会"十四五"规划教材、全国高等学校制药工程专业第二轮规划教材,是参照高等医药院校电工与电子技术课程标准,由全国16所高等医药院校从事电工与电子技术教学及其应用研究的教师和专业技术人员编写而成。本书主要供制药工程类等专业作为教材选用,也可作为广大医药工作者的参考书。

　　本书在叙述电工、电子技术原理的基础上,力求与制药工程相结合,既保证教材的科学性、系统性,又贯彻实用性强和少而精的原则。全书在内容的介绍方法上着重分析电工电子的物理过程本质,尽量避免数学推导,使没有高等数学知识的读者在学习中也不会感到困难,便于医药类专业的学生学习。书中的交流电路,安全用电与触电急救,交、直流放大器,非电量电测技术等内容,都是制药工作者必备的实用知识。每章后面有本章小结,并有丰富的习题,附录中还有"直流电路的分析与计算"以便没有学习过这些知识的学生自学。

　　本书的编写分工为:第一章由原杰编写;第二章由章新友、张春强编写;第三章由王勤、司兴勇编写;第四章由李光、金力编写;第五章由张翼编写;第六章由杨海波、陈伟炜编写;第七章由石继飞、章新友编写;第八章由杨欣欣编写;第九章由郭永新、高智贤编写;第十章由洪锐、章新友编写;附录等由章新友、顾柏平、齐峰编写。每章排名第一的编写人员为本章的统稿负责人。

　　本书在编写过程中得到了人民卫生出版社和江西中医药大学等单位的关心和支持,以及全国各兄弟院校的支持与帮助,在此一并表示感谢。由于水平有限,书中可能存在不足之处,希望广大读者提出宝贵意见,以便修订或再版时改进。

编者

2024 年 2 月

目 录

第一章　交流电与交流电路

第一节　交流电

一、交流电的基本概念

电流的大小和方向都随时间按照一定规律变化的电源,称为**交流电**,在交流电源作用下的电路称为**交流电路**。交流电不仅具有产生容易、传输经济、便于使用的特点,而且其在电子、通信、自动化和测量等领域具有应用广泛的优势。

交流电与直流电不同,有自身特殊的规律和特点。交流电路的分析和计算,本质上是对不同参数、不同结构的电路进行电压关系、阻抗关系、功率关系及电压与电流关系进行分析计算。

电路中电压(电流)的大小和方向随时间变化,这样的电压(电流)称为**交流电压 (交流电流)**,统称为**交流电**。

如果交流电的变化为周期性的,也就是说,经过一定的时间,电压(电流)重复原来的变化。这样周而复始地按照一定规律变化的电压或电流,称为**周期性交流电**。周期性交流电的数学表达式为

$$\left.\begin{array}{l} u = f_1\left(t \pm kT\right) \\ i = f_2\left(t \pm kT\right) \end{array}\right\}$$ 　　　　式(1-1)

式中,$k = 0$、1、2……;T 为周期,是常数。

如正弦交流电波和方波都为周期性交流电,其波形如图 1-1 所示。

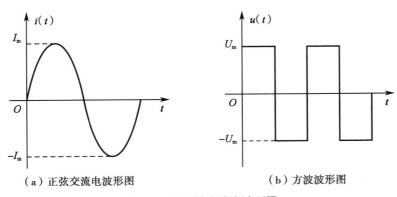

（a）正弦交流电波形图　　　　（b）方波波形图

图 1-1　周期性交流电波形图

二、交流电的产生

（一）交流发电机的简介

交流发电机（以下简称"发电机"）的基本组成部分是磁极和线圈（线圈匝数很多，嵌在硅钢片制成的铁芯上，通常称为电枢）。电枢转动而磁极不动的发电机，称为**旋转电枢式发电机**。磁极转动，而电枢不动，线圈依然切割磁感线，电枢中同样会产生感应电动势，这种发电机称为**旋转磁极式发电机**。不论哪种发电机，转动的部分都是转子，不动的部分都是定子。

（二）交流电的产生原理

闭合线圈在均匀的磁场中绕垂直于磁场方向匀速转动时，根据法拉第电磁感应定律，闭合线圈可以产生交流电。图 1-2 所示为发电机原理示意图。

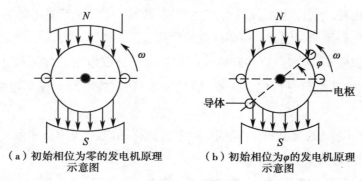

（a）初始相位为零的发电机原理　　　（b）初始相位为φ的发电机原理
　　　示意图　　　　　　　　　　　　　　　示意图

图 1-2　发电机原理示意图

在一个均匀的电磁场中，有一个能自由旋转的电枢，若电枢表面安装一导体，当电枢以一定角速度 ω 旋转，根据电磁感应定律，导体中将产生的感应电动势，其数学表达式为：

$$e = E_{\mathrm{m}}\sin\omega t \qquad\qquad 式(1-2)$$

上述便是交流发电机发电的物理过程。如导体的初始位置不在几何中面上，具有初始相位 φ，如图 1-2（b）所示，则此时的电动势表达式为：

$$e = E_{\mathrm{m}}\sin(\omega t + \varphi) \qquad\qquad 式(1-3)$$

式（1-2）和式（1-3）采用正弦函数进行表示，在本章的电路讨论过程中，如果不作特殊说明，均默认为正弦交流电路。

三、交流电的周期、相位、有效值与相量表示法

正弦电压或电流的值随时间按正弦规律周期变化，图 1-3 所示为一个正弦交流电流的波形图，T 为正弦函数的周期，图示波形图的正弦电流数学表达式如下：

$$i = I_{\mathrm{m}}\sin(\omega t + \varphi) \qquad\qquad 式(1-4)$$

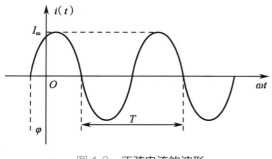

图 1-3　正弦电流的波形

式中，$i(t)$ 为正弦电流的瞬时值，I_m 为振幅或最大值；三角函数变量 $\omega t+\varphi$ 是随时间变化的弧度或角度，称为**瞬时相位**；φ_0 为 $t=0$ 时的相位，称为**初始相位**，简称为**初相位**；$\omega=\dfrac{2\pi}{t}$ 是相位随时间变化的速率，称为**角频率**。要完整表示一个正弦量，需要确定其周期、振幅和初相位，因此，周期、振幅和初相位也称为**正弦量的三要素**。

（一）周期和频率

周期性交流电完成一次周期变化所需要的时间，称为**交流电的周期**，国际通用符号为 T。在国际单位制中，周期单位是秒（s），当周期时间较短时，可以用毫秒（ms）或微秒（μs）等作为单位。交流电在单位时间内完成周期性变化的次数称为**交流电的频率**，符号为 f，频率单位是赫兹（Hz）。当频率较高时，常用千赫（kHz）或兆赫（MHz）为单位。

从周期和频率的定义可以看出，频率 f 和周期 T 的关系为

$$T=\frac{1}{f} \qquad\qquad 式（1-5）$$

正弦交流电表达式中 ω 是角频率，即正弦量每一秒钟变化的弧度，单位是弧度/秒（rad/s）。因为正弦量一周期经历 2π 弧度，所以角频率为

$$\omega=2\pi f=\frac{2\pi}{T} \qquad\qquad 式（1-6）$$

频率 f 和角频率 ω 的大小反映正弦量变化的快慢。f 和 ω 越大（周期 T 越小），则变化越快。

我国和大多数国家采用 50Hz 作为电力标准频率，美国和日本等国家采用 60Hz 作为电力标准频率。由于这种频率在工业上应用非常广泛，称其为工频。根据频率的大小，从而计算出相应的周期 T 和 ω 分别为

$$T=\frac{1}{f}=\frac{1}{50}=0.02\text{s}$$

$$\omega=2\pi f=2\pi\times50=314\text{rad/s}$$

为什么将工频确定为 50Hz 呢？其理由大致如下。

人眼对光的感觉是有惯性的（视觉暂留现象）。如果用 5Hz 的交流电来照明，那么白炽灯泡将是一亮一暗地闪烁，给人一种错乱的现象。也就是说 5Hz 的交流电，其变化时间已经大于人眼惯性时间。如果把频率提升到 20~30Hz 时，人眼就不会感觉到灯泡的闪烁了。从这一点来说，30Hz 是一个合适的频率下限。

频率的上限也并非越高越好。例如，用 30Hz 的频率将会导致电机中的铁损失增加 40~1 600 倍，输电线将会对电话线产生感应噪声，使通话受到干扰。

由于在最早的电力系统中,发电机的最高转速为 3 000r/min,其对应的频率就是 50Hz,为此,我国交流电的频率也定为 50Hz。

(二)幅值和有效值

正弦量在任意瞬间的值称为**瞬时值**,用小写字母表示,如上述文中讨论的 i。类似电压和电动势的瞬时值用 u 和 e 表示。瞬时值中最大的值是幅值,或称为**最大值**,用大写字母加下标 m 进行表示,如 I_m、U_m 和 E_m 分别表示表电流、电压和电动势幅值。

平时所说的电压高低和电流大小,交流电表中测得的电压和电流的数值,既不是最大值,也不是瞬时值,而是有效值。有效值是从周期量做功和流量做功等效的观点进行定义的。即一个交流电流 i 通过一个电阻时,在一个周期内产生的热量,与一个直流电 I 通过这个电阻时,在同样的时间产生的热量相等,则称直流电流的数值是交流电流的有效值。

按照定义,电阻 R 在 T 时间内通过直流电流 I 所产生的热量为

$$Q_I = 0.24I^2RT \qquad\qquad 式(1\text{-}7)$$

而交流电在一个周期时间 T 内是不停变化的,所以它产生的总热量应该用积分求得

$$Q_i = \int_0^T 0.24i^2R\mathrm{d}t \qquad\qquad 式(1\text{-}8)$$

由于热效应相等的条件为 $Q_i = Q_I$,即

$$\int_0^T 0.24i^2R\mathrm{d}t = 0.24I^2RT \qquad\qquad 式(1\text{-}9)$$

由式(1-9)得出一般交流电的有效值:

$$I = \sqrt{\frac{1}{T}\int_0^T i^2\mathrm{d}t} \qquad\qquad 式(1\text{-}10)$$

将有效值的定义式运用于正弦电流 $i = I_m\sin\omega t$,可得

$$I = \sqrt{\frac{1}{T}\int_0^T I_m^2\sin^2\omega t\mathrm{d}t} \qquad\qquad 式(1\text{-}11)$$

因为

$$\int_0^T \sin^2\omega t\mathrm{d}t = \int_0^T \frac{1-\cos2\omega t}{2} = \frac{1}{2}\int_0^T \mathrm{d}t - \frac{1}{2}\int_0^T \cos2\omega t\mathrm{d}t = \frac{T}{2} \qquad 式(1\text{-}12)$$

所以

$$I = \frac{I_m}{\sqrt{2}} = 0.707I_m \qquad\qquad 式(1\text{-}13)$$

由式(1-13)可以看出,交流电的电流有效值等于它的幅值 I_m 的 $\dfrac{1}{\sqrt{2}}$ 倍,因此,有效值又称方均根值。

对于正弦量电压和电动势,也有类似的结论:

$$U = \frac{U_m}{\sqrt{2}} \qquad\qquad E = \frac{E_m}{\sqrt{2}}$$

由此可见,正弦交流电的有效值为其幅值的 $\dfrac{1}{\sqrt{2}}$。有效值可代替幅值作为正弦交流电的一个要素。

(三)相位和相位差

正弦量的变化是连续的,其起点和终点并不确定,但是为了便于说明问题,选择一个计算时间的起点是非常必要的。若规定正弦量由负变正的零点为变化起点,$t=0$ 的时刻为时间起点,三角函数的变量$(\omega t+\varphi)$是随时间变化的弧度或角度,称为**瞬时相位**,简称相位。$t=0$ 时的相位简称为**初相位**,记作φ_0。φ_0 的大小与计时起点选择有关,如图 1-4 中(a)$\varphi_0=0$,(b)$\varphi_0>0$,(c)$\varphi_0<0$。

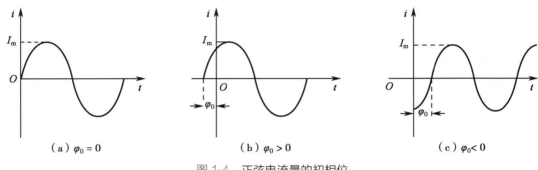

(a) $\varphi_0=0$　　　　(b) $\varphi_0>0$　　　　(c) $\varphi_0<0$

图 1-4　正弦电流量的初相位

对于两个同频率的正弦量,例如 $i_1=I_1\sin(\omega t+\varphi_1)$ 和 $i_2=I_2\sin(\omega t+\varphi_2)$,如图 1-4 所示,它们相位之差(简称相位差)用 $\Delta\varphi$ 表示,其数学表达式为

$$\Delta\varphi=(\omega t+\varphi_1)-(\omega t+\varphi_2) \qquad\qquad 式(1\text{-}14)$$

相位差通常是用来描述两个同频率正弦量的超前、滞后关系,即谁先到达最大值,谁后到达最大值。

下面讨论两个同频率正弦量之间的相位关系:

当 $\Delta\varphi=\varphi_1-\varphi_2>0$ 时,称 i_1 比 i_2 超前 $\Delta\varphi$ 角,或者 i_2 比 i_1 滞后 $\Delta\varphi$ 角,如图 1-5(a)所示。

当 $\Delta\varphi=\varphi_1-\varphi_2=0$ 时,称 i_1 比 i_2 相同。它们同时过零点,同时到达最大值,如图 1-5(b)所示。

当 $\Delta\varphi=\varphi_1-\varphi_2=\pm180°$时,称 i_1 比 i_2 反相位,如图 1-5(c)所示。

根据上述分析,应注意以下几点。

(1)初相位通常在$|\varphi|\leqslant180°$的范围内取值,相位差 $\Delta\varphi$ 也在该范围内取值。φ 和 $\Delta\varphi$ 用角度或弧度表示均可。

(2)凡是同频率的任意两个正弦量,不论是电压还是电流,或者一个为电压一个为电流,都可以讨论它们之间的相位关系。频率不同的两个正弦量,因为它们没有确定的相位差,所以讨论它们之间的相位差是没有意义的。

(3)相位差与计时起点的选择无关。因为当两个同频率的正弦量的计时起点改变时,它们的初相位也随之改变,但两者的相位差仍然保持不变。

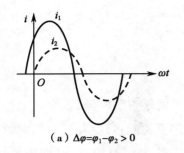

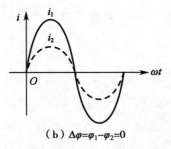

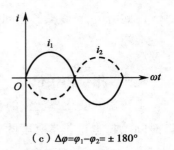

（a）$\Delta\varphi=\varphi_1-\varphi_2>0$　　　　（b）$\Delta\varphi=\varphi_1-\varphi_2=0$　　　　（c）$\Delta\varphi=\varphi_1-\varphi_2=\pm180°$

图 1-5　两个同频率正弦量的相位差

（四）正弦量的相量表示法

当正弦量的幅值、初相位和角频率确定后，该正弦量就被唯一地确定下来。它可以通过瞬时值表达式和波形图来描述，这两种表示正弦量的方法比较直观。但是，当对正弦交流电路进行分析时，会遇到一系列频率相同的正弦量计算问题，而用三角函数表达式和波形图进行计算是很烦琐的。为了可以正确并且简单地解决实际交流电路的问题，引入相量表示法。所谓相量表示法，是把正弦量引入复平面内，用复平面内的有向线段表示正弦量，从而实现正弦量的表示，用复数的运算法则作正弦量的计算。如图 1-6 所示。

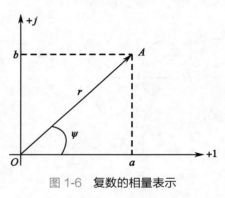

图 1-6　复数的相量表示

在复平面中复数 A 由实数和虚数两部分组成，其代数式为

$$A=a+jb \qquad\qquad 式（1-15）$$

式中，a 为复数 A 的实数部分；b 为复数的虚部；j 为虚数单位（数学上用 i，由于电工学中 i 已经用作电流，故改用 j），且 $j=\sqrt{-1}$。

复数 A 还可以用复平面上的有向线段 $\overline{OA}$ 表示，如图 1-6 所示。$\overline{OA}$ 的长度 r 为复数 A 的模，$\overline{OA}$ 在实轴上的投影就是 A 的实部 a，$\overline{OA}$ 在虚轴上的投影就是 A 的虚部 b，$\overline{OA}$ 与横轴的夹角 ψ 称为**幅角**。由图 1-6 可知，复数 A 的实部、虚部、模和幅角之间的关系为

$$\left.\begin{array}{l} a=|r|\cos\psi \\ b=|r|\sin\psi \\ r=\sqrt{a^2+b^2} \\ \psi=\arctan\dfrac{b}{a} \end{array}\right\} \qquad\qquad 式（1-16）$$

三角函数形式

$$A=r\cos\psi+jr\sin\psi \qquad\qquad 式（1-17）$$

指数形式，根据欧拉公式

$$e^{j\psi}=\cos\psi+j\sin\psi \qquad\qquad 式（1-18）$$

或

$$A = re^{j\psi} \qquad \text{式}(1\text{-}19)$$

极坐标形式

$$A = r \angle \psi \qquad \text{式}(1\text{-}20)$$

上述几种表述形式可以相互转换。

为了方便说明,这里以一正弦电流 $i = I_m \sin(\omega t + \psi)$ 为例。设有一复指数函数为 $I_m e^{j(\omega t + \psi)}$,根据欧拉公式有

$$I_m e^{j(\omega t + \psi)} = I_m \cos(\omega t + \psi) + jI_m \sin(\omega t + \psi) \qquad \text{式}(1\text{-}21)$$

显然

$$\text{Im}\left[I_m e^{j(\omega t + \psi)} \right] = I_m \sin(\omega t + \psi) \qquad \text{式}(1\text{-}22)$$

即复指数函数的虚部是正弦电流 i 的一般表达式。

$$\text{Im}\left[I_m e^{j(\omega t + \psi)} \right] = \text{Im}\left[I_m e^{j\psi} \cdot e^{j\omega t} \right] \qquad \text{式}(1\text{-}23)$$

式(1-23)表示复指数函数时由两部分乘积组成。一部分是复常数 $I_m e^{j\psi}$,它包含正弦量的幅值和初相位,这个复数就称为**正弦的相量**,并记作:

$$\dot{I}_m = I_m e^{j\psi} = I_m \angle \psi \qquad \text{式}(1\text{-}24)$$

式(1-24)中复数 $\dot{I}_m$ 与给定频率的正弦量建立了一一对应的关系。这个代表正弦量的 $\dot{I}_m$ 称**为电流 i 的相量**,用大写字母上加一点表示,以区别其他代表相量的复数。在应用相量分析法时,应明确以下几点。

(1)式(1-24)中正弦电流用相量 $\dot{I}_m = I_m \angle \psi$ 表示,在相量表示中略去 ωt 因子,这是正弦电流作用于电路上,其频率保持不变,即电压、电流具有相同的频率,从而舍弃频率要素,但是由于相量与正弦量之间对应的关系明确,故由相量转变为正弦量时 ωt 因子不可遗忘。

(2)相量与正弦之间建立了一一对应的关系,但不是相等的关系。

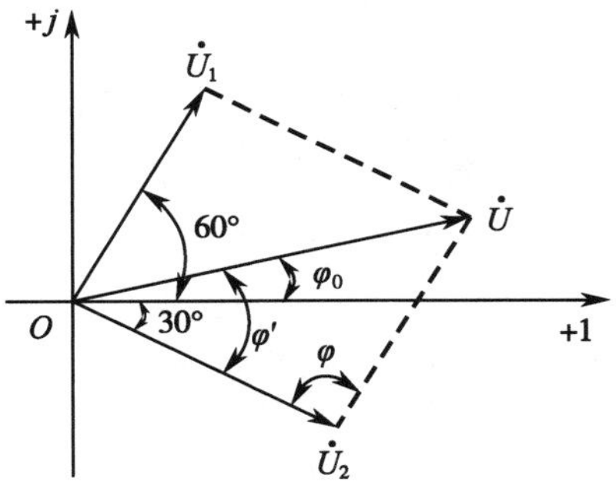

【例1-1】 已知两个同频率的电压分别为 $u_1 = 100\sqrt{2}\sin(314t + 60°)$,$u_2 = 110\sqrt{2}\sin(314t - 30°)$,试求 u_1 和 u_2 之和。

图 1-7　例 1-1 图

解一: 在复平面上按适当比例作出 $\dot{U}_1$ 和 $\dot{U}_2$ 的相量图,如图 1-7 所示。然后用平行四边形法则求出相量 $\dot{U}$,由图测得 u_1 和 u_2 有效值之和 $U = 149V$,初相位 $\varphi_0 = 12°$。

解二: 按照几何图形通过计算得出。

由余弦定理

$$U = \sqrt{U_1^2 + U_2^2 - 2\cos\varphi}$$
$$= \sqrt{100^2 + 110^2 - 2 \times 100 \times 110 \times \cos\left[180° - (60° + 30°) \right]}$$
$$= 149V$$

由正弦定理

$$\frac{U_1}{U} = \frac{\sin\varphi'}{\sin\varphi}$$

$$\varphi' = \arcsin\frac{100}{149}\sin\left[180° - (60° + 30°)\right] = 42.2°$$

所以

$$\psi = \varphi' - 30° = 42.2° - 30° = 12.2°$$

则所求电压的瞬时值为 $u = 149\sqrt{2}\sin(\omega t + 12.2°)$。

解三：相量分析法求解。

先将正弦量直接变换为对应的相量并作复数运算，计算结果直接转变为正弦量。

电压 u_1 和 u_2 的相量为

$$\dot{U}_1 = 100\angle 60°$$

$$\dot{U}_2 = 110\angle -30°$$

用复数计算求和

$$\begin{aligned}
\dot{U} = \dot{U}_1 + \dot{U}_2 &= 100\angle 60° + 110\angle -30° \\
&= (50 + j86.6) + (95.26 + j55) \\
&= 145.26 + j31.6 \\
&= 149\angle 12.3°
\end{aligned}$$

则所求电压的瞬时值为

$$u = 149\sqrt{2}\sin(\omega t + 12.2°)$$

图解法的相位关系很直观，但作图烦琐，且不准确，而相量分析法简单，计算准确。这也是本章节主要的使用方法。

第二节 交流电路

实际电路中存在三种不同性质的无源元件，即电阻元件、电感元件和电容元件。严格来说，只包含单一参数的理想电路元件是不存在的，但当某一部分电路只有一种参数起主要作用，而其余参数可以忽略不计时，就可以近似地把它视为理想电路元件，用电路模型来表示。如白炽灯可以视为纯电阻元件。同样，对电感元件，突出其能够储存磁场能量的性质；对电容元件，突出其能够储存电场能量的性质。电阻元件是耗能元件，电感元件和电容元件是储能元件。

电路所具有的参数不同，其性质就不同，其中能量的转换关系也就不同，这种不同反映在电压与电流的关系上。因此在分析各种具有不同参数的正弦交流电路之前，先来讨论一下不同参数的元件其电压与电流的一般关系以及能量转换的问题。

一、电阻电路

（一）电阻元件

如果某一部分电路中,只考虑电阻的作用,则可以用欧姆定律描述电路中电压和电流的关系,即

$$u_R = iR \qquad 式(1-25)$$

如果将式(1-25)两边乘以 i,并积分之,则得

$$\int_0^t ui\mathrm{d}t = \int_0^t i^2 R\mathrm{d}t$$

上式表明电能全部消耗在电阻上,转换为热能。

金属导体的电阻与导体的尺寸及导体材料的导电性能有关,即

$$R = \rho\frac{l}{S} \qquad 式(1-26)$$

式中, ρ 称为**电阻率**,它是表示材料对电流起阻碍作用的物理量,在国际单位制中,电阻率的单位为欧姆·米($\Omega \cdot \mathrm{m}$)。

（二）电压和电流的关系

如图 1-8 所示,是由单纯电阻组成的纯电阻交流电路,且电阻元件是线性元件。电阻电路中电流 i 和电压 u_R 的参考方向,如图 1-8 所示。

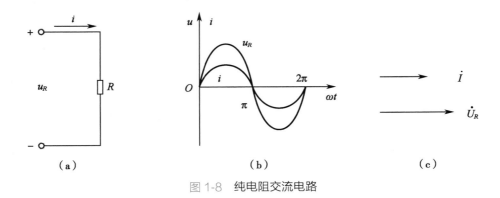

图 1-8　纯电阻交流电路

设电流 i 为参考电流,其数学表达式为

$$i = I_\mathrm{m}\sin\omega t$$

根据式(1-25)电阻元件的电流电压关系,得

$$u = RI_\mathrm{m}\sin\omega t = U_\mathrm{m}\sin\omega t \qquad 式(1-27)$$

由上述可知,在电阻元件电路中:

(1)电阻上的电压与电流均为同频率的正弦量,而且初相位相同,即两者具有相同的 ψ,如图 1-8(b)所示。

（2）电阻电路中的电压和电流最大值遵循欧姆定律。如果将电流与电压之间的关系用相量来表示，由于

$$\dot{I} = I_{\mathrm{m}}e^{j0°}, \dot{U} = U_{\mathrm{m}}e^{j0°}$$

于是有

$$\frac{\dot{U}}{\dot{I}} = \frac{U_{\mathrm{m}}e^{j0°}}{I_{\mathrm{m}}e^{j0°}} = R$$

或

$$\dot{U} = \dot{I}R \qquad\qquad 式（1-28）$$

式（1-28）为电阻元件上电压与电流关系的相量形式，其相量图如图1-8（c）所示。

（三）电阻功率

1. 瞬时功率 电路中任一瞬时吸收或者发出的功率称为**瞬时功率**，用小写字母 p 表示。其数学表达式为瞬时电压 u 和瞬时电流 i 的乘积，即

$$p = U_{\mathrm{m}}\sin\omega t I_{\mathrm{m}}\sin\omega t = U_{\mathrm{m}}I_{\mathrm{m}}\sin^2\omega t$$

$$= \frac{U_{\mathrm{m}}I_{\mathrm{m}}}{2}(1-\cos2\omega t) = UI(1-\cos2\omega t) \qquad 式（1-29）$$

由式（1-29）可知，瞬时功率 p 是由两部分组成，一部分是常量 UI，另一部分是以两倍角频率变化的周期量 $UI\cos2\omega t$。图1-9为瞬时功率随时间变化的曲线。由于电压和电流同相位，故瞬时功率恒为正值。这表明电阻元件总是吸收功率，即从电源获取电能转换成热能。在一个周期内转换的热能为

$$W_R = \int_0^T p\mathrm{d}t$$

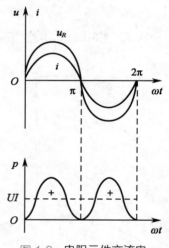

图1-9 电阻元件交流电路的瞬时功率波形图

2. 平均功率 由于瞬时功率随时间变化，因此用它来衡量功率的大小是不合适的。在工程实际中常用平均功率。平均功率是指瞬时功率在一个周期内的平均值，用大写字母 P 表示，即

$$P = \frac{1}{T}\int_0^T p\mathrm{d}t = \frac{1}{T}\int_0^T UI(1-\cos2\omega t)\mathrm{d}t$$

$$= UI = RI^2 = \frac{U^2}{R} \qquad\qquad 式（1-30）$$

可见，平均功率的表达式与直流电路中的功率公式在形式上是相同的。平均功率代表电阻实际消耗的功率，故又称为**有用功率**。通常所说的灯泡和电烙铁的功率是多少瓦，一般都指平均功率。

【例1-2】有一只白炽灯，其上标明220V、40W，将它接入220V的电源上。试求：

（1）流过白炽灯的电流 I 和它所消耗的功率 P。

（2）若电源电压降为210V时，重新计算 I 和 P。

解:（1）当电压为 220V 时,白炽灯在额定的状态下工作,其消耗的功率即为额定功率,故

$$P = P_N = 40W$$

流过的电流即为额定电流,即

$$I = I_N = \frac{P_N}{U_N} = \frac{40}{220} = 0.182A$$

（2）当电压下降为 210V 时,设电阻不变,电阻阻值应为:

$$R = \frac{U_N^2}{P_N} = \frac{220^2}{40} = 1\,210\Omega$$

流过白炽灯的电流和实际消耗的功率为:

$$I = \frac{U}{R} = \frac{210}{1\,210} = 0.174A$$

$$P = UI = 210 \times 0.174 = 36W$$

二、电感电路

（一）电感元件

电感元件在实际工程中应用广泛。如,电子电路中常用的空芯或带有铁粉芯的高频线圈,电磁铁或变压器中含有在铁芯上绕制的线圈等。当一个线圈通以电流后产生的磁场随时间变化时,在线圈中就产生感应电压。电感线圈如果有很集中的磁场而它的电阻又很小,则可以近似地视为纯电感元件。

如图 1-10 所示,在一线圈中,其电流 i 产生的磁通 ϕ_L 与 N 匝线圈交链,则磁通链 $\psi_L = N\phi_L$。ϕ_L 和 ψ_L 的方向与 i 的参数方向成右螺旋关系,如图中所示。当磁通

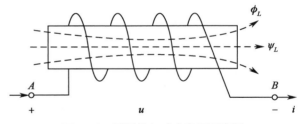

图 1-10　磁通链与感应电压示意图

链 ψ_L 随时间变化时,在线圈的端子间产生感应电压。如果感应电压 u 的参考方向与 ψ_L 成右螺旋关系(即从端子 A 沿导线到端子 B 的方向与 ψ_L 成右螺旋关系),根据电磁感应定律有

$$u_L = \frac{d\psi_L}{dt} \qquad\qquad 式（1-31）$$

由式(1-31)确定的感应电压的真实方向,与楞次定律的结果是一致的。

电感元件是实际线圈的一种理想化模型,它反映了电流产生并存储磁通和磁场能量这一物理现象。电感元件的图形符号如图 1-11 所示。由于磁通 ϕ_L 和磁通链 ψ_L 都是由线圈本身的电流 i 产生的,当线圈中没有铁磁材料时,ϕ_L 和 ψ_L 与 i 有正比关系,即

$$\psi_L = N\phi_L = Li \qquad\qquad 式（1-32）$$

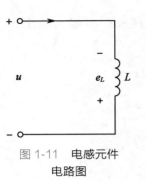

图 1-11　电感元件
电路图

式中,L 为**线圈的电感**,也常称为**自感**,是电感元件的参数单位是亨利(H),$1H = 1Wh/A$。线圈的匝数 N 越多,其电感越大;线圈中单位电流产生的磁通愈大,电感愈大。

(二)电压和电流的关系

在图 1-10 所示的电感元件电路中,根据基尔霍夫电压定律(KVL)可得

$$u + e_L = 0$$

将磁通链 $\psi_L = Li$ 带入式(1-31),得到电感元件的电压与电流的伏安关系为

$$u = -e_L = L\frac{\mathrm{d}i}{\mathrm{d}t} \qquad\qquad 式(1\text{-}33)$$

这就是电感元件中的电流与电压的一般关系式,即电感元件中的电压和电流的关系不是简单的正比关系,而是成导数的关系。

将式(1-33)两边积分,便可得出电感元件上的电压与电流的积分关系式,即

$$i = \frac{1}{L}\int_{-\infty}^{t} u\mathrm{d}t = \frac{1}{L}\int_{-\infty}^{0} u\mathrm{d}t + \frac{1}{L}\int_{0}^{t} u\mathrm{d}t = i_0 + \frac{1}{L}\int_{0}^{t} u\mathrm{d}t \qquad 式(1\text{-}34)$$

式中,i_0 是初始值,即在 $t = 0$ 时电感元件中通过的电流。若 $i_0 = 0$,则

$$i = \frac{1}{L}\int_{0}^{t} u\mathrm{d}t \qquad\qquad 式(1\text{-}35)$$

设电流 $i = I_m\sin\omega t$ 为参考电流,则电感两端的电压为

$$u = L\frac{\mathrm{d}(I_m\sin\omega t)}{\mathrm{d}t} = \omega L\cos\omega t$$

$$= \omega L I_m\sin\left(\omega t + \frac{\pi}{2}\right) = U_m\sin\left(\omega t + \frac{\pi}{2}\right) \qquad 式(1\text{-}36)$$

可见,电压与电流是同频率的正弦量,但 u 比 i 超前90°。电压和电流的相位差的波形如图 1-12(a)所示。

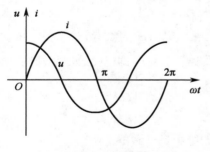 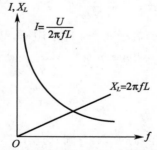 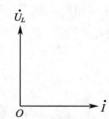

（a）电压与电流的相位关系图　　（b）电路中阻抗变化关系示意图　　（c）电压与电流的相位关系图(相量图)

图 1-12　电感元件特性示意图

式(1-36)中 $U_m = \omega L I_m$,则有

$$\frac{U}{I} = \omega L = X_L \qquad\qquad 式(1-37)$$

显然，X_L 的单位为欧姆（Ω）。X_L 对交流电流起阻碍作用，故称为**感抗**。由 $X_L = \omega L = 2\pi f L$ 可知，感抗随电流频率而变化，如图 1-12（b）所示。对于直流电而言，由于频率 $f=0$，$X_L=0$，故在直流电路中相当于短路。另外要注意的是：

（1）$\dfrac{u}{i} \ne X_L$，而是 $\dfrac{U}{I} = X_L$。

（2）感抗只有正弦交流电才有意义，如果用相量表示上述电压和电流之间的关系，则有

$$\dot{I} = I\mathrm{e}^{j0°}, \quad \dot{U} = I\mathrm{e}^{j90°}$$

$$\frac{\dot{U}}{\dot{I}} = \frac{U}{I}\mathrm{e}^{j90°} = jX_L$$

或

$$\dot{U} = jX_L\dot{I} = j\omega L\dot{I} \qquad\qquad 式(1-38)$$

式（1-38）即为电感上电压和电流关系的相量形式。式中 j 与 $\dot{I}$ 相乘，表示 $\dot{U}$ 相位比 $\dot{I}$ 超前 90°，相位如图 1-12（c）所示。

（三）电感功率

1. 瞬时功率 设电感的端电压与其中电流分别为 u 和 i，如图 1-13 所示，则电感中的瞬时功率为

$$p = ui$$
$$= U_m\sin\left(\omega t + \frac{\pi}{2}\right) \cdot I_m\sin\omega t = U_m I_m \sin\omega t\cos\omega t$$
$$= \frac{1}{2}U_m I_m \sin 2\omega t = UI\sin 2\omega t \qquad\qquad 式(1-39)$$

由式（1-39）可见，瞬时功率 p 是以两倍电流角频率作正弦变化的，其变化的幅值为 UI。在第一个 $\frac{1}{4}$ 周期内，电感的端电压 u 与电流 i 的实际方向一致，电源送电能进入电感元件，并转化为电感中的磁场能 $\frac{1}{2}Li^2$，这段时间内 $p>0$。第二个 $\frac{1}{4}$ 周期内，电压 u 与电流 i 的实际方向相反，电感将原先储存的磁场能逐渐向电源释放直至全部放出，这段时间内 $p<0$，以后重复此过程，如图 1-13 所示。以上现象说明电感元件在交流电路中只有电源和电感元件间的能量交换，而无能量消耗。

2. 平均功率 电感元件电路中的平均功率即有功功率为

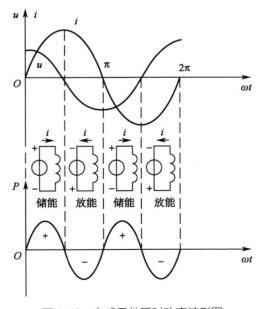

图 1-13 电感元件瞬时功率波形图

$$P = \frac{1}{T}\int_0^T p\mathrm{d}t = \frac{1}{T}\int_0^T UI\sin2\omega t\mathrm{d}t = 0 \qquad \text{式(1-40)}$$

这是因为假设电感元件电路中的电阻为零，并不消耗有功功率。虽然电感元件的平均功率为零，但由于它与电源有能量交换，故平均功率为零。这种能量交换过程，对电源是一种负担。

3. 无功功率　无功功率表示的是电路中储能元件与电源之间互换能量的对应，表示发生能量互换的最大速率，数值上等于电感或电容元件上瞬时功率的最大值。通常用无功功率 Q 来衡量这种能量互换规模的大小。电感元件的无功功率为

$$Q_L = UI = X_L I^2 = \frac{U^2}{X_L} \qquad \text{式(1-41)}$$

无功功率的单位用乏(var)或千乏(kvar)表示。

最后讨论电感元件中的能量转换问题。如将式(1-33)两边乘 i，并积分之，则得

$$\int_0^i ui\mathrm{d}t = \int_0^i Li\mathrm{d}i = \frac{1}{2}Li^2 = W_L \qquad \text{式(1-42)}$$

这说明当电感元件中的电流增大时，磁场能量增大。在此过程中电能转换成磁能，即电感元件从电源取用能量。式(1-42)中的 $\frac{1}{2}Li^2$ 就是磁场能量。当电感元件中的电流减小时，磁场能量较小，磁能转换为电能，即电感元件向电源放电。

【例 1-3】已知 $L = 0.1\mathrm{H}$ 的电感线圈(设线圈的电阻为 0)接在 $U = 10\mathrm{V}$ 的工频电源上。求：(1)线圈的感抗；(2)电流的有效值；(3)无功功率；(4)电感的最大储能。

解：(1)感抗　　$X_L = 2\pi fL = 2\times3.14\times50\times0.1 = 31.4\Omega$

(2)电流有效值　　$I = \frac{U}{X_L} = \frac{10}{3.14} = 0.138\mathrm{A}$

(3)无功功率　　$Q = UI = 10\times0.138 = 138\mathrm{var}$

(4)最大储能　　$W_{Lm} = \frac{1}{2}LI_m^2 = \frac{1}{2}\times0.1\times(0.138\sqrt{2})^2 = 0.01\mathrm{J}$

三、电阻、电感串联电路

交流电路中很少有单一参数问题，更多的是多种参数并存，是以不同的电路结构(串联或并联)组成的电路。如图 1-14 所示，是由电阻与电感组成的电阻、电感串联电路。图 1-14(a)所示为电阻 R 与电感 L 两元件组成的串联电路，称为 **RL 串联电路**，其相量模型如图 1-14(b)所示。设通过电路电流的大小为

$$i = I_m\sin\omega t$$

其相量表示形式为

$$\dot{I} = I\angle0°$$

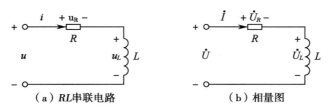

图 1-14 电阻、电感串联电路

根据欧姆定律的相量形式，得

$$\dot{U}_R = \dot{I} R$$

$$\dot{U}_L = \dot{I} \cdot j\omega L$$

根据基尔霍夫电压定律的相量形式，得

$$\begin{aligned} \dot{U} &= \dot{I} R + \dot{I} \cdot j\omega L \\ &= (R + j\omega L) \dot{I} \\ &= Z\dot{I} \end{aligned}$$

式（1-43）

式中

$$Z = R + j\omega L$$

式（1-44）

式（1-44）称为 **RL 串联电路的阻抗**。阻抗的极坐标形式

$$Z = z \angle \psi$$

式（1-45）

式中

$$z = \sqrt{R^2 + (\omega L)^2} = \sqrt{R^2 + X_L^2}$$

式（1-46）

$$\psi = \arctan \frac{\omega L}{R} = \arctan \frac{X_L}{R}$$

式（1-47）

z 称为**阻抗的模**，ψ 称为**阻抗角**，且 $\psi > 0$。

式（1-43）还可以写作

$$\dot{U} = Z\dot{I} = z \angle \varphi \times I \angle 0° = Iz \angle \psi$$

由上述讨论可得如下结论。

（1）电路电压有效值与电流有效值的关系为

$$I = \frac{U}{z} = \frac{U}{\sqrt{R^2 + (\omega L)^2}}$$

电路电压超前电流 ψ，而且 $0 < \psi < 90°$。

在 RL 串联电路中，选取电流相量为参考量，电压 $\dot{U}$、$\dot{U}_R$ 和 $\dot{U}_L$ 的相量关系如图 1-15（a）所示。这三个电压有效值组成一个三角形，称为**电压三角形**，如图 1-15（b）所示。它们的数量关系为

$$U^2 = U_R^2 + U_L^2$$

或

$$U = \sqrt{U_R^2 + U_L^2} \qquad\qquad 式(1-48)$$

由图 1-15（b）可知

$$\left.\begin{array}{l} U_R = U\cos\psi \\ U_L = U\sin\psi \end{array}\right\} \qquad\qquad 式(1-49)$$

将图 1-15（b）所示的电压三角形的各边电压有效值都除以电流有效值,可得如图 1-15（c）所示的与电压三角形相似的三角形,称为**阻抗三角形**。由图可知

$$\left.\begin{array}{l} R = z\cos\psi \\ X_L = z\sin\psi \end{array}\right\} \qquad\qquad 式(1-50)$$

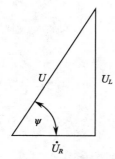 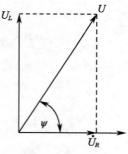 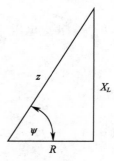

（a）电压U、$\dot{U}_R$和U_L的相量关系图　　（b）电压三角形　　（c）阻抗三角形

图 1-15　电压三角形和阻抗三角形

【例 1-4】如图 1-14（a）所示电路中,已知 $R = 3\Omega$,$L = 12.73\text{mH}$,电源电压

$$u = 10\sqrt{2}\sin(314t + 30°)\text{mV}$$

试求 i、u_R 和 u_L。

解: 电路中感抗

$$X_L = \omega L = 314 \times 12.73 \times 10^{-3} = 4\Omega$$

电路中阻抗

$$Z = R + j\omega L = 3 + 4j = 5\angle 53.13°$$

根据欧姆定律相量形式,得

$$\dot{I} = \frac{\dot{U}}{Z} = \frac{10\angle 30°}{5\angle 53.13°} = 2\angle -23.13°\text{mA}$$

各元件上的电压相量分别为

$$\dot{U}_R = R\dot{I} = 3 \times 2\angle -23.13° = 6\angle -23.13°\text{mA}$$

$$\dot{U}_L = j\omega L\dot{I}$$

$$= j4 \times 2\angle -23.13° = 4\angle 90° \times 2\angle -23.13°$$

$$= 8\angle 66.9°\text{mA}$$

电压、电流的解析式分别为

$$i = 2\sqrt{2}\sin(314t - 23.13°)\text{mA}$$

$$u_R = 6\sqrt{2}\sin(314t-23.13°)\text{ mV}$$

$$u_L = 8\sqrt{2}\sin(314t+66.9°)\text{ mV}$$

四、电容电路

（一）电容元件

大多数电容器的介质损耗很小，可以视为纯电容元件。图 1-16 是一电容器。电容器极板（由绝缘材料隔开的两个金属导体）上所储集的电量 q 与其上的电压 u 成正比，即

$$\frac{q}{u_C} = C \qquad\qquad 式（1-51）$$

式中，C 称为**电容**，是电容元件的参数。电容的单位是法拉（F）。当电容器充上 1V 的电压时，极板上若储集 1 库仑（C）的电量，则该电容器的电容就是 1F。由于法拉的单位太大，工程上多采用微法（μF）或皮法（pF）。1μF 等于 10^{-6}F，1pF 等于 10^{-12}F。

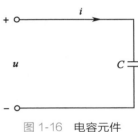

图 1-16 电容元件

如图 1-16 所示的情况下，则当电压为正值时，板极间电场强度的方向是从上而下，即上极板上储集的是正电荷，下极板上储集的是负电荷。当极板上的电量 q 或电压 u 发生变化时，就会引起电容两端电流的变化。

$$i_C = \frac{dq}{dt} = C\frac{du_C}{dt} \qquad\qquad 式（1-52）$$

式（1-52）是在 u 和 i 的参考方向相同的情况下得出的。

（二）电压和电流的关系

假定在电容两端的电压为

$$u = U_m\sin\omega t \qquad\qquad 式（1-53）$$

则在图 1-16 的情况下，电路中的电流为

$$i_C = C\frac{d(U_m\sin\omega t)}{dt}$$

$$= \omega CU_m\cos\omega t = \omega CU_m\sin\left(\omega t+\frac{\pi}{2}\right)$$

$$= I_m\sin\left(\omega t+\frac{\pi}{2}\right) \qquad\qquad 式（1-54）$$

电压与电流为同频率的正弦量，但初相位 i 比 u 超前 $\frac{\pi}{2}$。电容两端电压和电流的相位关系如图 1-17（a）所示，图 1-17（b）所示为电路中阻抗变化关系，图 1-17（c）所示为电压与电流相位关系图（相量图）。

式（1-54）中 $I_m = \omega CU_m$，或写成

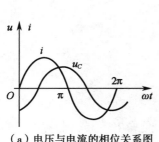

（a）电压与电流的相位关系图

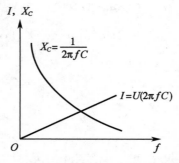

（b）电路中阻抗变化关系示意图

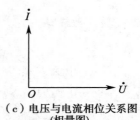

（c）电压与电流相位关系图
（相量图）

图 1-17　电容元件特性示意图

$$\frac{U}{I} = \frac{1}{\omega C} = X_C \qquad\qquad 式（1-55）$$

显然，X_C 的单位也为欧姆（Ω）。X_C 对交流电路起阻碍作用，故称为**容抗**。由 $X_C = \frac{1}{\omega C} = \frac{1}{2\pi f C}$ 可知，容抗也是随着电流频率变化的，如图 1-17（b）所示。对于直流电流而言，由于频率 $f = 0$，$X_C \to \infty$，可视作断路，故电容在电路中有隔断直流的作用。但是在电流频率较高的场合，电容每秒内充放电进行的次数很多，即单位时间内的电荷移动量较大，形成的电流也较大，因而呈现的容抗较小。因此电子电路中常用并联电容滤除高频电流，而串联电容可使高频电流畅通，并隔离了直流分量。

注意：

（1）$\frac{u}{i} \neq X_C$，而是 $\frac{U}{I} = X_C$。

（2）容抗只有正弦交流电才有意义。如果用相量表示上述电压和电流之间的关系，则有

$$\dot{I} = I\mathrm{e}^{j0°}, \dot{U} = U\mathrm{e}^{-j90°}$$

$$\frac{\dot{U}}{\dot{I}} = \frac{U}{I}\mathrm{e}^{-j90°} = -jX_C$$

或

$$\dot{U} = -jX_C = -j\frac{1}{\omega C}\dot{I} \qquad\qquad 式（1-56）$$

式（1-56）即为电容上电压和电流关系的相量形式。式中，$-j$ 与 $\dot{I}$ 的乘积表示 $\dot{U}$ 的相位比电流 $\dot{I}$ 落后 90°，相量关系如图 1-17（c）所示。

有人可能会问：为什么当 $\omega t = \frac{\pi}{2}$，电容两端的电压 $u = 0$，电流却最大，这是因为当 $\omega t = \frac{\pi}{2}$，$u = 0$ 时，$\frac{\mathrm{d}u}{\mathrm{d}t}$ 达到最大值，而 $i = C\frac{\mathrm{d}u}{\mathrm{d}t}$，故电流达到最大值，而且是正值。

（三）电容功率

1. 瞬时功率　电容元件的瞬时功率表达式为

$$p = ui = I_{\mathrm{m}}\sin\omega t\, U_{\mathrm{m}}\sin\left(\omega t - \frac{\pi}{2}\right) = I_{\mathrm{m}} U_{\mathrm{m}}\frac{\sin2\omega t}{2}$$

即

$$p = UI\sin2\omega t \qquad\qquad 式（1-57）$$

瞬时曲线如图 1-18 所示,同电感元件一样,它也是一个两倍于电源频率的正弦量。当 $p >$
0 时,电容充电,电容从电源取用电能并把它储存
在电场中;当 $p < 0$ 时,电容放电,电容将电场中储
存的能量释放给电源,当电容上的电压按正弦规
律变化时,电容以两倍电源频率的速度与电源不
断进行能量交换。

2. 平均功率

$$P = \frac{1}{T}\int_0^T UI\sin2\omega t\,\mathrm{d}t = 0 \qquad 式（1-58）$$

即有功功率为零,这说明电容元件是储能元
件。在正弦交流电源的作用下,虽有电压、电流,
但没有能量消耗,只存在电容元件和电源之间的
能量交换。

3. 无功功率

与电感元件相同,电容元件瞬
时功率的幅值反映了能量交换规模的大小,从数

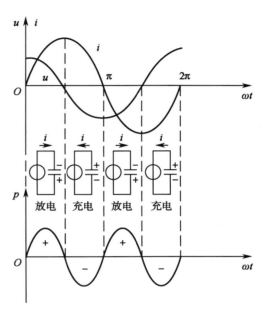

图 1-18　电容元件瞬时功率波形图

值上看,它等于电容元件上电压与电流有效值的乘积。其无功功率用 Q_C 表示。为了与电感
元件的无功功率比较,设

$$i = I_{\mathrm{m}}\sin\omega t$$

为电流参考正弦量,则

$$u = U_{\mathrm{m}}\sin(\omega t - 90°) \qquad\qquad 式（1-59）$$

于是得瞬时功率

$$p = ui = -UI\sin2\omega t \qquad\qquad 式（1-60）$$

与式（1-41）相比,可得电感和电容的瞬时功率反相位,即电感与电容取用电能的时刻相
差 180°。若设 Q_L 为正,则 Q_C 为负。所以

$$Q_C = -UI = -\frac{U^2}{X_C} \qquad\qquad 式（1-61）$$

计量单位同样用乏（var）或千乏（kvar）。

电感元件和电容元件虽然不消耗能量,但是与电源进行能量交换,对电源来说也是一种
负担。

【例 1-5】已知 220V,50Hz 的电源上接有 4.75μF 的电容,求:
（1）电容的容抗;（2）电流的有效值;（3）无功功率;（4）电容的最大储能;（5）设电流的

初始相位为零,求$\dot{U}$,并画相量图。

解:(1)容抗 $\qquad X_C = \dfrac{1}{2\pi fC} = \dfrac{1}{2\times 3.14\times 50\times 4.75} = 670\Omega$

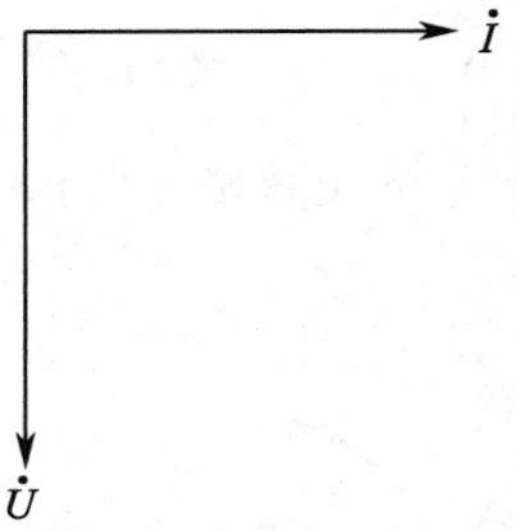

(2)电流有效值 $\qquad I = \dfrac{U}{X_C} = \dfrac{220}{670} = 0.328\text{A}$

(3)无功功率 $\qquad Q = -UI = -220\times 0.328 = -72\text{var}$

(4)最大储能

$W_{Cm} = \dfrac{1}{2}CU_m^2 = \dfrac{1}{2}\times 4.75\times 10^{-6}\times (220\sqrt{2})^2 = 0.23\text{J}$,电容的最大储能

在电压的最大值处。

(5)设 $\dot{I} = I\angle 0°\text{A}$,则

$\dot{U} = -jX_C I = -j670\times 0.328\angle 0° = 220\angle -90°\text{V}$,相量图如图 1-19 所示。

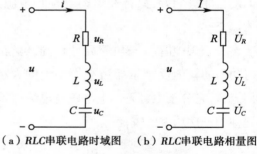

图 1-19　例 1-5 图

五、电阻、电感与电容串联电路

实际电路中通常是有两个以上参数的串联交流电路。本节讨论电阻 R、电感 L 和电容 C 串联的交流电路,简称 RLC 串联电路。时域图和相量模型分别如图 1-20(a)和 1-20(b)所示。

(一)电压电流的关系

如图 1-20 所示,设 u 为外加正弦电压,则电路中的电流 i 亦为正弦电流。为了方便起见,设电流为参考正弦量,即

$$i = I_m \sin\omega t$$

根据 KVL 定律,有

（a）RLC串联电路时域图　（b）RLC串联电路相量图

图 1-20　RLC 串联电路

$$u = u_R + u_L + u_C \qquad\qquad 式(1\text{-}62)$$

由于各元件上的电压与总电压 u 均为同频率的正弦电压,故式(1-62)可用相量表示,即

$$\dot{U} = \dot{U}_R + \dot{U}_L + \dot{U}_C \qquad\qquad 式(1\text{-}63)$$

在以电流为参考正弦量的情况下,根据前面电阻、电感、电容的电压与电流的关系式,可将式(1-63)写成

$$\dot{U} = \dot{I}R + j\omega L\dot{I} + j\dfrac{1}{\omega C}\dot{I}$$

$$= R\dot{I} + j\left(\omega L - \dfrac{1}{\omega C}\right)\dot{I} = R\dot{I} + j(X_L - X_C)$$

$$= (R + jX)\dot{I} = Z\dot{I}$$

或

$$\dfrac{\dot{U}}{\dot{I}} = Z \qquad\qquad 式(1\text{-}64)$$

式（1-64）与直流电路的欧姆定律形式上相似，但它是欧姆定律的相量形式。式中复数为

$$Z = R + j\omega L - j\frac{1}{\omega C}$$

$$= R + j(X_L - X_C)$$

$$= R + jX \qquad\qquad 式（1-65）$$

式中，Z 称为**复阻抗**；X 称为**电抗**，是感抗 X_L 与容抗 X_C 之差。Z 和 X 的单位均为欧姆（Ω）。

复阻抗 Z 的模和阻抗角分别为

$$|Z| = R^2 + X^2 = R^2 + (X_L - X_C)^2 \qquad\qquad 式（1-66）$$

$$\varphi = \arctan\frac{X}{R} = \arctan\frac{X_L - X_C}{R} \qquad\qquad 式（1-67）$$

复阻抗也可写成极坐标形式，即

$$Z = |Z| \angle\varphi \qquad\qquad 式（1-68）$$

如果用三角函数表示，则有

$$Z = |Z|\cos\varphi + j|Z|\sin\varphi \qquad\qquad 式（1-69）$$

将式（1-69）和式（1-65）比较，可得

$$\left.\begin{array}{l} R = |Z|\cos\varphi \\ X = |Z|\sin\varphi \end{array}\right\} \qquad\qquad 式（1-70）$$

由式（1-70）可知，R、X 和 $|Z|$ 三者间的关系可用一个直角三角形来表示，如图 1-21 所示。这个三角形通常称为**阻抗三角形**。引入阻抗三角形是为了便于记忆三个参数之间的数学关系。

根据上述分析，总电压的有效值可表示为

$$U = \sqrt{(RI)^2 + [(X_L - X_C)I]^2} = I|Z| \qquad 式（1-71）$$

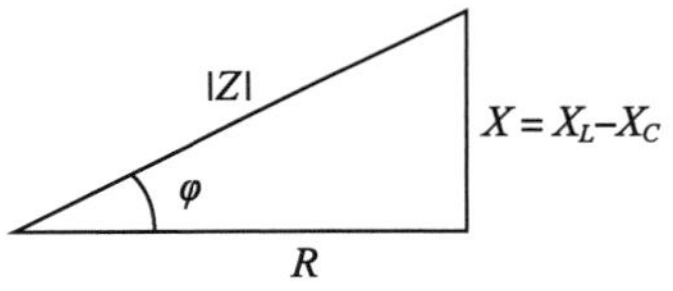

图 1-21　RLC 串联电路阻抗三角形

讨论：

（1）由 $Z = R + j\omega L - j\dfrac{1}{\omega C}$ 可知，对于单一元件的电阻、电感和电容电路来说，它们的复阻抗分别为 $Z = R$，$Z = j\omega L$ 和 $Z = -j\dfrac{1}{\omega C}$，可以认为是复阻抗 Z 的特例。

（2）$\dot{U} = Z\dot{I}$ 可以写成

$$U\angle\psi_u = I\angle\psi_i |Z|\angle\varphi$$

或

$$\frac{U}{I} = \frac{U\angle\varphi_u}{I\angle\varphi_i} = \frac{U}{I}\angle(\varphi_u - \varphi_i) = |Z|\angle\varphi$$

式中

$$\frac{U}{I} = |Z| \qquad\qquad 式(1-72)$$

$$\varphi = \psi_u - \psi_i \qquad\qquad 式(1-73)$$

式(1-72)表示电路总电压的有效值与电流有效值之间的数值关系。而式(1-73)中的 φ
表示电路中总电压和电流之间的相位差。由式(1-67)可
知，φ 是阻抗角。RLC 串联电路中电压与电流关系的相量
图，如图 1-22 所示。前面已假定电流为参考正弦量，即 $\psi_i =$
0，故 $\varphi = \psi_u$。

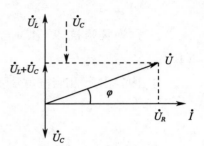

图 1-22　RLC 串联电路电压与
电流关系相量图

由式(1-67)可知阻抗角 φ 与阻抗的关系为：

（1）当 $X = X_L - X_C > 0$ 时，$\varphi > 0$，在相位上电流 $\dot{I}$ 比电压 $\dot{U}$
落后 φ 角，串联电路呈现电感性。

（2）当 $X = X_L - X_C < 0$ 时，$\varphi < 0$，在相位上电流 $\dot{I}$ 比电压
$\dot{U}$ 超前 φ 角，串联电路呈现电容性。

（3）当 $X = X_L - X_C = 0$ 时，$\varphi = 0$，电流 $\dot{I}$ 和电压 $\dot{U}$ 相位相同，串联电路呈现电阻性。复阻抗
Z 不是相量，故 Z 上不用加"·"。

（4）如图 1-23 所示，三个电压电量 $\dot{U}_R$、$(\dot{U}_L + \dot{U}_C)$ 和 $\dot{U}$ 构成的直角三角形，通常称为**电压**
三角形。电压三角形和阻抗三角形是相似三角形。

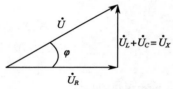

图 1-23　RLC 串联电路电压
三角形

（5）由于同频率的正弦量相加的和仍为同频率的正弦量。
由式(1-62)可得电源总电压为

$$u = u_R + u_L + u_C = \sqrt{2}\,U\sin(\omega t + \varphi) \qquad\qquad 式(1-74)$$

式中 U 和 φ 可利用电压三角形求得，即

$$U = \sqrt{U_R^2 + (U_L - U_C)^2} \qquad\qquad 式(1-75)$$

$$\varphi = \arctan\frac{U_L - U_C}{U_R} \qquad\qquad 式(1-76)$$

（6）当两个（或两个以上）复阻抗串联时，则总电压的相量表达式为

$$\dot{U} = \dot{U}_1 + \dot{U}_2$$
$$= (Z_1 + Z_2)\dot{I} \qquad\qquad 式(1-77)$$

$$Z = Z_1 + Z_2 = (R_1 + jX_1) + (R_2 + jX_2)$$
$$= (R_1 + R_2) + j(X_1 + X_2)$$
$$= |Z|\angle\varphi \qquad\qquad 式(1-78)$$

式(1-78)中 $|Z|$ 和 φ 分别为

$$|Z| = \sqrt{(R_1 + R_2)^2 + (X_1 + X_2)^2}$$

$$\varphi = \arctan\frac{X_1 + X_2}{R_1 + R_2} \qquad\qquad 式(1-79)$$

式(1-78)和式(1-79)中的 X_1 和 X_2 本身有正负号。当 X 为感抗时,取正号;当 X 为容抗时,取负号。

【例 1-6】 设在 RLC 串联电路中,$R = 20\Omega$,$L = 100\text{mH}$,$C = 30\mu\text{F}$,电源电压 $u = 220\sqrt{2}\sin(314t + 30°)\text{V}$。试求:

(1)电路中电流 i。

(2)各元件上的电压 u_R、u_L 和 u_C。

解:(1)$\dot{U} = 220\angle 30°\text{V}$

$$X_C = \frac{1}{\omega C} = \frac{1}{314 \times 30 \times 10^{-6}} = 31.4\Omega$$

$$Z = R + j(X_L - X_C) = 20 + j(31.4 - 106.2) = 77.4\angle -75°\Omega$$

$$\dot{I} = \frac{\dot{U}}{Z} = \frac{220\angle 30°}{77.4\angle -75°} = 2.8\angle 105°\text{A}$$

(2)$\quad \dot{U}_R = R\dot{I} = 20 \times 2.8\angle 105° = 56\angle 105°\text{V}$

$$\dot{U}_L = j\omega L\dot{I} = j31.4 \times 2.8\angle 105° = 88\angle 195°\text{V}$$

$$\dot{U} = -jX_C\dot{I} = -j106.2 \times 2.8\angle 105° = 297.4\angle 15°\text{V}$$

相应电流和电压的瞬时值表达式为

$$i = 2.82\sin(314t + 105°)\text{A}$$

$$u_R = 562\sin(314t + 105°)\text{V}$$

$$u_L = 882\sin(314t + 195°)\text{V}$$

$$u_C = 297.42\sin(314t + 15°)\text{V}$$

【例 1-7】 如图 1-24 所示,在 RC 串联电路中,$R = 1\,000\Omega$,$C = 10\mu\text{F}$,电源电压 $U = 10\text{mV}$。试分析当电源电压的频率 f 在 $20\text{Hz} \sim 200\text{kHz}$ 内变化时,电阻 R 的端电压有效值 U_R 和出相角 ψ_R(即电源电压 $\dot{U}$ 与电阻 $\dot{U}_R$ 的相位差)随频率的变化情况。

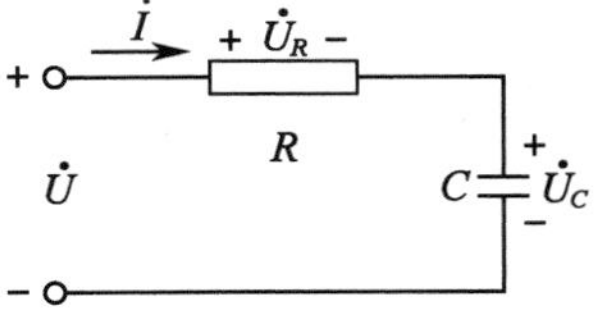

图 1-24 例 1-7 图

解:为简单起见,设电源电压为参考量,即

$$\dot{U} = 10\angle 0°\text{mV}$$

根据 KVL 定律,得

$$\dot{U} = \dot{U}_C + \dot{U}_R = \frac{\dot{U}_R}{R}\left(-j\frac{1}{\omega C}\right) + \dot{U}_R$$

整理后,得

$$\dot{U}_R = \frac{Uj\omega CR}{1 + j\omega CR} = \frac{U\omega CR\angle 90°}{\sqrt{1 + (\omega CR)^2}\angle \arctan\omega CR}$$

$$= U_R\angle 90° - \arctan\omega CR = U_R\angle \psi_R$$

式中

$$U_R = \frac{U\omega CR}{\sqrt{1 + (\omega CR)^2}} = \frac{0.1\omega}{\sqrt{1 + \omega^2 10^{-4}}}\text{mV}$$

$$\psi_R = 90° - \arctan\omega CR = 90° - \arctan\omega 10^{-2}$$

上面两式分别为电阻端电压的幅频特性表达式和电阻端电压的相频特性表达式。U_R 和 ψ_R 随频率变化的情况,见表 1-1。

表 1-1　U_R 和 ψ_R 随频率变化情况

f	1Hz	10Hz	20Hz	100Hz	200Hz	100kHz	200kHz
$\omega(\mathrm{rad})/n$	6.27	62.8	126	628	1 256	0.6×10^{-6}	1.3×10^{6}
U_R	0.63	5.32	7.83	9.87	9.97	10	10
ψ_R	86.4°	57.9°	38.4°	9°	4.6°	9.5×10^{-3}	4.6×10^{-3}

图 1-25(a)所示为电阻端电压的幅频特性曲线,U_R 随频率的升高而增大。图 1-25(b)所示为电阻端电压的相频特性曲线,ψ_R 随着频率的升高而减小。当频率高到一定程度时,$\psi_R \to 0$。此时 $X_C \to 0$(电容相当于一根短接导线,电路相当于纯电阻电路),R 上约为全部输出电压,即 $U_R \approx U$。

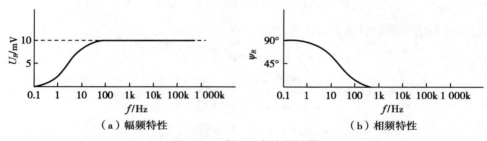

（a）幅频特性　　　　　　　　　（b）相频特性

图 1-25　例 1-6 频率特性图

如图 1-24 所示,RC 串联电路常用于交流放大电路中,它的作用是将前一级的交流信号 U 通过电阻 R 送到下一级去。电容 C 是为了防止上一级的直流电压(不是信号部分)窜入下一级而设置的,起隔离直流作用。在放大电路中通常要求 U_R 越接近 U 越好(电容上的交流电压损失越小越好),而 U_R 与 U 的相位差 ψ_R 也越小越好,由上述分析可知,只要适当增大电容 C,在一定频率范围内,通常是能满足工程要求的。

（二）功率关系

1. 瞬时功率　在图 1-20 所示的 RLC 串联电路中,设电流为参考正弦量 $i = \sqrt{2}\sin\omega t$,并假定 $X_L > X_C$,则电路中总的瞬时功率为各元件参数上的瞬时功率之和,即

$$p = ui = u_R i + u_L i + u_C i = P_R + P_L + P_C \qquad 式(1-80)$$

它们的波形分别如图 1-26(c)(d)(e)所示。

由于 $u = u_R + u_L + u_C$,为了直观说明起见,这里用三个曲线相加得总电压 u,如图 1-26(a)所示。电压 u 比电流 i 超前 φ,即 $u = \sqrt{2}\sin(\omega t + \varphi)$。由图 1-26(b)可见,当电压 u 与电流 i 方向一致时,$p > 0$;当电压 u 与电流 i 方向不一致时,$p < 0$。即瞬时功率 p 有正负之分,这是因为电路中的储能元件与电源之间有能量交换的缘故。

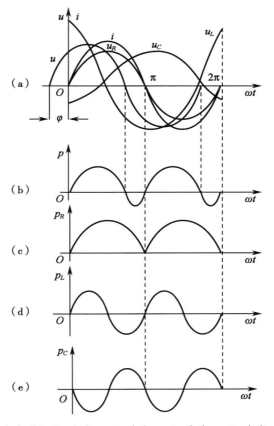

（a）总电压；（b）$p > 0$；（c）$p > 0$；（d）$p < 0$；（e）$p < 0$

图 1-26 RLC 串联电路中的电压、电流及功率波形图

显然，如果 $X_L = X_C$，则因 u_L 与 u_C 等值反向，p_L 与 p_C 也等值反向。这说明，在这种情况下，能量交换只在 L、C 之间进行。整个电路仅向电源索取能量供给电阻消耗。

2. 平均功率　由于电路中有电阻，故瞬时功率的平均值不为零。电路的平均功率为

$$P = \frac{1}{T}\int_0^T p\mathrm{d}t = \frac{1}{T}\int_0^T ui\mathrm{d}t$$

$$= \frac{1}{T}\int_0^T \sqrt{2}\,U\sin(\omega t + \varphi) \times \sqrt{2}\,I\sin\omega t\mathrm{d}t$$

$$= \frac{1}{T}\int_0^T \big[\,UI\cos\varphi - UI\sin(2\omega t + \varphi)\,\big]\mathrm{d}t$$

$$= UI\cos\varphi \qquad\qquad 式（1-81）$$

式中，$\cos\varphi$ 称为**功率因数**，将在后面内容进行讨论。由电压三角形可知 $U\cos\varphi = U_R = RI$，于是 $P = UI\cos\varphi = U_R I = RI^2$，可见，在 RLC 串联电路中平均功率就是电阻上消耗的功率。

3. 无功功率　由于 L、C 两元件流过的电流相同，u_L 和 u_C 的实际方向总是相反的，故两元件上的瞬时功率的波形总是反向的，如图 1-26（d）（e）所示。当 $X_L = X_C$ 时，p_L 与 p_C 等值反向，两者能量交换，互相补偿，与电源之间无能量交换。$X_L \neq X_C$ 时，两者相互能量交换，互相补偿，不足部分将由电源提供，即两者的差值部分将与电源进行能量交换。

电感上和电容上的瞬时功率之和为 $u_L i + u_C i$，写成相量形式则为 $\dot{U}_L \dot{I} + \dot{U}_C \dot{I} = (\dot{U}_L + \dot{U}_C)\dot{I}$。

如果只考虑瞬时功率和的大小，并记作 Q，则根据串联电路相量图有

$$Q = (U_L - U_C)I \qquad\qquad 式(1-82)$$

还可写成

$$Q = (U_L - U_C)I = X_L I^2 - X_C I^2$$
$$= (X_L - X_C)I^2 \qquad\qquad 式(1-83)$$

或

$$Q = (U_L - U_C)I = UI\sin\varphi \qquad\qquad 式(1-84)$$

由式（1-82）得

$$Q = U_L + (-U_C I) = Q_L + Q_C$$

式中 $Q_L = U_L I = X_L I^2 = \dfrac{U_L^2}{X_L}$，$Q$ 称为**串联电路总的无功功率**；Q_L 和 Q_C 分别为电感元件和电容元件的无功功率，单位为乏（var）。

4. 视在功率　在交流电路中，电压 U 和电流 I 的乘积称为**视在功率**，记作 S，即

$$S = UI = |Z| I^2 \qquad\qquad 式(1-85)$$

视在功率的单位为 VA 或 kVA。

由式（1-81）、式（1-82）及式（1-85）可以看出，平均功率、无功功率和视在功率的关系如下

$$S = \sqrt{P^2 + Q^2} \qquad\qquad 式(1-86)$$

显然，这三个功率之间也可用一个功率三角形来形象地表示，如图 1-27 所示。

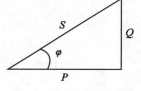

图 1-27　*RLC* 串联电路功率三角形

【例 1-8】　设 *RLC* 串联电路中，电源电压和电流分别为

$$u = 220\sqrt{2}\sin(\omega t + 30°)\,\text{V}$$
$$i = 2.8\sqrt{2}\sin(\omega t + 105°)\,\text{A}$$

试求该电路的平均功率 P、无功功率 Q 和视在功率 S。

解：
$$P = UI\cos\varphi$$
$$= 220 \times 2.8 \times \cos(30° - 105°) = 159.4\text{W}$$
$$Q = UI\sin\varphi$$
$$= 220 \times 2.8 \times \sin(30° - 105°) = -595\text{var}$$
$$S = UI = 220 \times 2.8 = 616\text{VA}$$

或

$$S = \sqrt{P^2 + Q^2} = \sqrt{159.4^2 + (-595)^2} = 616\text{VA}$$

题中无功功率 Q 为负值，表示该电路呈现电容性。

【例 1-9】　在 *RL* 串联电路中，参数 R、L 不知，电源频率为 50Hz。当用电流表、电压表及功率表测试时，得到电流 $I = 0.59\text{A}$，电压 $U = 220\text{V}$，功率 $P = 69.7\text{W}$。试求电路参数 R 和 L 之值。

解：
$$|Z| = \frac{U}{I} = \frac{220}{0.59} = 372.9\,\Omega$$

$$\cos\varphi = \frac{P}{UI} = \frac{69.7}{220 \times 0.59} = 0.537$$

则
$$\varphi = 57.5°$$

由阻抗三角形可知

$$R = |Z|\cos\varphi = 372.9 \times 0.537 = 200\,\Omega$$

$$X_L = |Z|\sin\varphi = 372.9 \times 0.843 = 314.5\,\Omega$$

$$L = \frac{X_L}{\omega} = \frac{X_L}{2\pi f} = \frac{314.5}{2 \times 3.14 \times 50} = 1\,\text{H}$$

六、提高功率因数的意义和措施

（一）提高功率因数的意义

在交流供电线路上，接有各种各样的负载，它们的功率因数取决于负载本身的参数。白炽灯和电阻是纯电阻负载，只消耗有功功率，其 $\cos\varphi = 1$。在电力系统中多数负载均为感性，例如动力设备感应电动机和高效照明器日光灯等，可以等效地看成由电阻和电感串联组成的感性负载，它们除消耗有功功率之外，还取用大量的感性无功功率，所以功率因数较低，在 $0.5 \sim 0.85$。无铁芯工频感应电炉的功率因数更低，有的负载甚至低到 0.2。

由有功功率的计算公式

$$p = UI\cos\varphi$$

上式中的 $\cos\varphi$ 是电路的功率因数，$\cos\varphi$ 是有功功率 P 与视在功率 S 的比值，即 $\cos\varphi = \dfrac{P}{S}$。

在一定的电压（额定电压）下供给一定的有功功率，则功率因数越小，所需电流越大。电流的增大，一方面导致供电线路的铜损 $\Delta p = I^2 R_L$（R_L 为供电线导线的等效电阻）增大，多损失电能；同时线路电压 $\Delta U = I^2 R_L$ 也增大，使负载端电压 U 降低。另一方面，使电源的设备容量（能量）不能充分利用，发挥其供电能力，其中有一部分能量在电源与负载之间进行交换，即无功功率 Q 太大。

例如，一台额定电压为 220V、额定容量为 100kVA 的变压器，如向电阻性负载供电，该变压器满载（即电流达到其额定值）时，$P = UI\cos\varphi = U_N I_N \cos\varphi = S_N = 100\text{kW}$，即变压器可以供给 100kW 的有功功率，而变压器容量得到充分利用；而向 $\cos\varphi = 0.7$ 的感性负载供电时，该变压器满载时只能供给 70kW 有功功率。因为变压器此时的容量 $S = \dfrac{P}{\cos\varphi} = \dfrac{70}{0.7} = 100\text{kVA}$，等于变压器额定容量，变压器再也没有剩余的容量向其他负载供应电量，说明变压器容量利用率降低了。

由于功率因数偏低,对国民经济的发展是很不利的。因此提高供电线路的功率因数,对电力工业的建设和节约电能有重大意义。中国电力部门规定,高压供电的工业企业的平均功率因数不低于0.95;新建和扩建的电力用户功率因数不应低于0.9;对于功率因数不合乎要求的用户将增加无功功率电费。

(二)提高功率因数的措施

功率因数不高,根本原因是由于电感性负载的存在。电感性负载的功率因数之所以小于1,是由于负载本身需要一定的无功功率。感性无功功率可以利用容性无功功率进行补偿。

常用的提高功率因数的方法是在供电线路或感性负载并联电容器,如1-28(a)所示,利用电容中电流 $\dot{I}_C$ 与 $\dot{I}_L$ 相反,如图1-28(b)所示,即电容的无功功率与电感的无功功率相互补偿,使原来由电源提供的无功电流 I_L 减少为 $I'_L = I_L - I_C$。这样一来,电源的总电流减小了,电路的功率因数 $\cos\varphi'$ 增大了。也就是说该电源除供应原来的负载电流之外,还有多余的电流供其他负载,使电源得到充分利用。并联电容提高功率因数,不仅是负载的总电流减小,使线路上的损耗减小,更重要的是提高了电源容量的利用率。

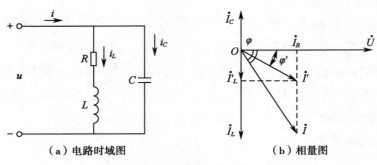

（a）电路时域图　　　　　（b）相量图

图 1-28　并联电容提高功率因数

例如,某单位有容量为100kVA的配电变压器一台,最大需要用量由原来的70kW拟增加到90kW,最低功率因数 $\cos\varphi_0 = 0.7$。显然,在此功率下,当负载增加到90kW后,要求配电变压器的容量(即视功率)应为

$$S_1 = \frac{P_1}{\cos\varphi_0} = \frac{90}{0.7} \approx 129\text{kVA}$$

似乎原来的配电电压不够用了,应更换较大的配电变压器。但是,该单位在原来100kVA配电变压器的低压侧并联了补偿电容器后,可提供60kvar的无功功率,此时配电变压器所需的视在功率减小为

$$S = \sqrt{P_1^2 + Q_1^2} = \sqrt{P_1^2 + (S_1\sin\varphi_0 - 60)}$$
$$= \sqrt{90^2 + (129 \times 0.714 - 60)} = 96\text{kVA}$$

这不仅提高了原有变压器的利用率,也解决了单位内部用电的问题。另外,功率因数也提高了,即

$$\cos\varphi = \frac{P_1}{S} = \frac{90}{96} = 0.94$$

可见,并联电容器后,原来 100kVA 的配电变压器仍可使用。从经济上看,若不采用上述方案,不仅要购买新的配电变压器,还要向供电部门缴纳一次性增加容量的补贴费,并且功率因数低还要罚款,这些费用远远大于购买电容器的费用。相反,功率因数提高后,还可获供电部门的奖金。

目前,补偿电容器已有现成的静电容器柜出售。其中装有若干组电容器,并设有功率因数自动补偿装置,用户可根据给定的功率因数自动地投入或切除电容器,十分方便。

应该注意以下几点:

（1）所谓提高功率因数,并非提高负载自身的自然功率因数,而是利用电容器与负载并联,以提高整个供电系统的功率因数,负载本身的功率因数不变。

（2）对于用电设备来说,如交流电动机等,配电变压器就是电源;而对于配电变压器来说,交流发电机就是电源。发电机的功率因数常为 $0.8 \sim 0.9$,即发电机除了发出有功功率之外,还发出一部分无功功率供给负载,故用户无必要将用电设备的功率因数提高到 $\cos\varphi = 1$。

（3）通常不采用串联电容的方式来提高功率因数。这是因为电源电压是一定的,串联电容后将使负载得不到额定电压,影响负载正常运行。

【例 1-10】 有一感性负载,接于 380V,50Hz 的电源上。负载的功率 $p = 20\text{kW}$,功率因数 $\cos\varphi = 0.6$。现欲将功率因数提高到 0.9,求并联电容器的电容值和并联电容器前后线路的电流值。

解: 由图 1-28（b）可知

$$
\begin{aligned}
I_C &= I\sin\varphi - I'\sin\varphi' \\
&= \frac{P}{U\cos\varphi}\sin\varphi - \frac{P}{U\cos\varphi'}\sin\varphi' \\
&= \frac{P}{U}(\tan\varphi - \tan\varphi')
\end{aligned}
$$

而

$$I_C = \frac{U}{X_C} = \omega C U$$

由上述两式得

$$C = \frac{P}{\omega U^2}(\tan\varphi - \tan\varphi')$$

本题中,当 $\cos\varphi = 0.6$ 时,$\varphi = 53°$;$\cos\varphi = 0.9$ 时,$\varphi' = 25.84°$,代入上式可得

$$C = \frac{20 \times 10^3}{2\pi \times 50 \times 380^2}(\tan 53° - \tan 25.84°) = 372\mu\text{F}$$

并联电容前后的线路电流分别为

$$I = \frac{P}{U\cos\varphi} = \frac{20 \times 10^3}{380 \times 0.6} = 87.7\text{A}$$

$$I' = \frac{P}{U\cos\varphi'} = \frac{20 \times 10^3}{380 \times 0.9} = 58.5\text{A}$$

可见功率因数提高后,线路电流减小了。

第三节　三相交流电

在现代电力系统中,绝大多数采用三相制系统供电。因为三相制系统在发电、输电和用电等方面都具有明显优点。三相交流发电机比同功率的单相交流发电机体积小、成本低,在距离相同、电压相同、输送功率相同的情况下,三相输电比单相输电节省材料;在工矿企业中,三相交流电机是主要的用电负载;许多需要大功率直流电源的用户,通常利用三相整流来获得波形平滑的直流电压。因此,大量实际问题归结于三相交流电路的分析与计算。本节主要介绍三相交流电的基本概念、三相交流发电机的基本原理以及三相电路的负载连接。

一、三相交流电基本概念

具有单相电源的电路,称为**单相交流电路**,即前面两节中介绍的正弦交流电路。工程上常用的三相电源是三相交流发电机。具有三相电源的电路,称为**三相交流电路**,一般说,单相交流电路常常指的是三相电路中的某一相路。

单相交流电路中只有一个交变电动势的存在,而三相交流电中存在三个交变电动势,所谓三相是由三个振幅、频率相同,而相位互差120°的一组交流电,简称三相交流电。

二、三相交流发电机

(一)三相电动势的产生

三相交流电是由三相交流发电机产生的。三相交流发电机的原理如图1-29所示。转子是一对特殊形状的磁极,选择合适的极面形状和励磁绕组的布置情况,可使空气隙中的磁感应强度按正弦分布。在电机的定子槽中,对称放置了三个完全相同的绕组。通常把三个绕组的首端依次标记为A、B、C,尾端标记X、Y、Z,每相绕组的首端(或末端)之间彼此相隔120°。发电机的磁极在原动机的拖动下匀速旋转时,因每相绕组依次切割磁力线,发电机的三个电枢绕组便产生正弦交流电动势e_A、e_B和e_C。三个电动势的特点是幅值相等,频率相同,相位彼此相差120°。这样三个电动势称为**对称三相电动势**。三相电路中的每一相依次用A、B、C表示,分别称为A相、B相、C相。

相电动势的参考方向均由末端指向首端,如图1-30所示。因为三相电动势是按正弦规律变化的,以A为相位参考,则三相电压的正弦函数表达式为

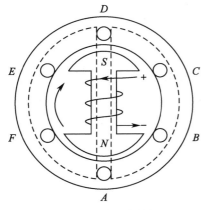

图 1-29　三相交流发电机原理

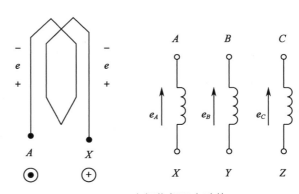

图 1-30　电枢绕组及电动势

$$\left. \begin{array}{l} e_A = \sin\omega t \\ e_B = \sin\left(\omega t - 120°\right) \\ e_C = \sin\left(\omega t + 120°\right) \end{array} \right\} \qquad \text{式（1-87）}$$

对应的相量形式分别为

$$\left. \begin{array}{l} \dot{E}_A = E \angle 0° \\ \dot{E}_B = E \angle -120° \\ \dot{E}_C = E \angle 120° \end{array} \right\} \qquad \text{式（1-88）}$$

其图形如 1-31 所示。

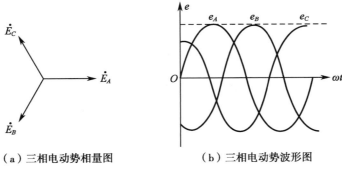

（a）三相电动势相量图　　　　（b）三相电动势波形图

图 1-31　三相电动势性质图

　　三相电动势达到正幅值的先后顺序称为**相序**。在式（1-87）中，三个电动势达到正幅值的顺序为 $A \rightarrow B \rightarrow C \rightarrow A$，即相序为 A、B、C、A，当然也可以为 B、C、A、B 或 C、A、B、C，称为**正相序或正序**；若相序为 $A \rightarrow C \rightarrow B \rightarrow A$ 称为**负相序或负序**。

　　通常 A 相是可以任意选定的，而一旦确定之后，比其滞后 120° 的为 B 相，比其超前 120° 的为 C 相。输、配电力系统中母线常用黄、绿、红三种颜色，分别表示 A、B、C 三相。

　　为保证供电系统的可靠性、经济性，以及提高电源利用率，发电厂提供的电能都要并入电网运行，要求并入电网时必须同名连接。另外，一些电气设备（如三相异步电动机）的工作状态与电源的相序密切相关。因此,三相电源的相序问题应引起足够重视。

(二)三相电源的连接方式

三相电源有星形(Y)连接和三角形(△)连接两种连接方式。

1. 星形(Y)连接 将三个绕组的末端 X、Y、Z 连接在一起,这个连接点称为**中性点**,用 N 表示,由于 N 通常称为**接地点**,故又称为**零点**。从绕组的三个始端 A、B、C 和中性点 N 引出的四根供电线,这就是三相电源的星形连接,也称为**三相四制供电线**。从 A、B、C 三个始端引出的供电线称为**火线(端线)**,从中性点 N 引出的导线则称为**中线**。如图 1-32(a)所示。

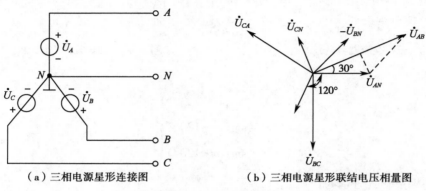

（a）三相电源星形连接图　　　　（b）三相电源星形联结电压相量图

图 1-32　三相电源星形连接

火线与中线之间的电压(即各相绕组的电压)称为**三相电源电压**,如 u_{AN}、u_{BN}、u_{CN};三根火线之间的电压称为**三相电源的线电压**,如 u_{AB}、u_{BC}、u_{CA}。

根据图 1-32(a)所示电压参考方向,当负载开路时,可以写为

$$\left.\begin{aligned}
u_{AN} &= u_A = \sqrt{2}\,e_A\sin\omega t \\
u_{BN} &= u_B = \sqrt{2}\,e_B\sin(\omega t - 120°) \\
u_{CN} &= u_C = \sqrt{2}\,e_C\sin(\omega t + 120°)
\end{aligned}\right\}$$

根据基尔霍夫电压定律,可知线压与相电压的关系为

$$\left.\begin{aligned}
u_{AB} &= u_{AN} - u_{BN} \\
u_{BC} &= u_{BN} - u_{CN} \\
u_{CA} &= u_{CN} - u_{AN}
\end{aligned}\right\}$$

用相量表示为

$$\left.\begin{aligned}
\dot{U}_{AB} &= \dot{U}_{AN} - \dot{U}_{BN} \\
\dot{U}_{BC} &= \dot{U}_{BN} - \dot{U}_{CN} \\
\dot{U}_{CA} &= \dot{U}_{CN} - \dot{U}_{AN}
\end{aligned}\right\}$$

上式相量关系得相量图如图 1-32(b)所示。

当相电压对称时,线电压也是对称的,相电压有效值用 U_P 表示,线电压有效形式用 U_L 表示,则由相量图可以得出

$$U_L = \sqrt{3}\, U_P \qquad\qquad 式（1-89）$$

从相位上看，线电压超前相应相电压30°，即

$$\left.\begin{array}{l} \dot{U}_{AB} = \sqrt{3}\,\dot{U}_{AN} \angle 30° = \sqrt{3}\, U_P \angle 30° = U_L \angle 30° \\[2mm] \dot{U}_{BC} = \sqrt{3}\,\dot{U}_{BN} \angle 30° = \sqrt{3}\, U_P \angle -90° = U_L \angle -90° \\[2mm] \dot{U}_{CA} = \sqrt{3}\,\dot{U}_{CN} \angle 30° = \sqrt{3}\, U_P \angle 150° = U_L \angle 150° \end{array}\right\} \qquad 式（1-90）$$

对于低压供电系统来说，通常线电压为380V，则由式（1-90）可知，相电压为220V。可见，三相四线制可获得两种电压，其中一种是三根相线组成的三相380V电压，另一种是任意一相线和中线间的220V电压，后者称为**单相电源**。

汽轮发电机或水轮发电机发出的额定电压多为11kV，通过降压变压器后，在副绕组上获得线电压为380V和相电压为220V，供用户使用。生产上使用的三相交流电源几乎都是三相变压器副绕组所提供的三相交流电源。

中线不引出的供电系统称为**三相三线制供电系统**。这种在供电系统中省一条线的方法，在大功率长距离传输电时普遍被使用。

2. **三角形（△）连接**　三相电源也可以连接成三角形，即将一相绕组的末端和另一相的首端依次连接，形成一个闭合的回路，再从三个连接端引出三条输出相，如图1-33（a）所示。可见三角形连接的电源只能采用三相三线制供电方式，且 $U_L = U_P$，即线电压就是相电压。

三角形连接的三相电源，三个相电压之和为零，即

$$\dot{U}_{AB} + \dot{U}_{BC} + \dot{U}_{CA} = 0 \qquad\qquad 式（1-91）$$

由于对称三相电压的相量和等于零，如图1-33（b）所示，因此不接负载时，电源内部回路中不会有电流。

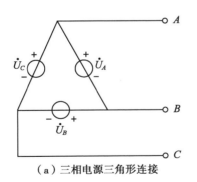

（a）三相电源三角形连接　　　（b）三相电源三角形连接电压相量图

图 1-33　三相电源三角形连接

三、负载的连接

三相负载的连接方式有上节所讨论的星形连接方式和三角形连接方式两种。每种连接方式又分为对称负载和不对称负载。下面将对每一种方式作详细讨论。

（一）对称负载星形连接三相电路

星形连接对称三相电源与星形连接对称三相负载,通过四根导线连接构成的电路,如图 1-34 所示。对称负载的连接是将三个末端连在一起,三个首端分别接在三个电源上,所谓三相对称负载是指三个负载电阻的阻抗值相等,即

$$Z_A = Z_B = Z_C = Z \angle \varphi \qquad 式(1-92)$$

也就是指三相负载不仅阻抗大小相等,而且阻抗角也相等,即

$$|Z_A| = |Z_B| = |Z_C|$$

$$\varphi_A = \varphi_B = \varphi_C$$

对于负载和电源都对称的三相电路称为**对称三相电路**。

在图(1-34)所示的三相电路中,设电源 A 的相电压为参考相量,则各相负载的电流(或线电流)为

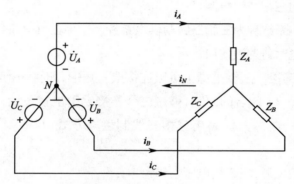

图 1-34　负载星形连接的三相电路

$$\left. \begin{aligned} \dot{I}_A &= \frac{\dot{U}_A}{Z_A} = \frac{U_P \angle 0°}{Z_A} \\[2mm] \dot{I}_B &= \frac{\dot{U}_B}{Z_B} = \frac{U_P \angle -120°}{Z_B} \\[2mm] \dot{I}_C &= \frac{\dot{U}_C}{Z_C} = \frac{U_P \angle +120°}{Z_C} \end{aligned} \right\} \qquad 式(1-93)$$

中线的电流为

$$\dot{I}_N = \dot{I}_A + \dot{I}_B + \dot{I}_C \qquad 式(1-94)$$

由于三相负载对称,故三相电流也对称。因此,三相电路的分析计算可化作单相处理,即只要分析计算一相,其余两相就可以直接写出。

$$\left. \begin{aligned} \dot{I}_A &= \frac{\dot{U}_A}{Z_A} = \frac{U_P \angle 0°}{|Z| \angle \varphi} = \frac{U_P}{|Z|} \angle (0°-\varphi) \\[2mm] \dot{I}_B &= \dot{I}_A \angle (-120°-\varphi) \\[2mm] \dot{I}_C &= \dot{I}_A \angle (+120°-\varphi) \end{aligned} \right\} \qquad 式(1-95)$$

由于三相电流对称,所以中线上没有电流,即

$$\dot{I}_N = \dot{I}_A + \dot{I}_B + \dot{I}_C = 0$$

既然中线上没有电流，因此中线可以省去。所以，对负载星形连接可采用三相三线制系统供电。去掉中线后，对称负载的中性点 N' 与对称电源的中性点 N 等电位，即 $U_{NN'} = 0$。各负载的电压仍为电源对称电压。

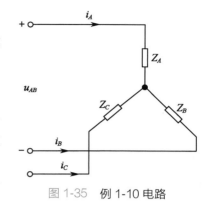

图 1-35　例 1-10 电路

【例 1-11】有一星形连接的三相负载如图 1-35 所示，已知每相的负载阻抗 $Z = 20 \angle 30° \Omega$，$u_{AB} = 380\sqrt{2} \sin\omega t \text{V}$。试求各相的电流。

解： 电源的线电压是对称的。由于负载是对称的，故相电压也是对称。因此相电流也是对称的，只要计算一相电流即可写出其他两相电流。由于 u_A 比 u_{AB} 滞后 $30°$，因此由 $u_{AB} = 380\sqrt{2}\sin(\omega t - 30°)\text{V}$，或写作

$$\dot{U}_A = 220 \angle -30° \text{V}$$

于是

$$\dot{I}_A = \frac{\dot{U}_A}{Z} = \frac{220 \angle -30°}{20 \angle 30°} = 11 \angle -60° \text{A}$$

而

$$\dot{I}_B = \dot{I}_A \angle -120° = 11 \angle -60° \bullet \angle -120° = 11 \angle -180° \text{A}$$

$$\dot{I}_C = \dot{I}_A \angle +120° = 11 \angle -60° \bullet \angle +120° = 11 \angle +60° \text{A}$$

若用瞬时值表示，则为

$$i_A = 11\sqrt{2} \sin(\omega t - 60°) \text{A}$$

$$i_B = 11\sqrt{2} \sin(\omega t - 180°) \text{A}$$

$$i_C = 11\sqrt{2} \sin(\omega t + 60°) \text{A}$$

（二）不对称负载星形连接三相电路

所谓不对称负载是指三相负载完全不相同，即

$$Z_A \neq Z_B \neq Z_C \qquad\qquad 式（1-96）$$

或是 $\varphi_A \neq \varphi_B \neq \varphi_C$。三相不对称负载时中线电流为

$$\dot{I}_N = \dot{I}_A + \dot{I}_B + \dot{I}_B \neq 0$$

因此，中线不可省掉。所以采用三相四线制，如图 1-36 所示。计算时可将三相负载电阻视为三个单位相负载分别分析计算。由于每相负载所承受的电压为电源相电压，所以线电流等于每相负载的相电流，有

$$\dot{I}_A = \frac{\dot{U}_A}{Z_A}, \quad \dot{I}_B = \frac{\dot{U}_B}{Z_B}, \quad \dot{I}_C = \frac{\dot{U}_C}{Z_C} \qquad\qquad 式（1-97）$$

可见，中线的电流不为零，即 $I_N \neq 0$。

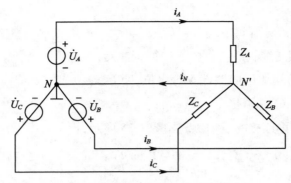

图 1-36　不对称负载星形连接

在负载不对称的三相四线制供电系统中,若中线断开,中线电流无法通过,迫使负载改变原来的工作状态,中性点 N' 与 N 之间出现中性点电压 $U_{N'N}$。根据节点电压法得

$$U_{N'N}=\frac{\dfrac{\dot U_A}{Z_A}+\dfrac{\dot U_B}{Z_B}+\dfrac{\dot U_C}{Z_C}}{\dfrac{1}{Z_A}+\dfrac{1}{Z_B}+\dfrac{1}{Z_C}}\qquad\text{式(1-98)}$$

此时负载上的相电压 $\dot U_a$、$\dot U_b$、$\dot U_c$ 与电源的电压 $\dot U_A$、$\dot U_B$、$\dot U_C$ 的关系可根据 KVL 定律写成

$$\left.\begin{aligned}\dot U_a&=\dot U_A-\dot U_{N'N}\\\dot U_b&=\dot U_B-\dot U_{N'N}\\\dot U_c&=\dot U_C-\dot U_{N'N}\end{aligned}\right\}\qquad\text{式(1-99)}$$

各相的相电流(也是线电流)分别为

$$\left.\begin{aligned}\dot I_A&=\frac{\dot U_a}{Z_A}=\frac{\dot U_A-\dot U_{N'N}}{Z_A}\\\dot I_B&=\frac{\dot U_b}{Z_B}=\frac{\dot U_B-\dot U_{N'N}}{Z_B}\\\dot I_C&=\frac{\dot U_c}{Z_C}=\frac{\dot U_C-\dot U_{N'N}}{Z_C}\end{aligned}\right\}\qquad\text{式(1-100)}$$

由于无中线,故有

$$\dot I_A+\dot I_B+\dot I_C\neq0$$

【例 1-12】在图 1-36 所示电路中,已知三相不对称负载阻抗分别为 $Z_A=800\Omega$,$Z_B=Z_C=3\,000\Omega$,电源有效值 $U_P=220V$。试求负载各相电压。

解:由式(1-97)可得

$$\dot U_{N'N}=\frac{\dfrac{220\angle0°}{800}+\dfrac{220\angle-120°}{3\,000}+\dfrac{220\angle120°}{3\,000}}{\dfrac{1}{800}+\dfrac{1}{3\,000}+\dfrac{1}{3\,000}}=105.2\angle0°V$$

由式(1-99)可得各项电压为

$$\dot{U}_A = \dot{U}_A - \dot{U}_{N'N} = 220\angle 0° - 105.2\angle 0°$$
$$= 114\angle 0°\text{V}$$
$$\dot{U}_B = \dot{U}_B - \dot{U}_{N'N} = 220\angle -120° - 105.2\angle 0°$$
$$= 287.4\angle -138.5°\text{V}$$
$$\dot{U}_C = \dot{U}_C - \dot{U}_{N'N} = 220\angle 120° - 105.2\angle 0°$$
$$= 287.4\angle 138.5°\text{V}$$

其相量图如 1-37 所示。

由图 1-37 可见，负载不对称时，虽然电源的相电压对称，但由于 $\dot{U}_{N'N} \neq 0$ 使负载的相电压不对称，有的相电压偏高，有的相电压偏低。若负载是照明灯泡，则各相所接灯泡的亮度不正常，电压过高灯泡可能烧坏。因此，照明电路采用星形接法时，电源必须有可靠中线。中线可使星形连接不对称负载的相电压对称。

关于不对称负载有中线的情况，下面举例说明。

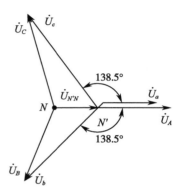

图 1-37　负载不对称且无中线时电压相量图

【例 1-13】 图 1-38 所示为三相四线制电源，线电压为 380V。三相电动机为对称三相负载，每相 $R = 300\Omega$，$X = 20\Omega$，采用星形接法。A 相和 C 相各接 10 个灯泡（图中 1 个灯泡替代 10 个灯泡），B 相接 20 个灯泡，每个灯泡均为 100W。试求线路电流 $\dot{I}_A$、$\dot{I}_B$、$\dot{I}_C$ 及中线的电流 $\dot{I}_N$。

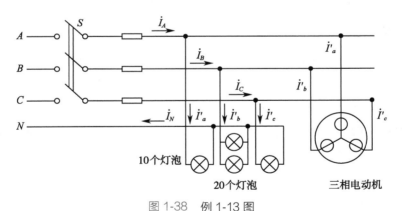

图 1-38　例 1-13 图

解： 已知 $U_L = 380\text{V}$，故 $U_P = 220\text{V}$。现设 A 相的电压为参考相量，即 $\dot{U}_A = 220\angle 0°\text{V}$。

（1）电动机每相的阻抗 $Z = R + jX = 30 + j20 = 36\angle 33.7°\Omega$

$$\dot{I}'_a = \frac{\dot{U}_A}{Z} = \frac{220\angle 0°}{36\angle 33.7°} = 6.1\angle -33.7\text{A}$$
$$\dot{I}'_b = 6.1\angle(-33.7 - 120°) = 6.1\angle -153.7°\text{A}$$
$$\dot{I}'_c = 6.1\angle(-33.7 + 120°) = 6.1\angle 86.3°\text{A}$$

（2）每个照明灯泡为 100W，其电阻为

$$R = \frac{U^2}{P} = \frac{220^2}{100} = 484\Omega$$

10 个灯泡并联总电阻为 $484 \times \dfrac{1}{10} = 48.4\Omega$；20 个灯泡并联总电阻为 $484 \times \dfrac{1}{20} = 24.2\Omega$。于是各相负载灯泡的电阻分别为

$$A \ \text{相} \qquad R_a = 48.4\Omega$$

$$B \ \text{相} \qquad R_b = 24.2\Omega$$

$$C \ \text{相} \qquad R_c = 48.4\Omega$$

由此算出各相照明灯组中的电流为

$$\dot{I}''_a = \frac{\dot{U}_A}{R_a} = \frac{220\angle 0°}{48.4} = 4.55\angle 0°\text{A}$$

$$\dot{I}''_b = \frac{\dot{U}_B}{R_b} = \frac{220\angle -120°}{24.2} = 9.1\angle -120°\text{A}$$

$$\dot{I}''_c = \frac{\dot{U}_C}{R_c} = \frac{220\angle 120°}{48.4} = 4.55\angle 120°\text{A}$$

三相电源各个线中的电流分别为

$$\dot{I}_A = \dot{I}'_a + \dot{I}''_a = 6.1\angle -33.7° + 4.55\angle 0° = 5.07 - j3.38 + 4.55 = 10.2\angle 19.4°\text{A}$$

$$\dot{I}_B = \dot{I}'_b + \dot{I}''_b = 6.1\angle -153.7° + 9.1\angle -120°$$

$$= -5.47 - j2.7 - 4.55 - j7.88 = 14.57\angle 1-133°\text{A}$$

$$\dot{I}_C = \dot{I}'_c + \dot{I}''_c = 6.1\angle -86.3° + 4.55\angle -240°$$

$$= 0.39 + j6.1 - 2.27 + j73.94 = 10.2\angle 100.6°\text{A}$$

中线电流为

$$\dot{I}_N = \dot{I}_A + \dot{I}_B + \dot{I}_C = 10.2\angle 19.4° + 14.57\angle -133° + 10.2\angle 100.6° = 4.53\angle -120.2°\text{A}$$

相量图如图 1-39 所示。

（三）对称负载三角形连接的三相电路

在图 1-40 所示的三相电路中，每相负载阻抗分别为 Z_{AB}、Z_{BC} 和 Z_{CA}，线电压为 $\dot{U}_{AB}$、$\dot{U}_{BC}$ 和 $\dot{U}_{CA}$，线电流为 $\dot{I}_{AB}$、$\dot{I}_{BC}$ 和 $\dot{I}_{CA}$，它们的正方向如图中所示。

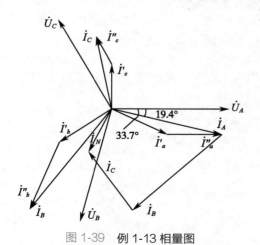

图 1-39　例 1-13 相量图　　　　图 1-40　三相负载的三角形连接

当负载为三角形连接时,负载的相电压就是电源的线电压,故各相的相电流分别为

$$\left.\begin{array}{l} \dot{I}_{AB} = \dfrac{\dot{U}_{AB}}{Z_{AB}} \\[2mm] \dot{I}_{BC} = \dfrac{\dot{U}_{BC}}{Z_{BC}} \\[2mm] \dot{I}_{CA} = \dfrac{\dot{U}_{CA}}{Z_{CA}} \end{array}\right\} \qquad 式(1\text{-}101)$$

根据基尔霍夫电流(KCL)定律可以写出线电流与相电流的关系式,即

$$\left.\begin{array}{l} \dot{I}_A = \dot{I}_{AB} - \dot{I}_{CA} \\[1mm] \dot{I}_B = \dot{I}_{BC} - \dot{I}_{AB} \\[1mm] \dot{I}_C = \dot{I}_{CA} - \dot{I}_{BC} \end{array}\right\} \qquad 式(1\text{-}102)$$

前面说过,三相电源的线电压是对称的,因此当负载对称(即 $|Z_A| = |Z_B| = |Z_C| = Z$ 和 $\varphi_A = \varphi_B = \varphi_C = \varphi$)时,由图 1-39 可求出三个线电流为

$$\left.\begin{array}{l} \dot{I}_A = \sqrt{3}\ \dot{I}_{AB} \angle -30° \\[1mm] \dot{I}_B = \sqrt{3}\ \dot{I}_{BC} \angle -30° \\[1mm] \dot{I}_C = \sqrt{3}\ \dot{I}_{CA} \angle -30° \end{array}\right\} \qquad 式(1\text{-}103)$$

当三相负载对称时,三个相电流和三个线电流均对称,其相量图如图 1-41 所示。

若已知 I_L 和 I_P 分别为线电流和相电流的有效值,则由图 1-41 的几何关系,可以得出线电流与相电流的有效值之间的关系为

$$I_L = 2I_P \cos 30° = \sqrt{3} I_P \qquad 式(1\text{-}104)$$

对称负载三角形连接的三相电路中,线电流的有效值等于相电流有效值的 $\sqrt{3}$ 倍。另外,各线电流比相应的相电流滞后 $30°$。

综上所述,分析计算对称负载三角形三相电路时,和对称负载星形三相电路一样,只要分析计算其中任意一相电流,其余两相电流可根据对称关系直接写出。

【例 1-14】在图 1-42 所示的三相电路中,电源电压为 380V,星形连接负载的阻抗 $Z_Y = 3+j4\Omega$,三角形连接负载的阻抗为 $Z_\triangle = 10\Omega$。试求:

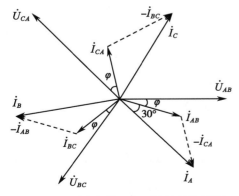

图 1-41　对称负载三角形连接的相量图

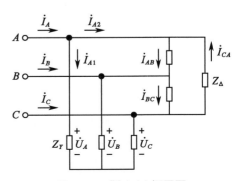

图 1-42　例 1-14 相量图

（1）星形连接负载的相电压 $\dot{U}_A$、$\dot{U}_B$、$\dot{U}_C$。

（2）三角形连接负载的相电流 $\dot{I}_{AB}$、$\dot{I}_{BC}$、$\dot{I}_{CA}$。

（3）端线的线电流 $\dot{I}_A$、$\dot{I}_B$、$\dot{I}_C$。

解：设 $\dot{U}_{AB} = 380\angle 0°\mathrm{V}$

（1）根据线电压和相电压的关系，星形连接负载各相电压为

$$\dot{U}_A = \frac{\dot{U}_{AB}}{\sqrt{3}}\angle -30° = 220\angle -30°\mathrm{V}$$

$$\dot{U}_B = 220\angle -150°\mathrm{V}$$

$$\dot{U}_C = 220\angle 90°\mathrm{V}$$

（2）三角形连接负载的相电流为

$$\dot{I}_{AB} = \frac{\dot{U}_{AB}}{Z_\triangle}\angle -30° = \frac{380\angle 0°}{10} = 38\angle 0°\mathrm{A}$$

$$\dot{I}_{BC} = 38\angle -120°\mathrm{A}$$

$$\dot{I}_{CA} = 38\angle 120°\mathrm{A}$$

（3）端线的线电流（以 A 相为例）应是星形负载电流 $\dot{I}_{A1}$ 和三角形负载线电流 $\dot{I}_{A2}$ 之和，其中

$$\dot{I}_{A1} = \frac{\dot{U}_A}{Z_Y} = \frac{220\angle -30°}{3+j4} = \frac{220\angle -30°}{5\angle 53.1°} = 44\angle -83.1°\mathrm{A}$$

三角形负载线电流 $\dot{I}_{A2}$ 是相电流 $\dot{I}_{AB}$ 的 $\sqrt{3}$ 倍，相位滞后 30°，则

$$\dot{I}_{A2} = \sqrt{3}\ \dot{I}_{AB}\angle -30° = \sqrt{3}\times 38\angle 0°$$

$$= 38\sqrt{3}\angle -51°\mathrm{A}$$

所以，由 *KCL* 定律得

$$\dot{I}_A = \dot{I}_{A1} + \dot{I}_{A2} = 44\angle -83.1°+38\sqrt{3}\angle -30°$$

$$= 5.29-j43.68+57-j32.91$$

$$= 62.29-j76.59$$

$$= 98.72\angle -51°\mathrm{A}$$

根据对称关系，则

$$\dot{I}_B = 98.72\angle(-51°-120°) = 98.72\angle -171°\mathrm{A}$$

$$\dot{I}_C = 98.72\angle(-51°+120°) = 98.72\angle 69°\mathrm{A}$$

（四）不对称负载三角形连接的三相电路

对于不对称负载三角形连接的三相电路，三相负载电路阻抗不相等，各相电流间不存在对称关系，线电流与相电流间也不存在相应的大小和相位。因此，对于不对称负载三角形连接的三相电路中的电流，应根据式（1-101）逐相分析计算。

【例 1-15】 在图 1-43 所示电路,已知电源电压对称,其线电压 $U_L = 220V$。负载三角形连接,白炽灯的额定值 $P_N = 60W$,$U_N = 220V$。分别求开关 S 断开和闭合两种情况下负载的相电流和线电流。

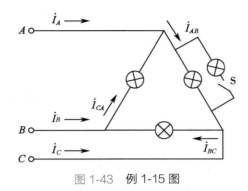

图 1-43 例 1-15 图

解:每个白炽灯的电阻为 $R = \dfrac{U_N^2}{P_N} = \dfrac{200^2}{60}\Omega = 806.7\Omega$

(1)当开关 S 断开时,各相均接一个白炽灯,负载对称,所以

$$I_P = \frac{U_N}{R} = \frac{60}{220}A = 0.273A$$

$$I_L = \sqrt{3}\,I_P = 1.732 \times 0.273 = 0.473A$$

设 $\dot{U}_{AB} = 220\angle 0°V$,则各相电流分别为

$$\dot{I}_{AB} = 0.273\angle 0°A \qquad \dot{I}_{BC} = 0.273\angle -120°A \qquad \dot{I}_{CA} = 0.273\angle 120°A$$

线电流分别为

$$\dot{I}_A = 0.473\angle -30°A \qquad \dot{I}_B = 0.473\angle -150°A \qquad \dot{I}_C = 0.473\angle 90°A$$

(2)开关 S 闭合时,负载不对称,各相电流、线电流也不对称,应分别计算。

各相电流分别为

$$\dot{I}_{AB} = 2 \times \frac{\dot{U}_{AB}}{R} = 0.545\angle 0°A$$

$$\dot{I}_{BC} = \frac{\dot{U}_{BC}}{R} = 0.273\angle -120°A$$

$$\dot{I}_{CA} = \frac{\dot{U}_{CA}}{R} = 0.273\angle 120°A$$

各线电流分别为

$$\dot{I}_A = \dot{I}_{AB} - \dot{I}_{CA} = 0.721\angle -19.1°A$$

$$\dot{I}_B = \dot{I}_{BC} - \dot{I}_{AB} = 0.721\angle -160.9°A$$

$$\dot{I}_C = \dot{I}_{CA} - \dot{I}_{BC} = 0.473\angle 90°A$$

1. 正弦交流电与直流电的区别在于：直流电路中电压、电流的大小和方向恒定不变；而在交流电路中的电压、电流的大小和方向是随时间按照正弦规律变化的，其电压的一般表达式为

$$u = U_m \sin(\omega t + \psi)$$

式中，U_m（幅值）、ω（角频率）和 ψ（初相位）称为**正弦量的三要素**。电工技术上常采用有效值表示交流电的大小。正弦交流电的有效值是其幅值的 $\dfrac{1}{\sqrt{2}}$。

2. 正弦量有各种不同的表示方法。

（1）三角函数式（瞬时值表达式），如 $u = U_m \sin(\omega t + \psi)$。

（2）波形图。

（3）相量表示，如 $\dot{U} = U \angle \psi_u = a + jb$。

3. 电阻、电感和电容是交流电路的三个基本电路参数。这三个单一参数电路中电压和电流及功率的计算是分析串联电路的基础，必须牢固地掌握和正确地使用。

4. 在交流电路中电阻、电感及电容的电压、电流、相位关系及功率等基本性质见表 1-2，以便比较。

表 1-2　RLC 正弦电路中的基本关系

元件		电阻 R	电感 L	电容 C
时域模型				
电压与电流的关系	瞬时值	$u_R = Ri$	$u_L = L\dfrac{di}{dt}$	$i_C = C\dfrac{du_C}{dt}$
	有效值	$U_R = RI$	$U_L = X_L I$	$U_C = X_C I$
	相位	u_R 与 i 相同	u_L 比 i 超前 90°	u_C 比 i 滞后 90°
	相量式	$\dot{U}_R = R\dot{I}$	$\dot{U}_L = jX_L\dot{I} = j\omega L\dot{I}$	$\dot{U}_C = -jX_C\dot{I} = \dfrac{1}{j\omega C}\dot{I}$
	相量图			
相量模型				
功率	有功功率	$P_R = I^2 R = \dfrac{U^2}{R}$	$P_L = 0$	$P_C = 0$
	无功功率	$Q_R = 0$	$Q_L = IU_L$ $= I^2 X_L = \dfrac{U_L^2}{X_L}$	$Q_C = -IU_C$ $= -I^2 X_C = -\dfrac{U_C^2}{X_C}$

5. RLC 串联交流电路中电压和电流的相量关系,以及功率计算时本章的重点内容。

（1）电压和电流的相量关系,见表 1-3。

表 1-3　RLC 串联电路基本性质

名称	复阻抗	欧姆定律	电流关系	电压关系	相量图
RLC 串联电路	$Z=R+jX$ $X=X_L-X_C$	$\dot{U}=Z\dot{I}$	电流相同	$\dot{U}=\dot{U}_R+$ $\dot{U}_L+\dot{U}_C$	

（2）功率计算:RLC 串联电路的有功功率、无功功率和视在功率的计算,以及功率三角形,见表 1-4。

表 1-4　RLC 串联电路的有功功率、无功功率和视在功率及功率三角形表

名称	有功功率	无功功率	视在功率	功率三角形
RLC 串联电路	$P=U_R I$ $=UI\cos\varphi$	$Q=(U_L-U_C)I$ $=UI\sin\varphi$ $Q=Q_L-Q_C$	$S=UI=\sqrt{P^2+Q^2}$	

6. 表 1-3（2）中的 $\cos\varphi$ 称为**功率因数**,由负载参数决定,其值为

$$\cos\varphi=\frac{R}{|Z|}$$

纯电阻负载 $Z=R$, $\cos\varphi=1$,纯电感和纯电容负载 $R=0$, $\cos\varphi=0$。

提高供电系统的功率因数对国民经济有重要意义。由于实际用户多为感性负载,故常采用并联电容器的方法来提高功率因数。

7. 电力系统普遍采用三相电路。在正常情况下,三相电源的电压是对称的,即各相电压幅值相等,频率相同,相位互差120°。三相电源的连接有星形和三角形之分。星形连接时,其线电压的有效值为相电压的$\sqrt{3}$倍。根据需要,星形连接的电源可采用三相三线制或三相四线制供电。电源作三角形连接时,线电压等于相电压。

8. 三相负载亦有星形和三角形两种接法,至于以哪种方式连接,则应根据负载的额定电压和电源的数值而定,应使加于每相负载的电压等于其额定电压。

当负载接成星形时,其线电流等于其对应电流。若负载对称,则中线电流为零,故可取消中线,构成三相三线制电路,其计算方法可先计算一相,另两相推之。若负载不对称,则中线电流不为零,应采用三相四线制电路,其计算方法必须各相分别计算,再求出中线电流。

对称负载接成三角形时,其线电流在数值上等于相电流的$\sqrt{3}$倍,计算时也可以先求出一相电流,另两相电流推之。

交流电的优点主要表现在发电与配电方面。从 20 世纪 30 年代开始,电路理论已成为一门独立的学科。

1820 年奥斯特所发现的电磁作用是电动机的起源。而 1831 年法拉第所发现的电磁感应是发电机的变压器的起源。1884 年,英国的霍普金森制成了闭合磁路式变压器。1954 年,苏

联在奥布宁斯克建成第一座核电站。目前世界各国都在关注未来电力工业的发展。随着计算机、微电子、材料科学等新兴学科的出现,高电压与绝缘技术这门学科的内容也正日新月异地得到改造和更新。电压等级也越来越高,尤其是我国的特高压,引领了特高压输电的标准。我国将带动其他国家,构建全球电力能源互联网,我国电网在"一带一路"正发挥重要作用,建立了良好的国际信誉,并在全球树立了"中国发电"金字名片。

习题一

1-1 在某电路中,$i = 10\sin\left(628t - \dfrac{\pi}{4}\right)\text{mA}$。(1)试指出它的频率、周期、角频率、幅值、有效值及初相位各为多少?(2)画出波形图。(3)如果 i 的参考方向选的相反,写出它的三角函数式,画出波形图;并问(1)中各项有无改变?

1-2 设 $i = 200\sin\left(\omega t - \dfrac{\pi}{4}\right)\text{mA}$,试求下列情况下电流的瞬时值:(1)$f = 100\text{Hz}$,$t = 0.5\text{ms}$;(2)$\omega t = 1.25\pi\text{rad}$;(3)$\omega t = 90°$;(4)$t = \dfrac{7}{8}T$。

1-3 $i_1 = 5\sin(314t + 45°)\text{A}$,$i_2 = 8\sin(628t - 30°)\text{A}$,两者相位差为 75°,是否正确?

1-4 写出下列正弦电压的相量式(用代数式表示)。

(1)$u = 10\sqrt{2}\sin\omega t\text{V}$。

(2)$u = 10\sqrt{2}\sin\left(\omega t + \dfrac{\pi}{2}\right)\text{V}$。

(3)$u = 10\sqrt{2}\sin\left(\omega t - \dfrac{\pi}{2}\right)\text{V}$。

(4)$u = 10\sqrt{2}\sin\left(\omega t - \dfrac{3\pi}{4}\right)\text{V}$。

1-5 已知两正弦电流 $i_1 = 8\sin(314t + 60°)$,$i_2 = 6\sin(314t - 30°)$,试用复数计算电流 $i_1 + i_2$,并画出相量图。

1-6 把一个 200Ω 的电阻接到频率为 50Hz、电压有效值为 5V 的正弦电源上,试问电流是多少? 如保持电压不变,而电源频率变为 60Hz,这时电流为多少?

1-7 荧光灯电路的等效电路,如图 1-44 所示。如已知某灯管的等效电阻 $R_1 = 280Ω$,镇流器的电阻和电感分别为 $R_2 = 20Ω$ 和 $L = 1.65\text{H}$,电源电压 $U = 220\text{V}$,频率为 50Hz。试求

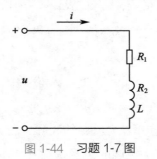

图 1-44 习题 1-7 图

电路中的电流 I 和灯管两端与镇流器上的电压,画出相量图。这两个电压加起来是否等于 220V?

1-8 已知负载电压 $\dot{U} = 30 + j40\mathrm{V}$,电流 $\dot{I} = 8 + j6\mathrm{A}$,求它们之间的相位差以及负载电阻、电抗的数值,阻抗是感抗还是容抗?

1-9 在图 1-45 所示的电路中,已知 $R_1 = 10\Omega$,$R_2 = 20\Omega$,$L_1 = 181\mathrm{mH}$,$L_2 = 200\mathrm{mH}$,$C = 40\mu\mathrm{F}$,$U = 250\mathrm{V}$,$f = 50\mathrm{Hz}$。求:

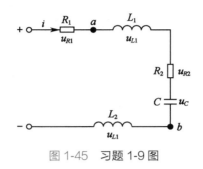

图 1-45 习题 1-9 图

(1) 电路中的电流 $\dot{I}$。

(2) 电压 $\dot{U}_{ab}$。

(3) 电路的功率因数、有功功率、无功功率和视在功率。

1-10 今有 40W 的荧光灯一个,使用时灯管和镇流器(可近似地把镇流器看作纯电感)串联在电压为 220V、频率为 50Hz 的电源上。已知灯管工作时属于纯电阻负载,灯管两端电压为 110V,试求镇流器的感抗与电感。这时电路的功率因数等于多少? 若将功率因数提高到 0.8,问并联多大的电容?

1-11 如图 1-46 所示的电路中,已知电压为 380V,星形负载的功率为 10kW,功率因数 0.85(感性),三角形负载功率为 20kW,功率因数为 0.8(感性)。试求:

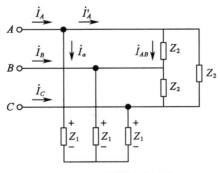

图 1-46 习题 1-11 图

(1) 电路中的线电流。

(2) 电源的有功功率、无功功率和视在功率。

1-12 图 1-47 所示的电路中,感性负载阻抗 $Z = (8 + j6)\Omega$,电源线电压 $U_l = 380\mathrm{V}$。

(1) 计算线电流 I_l、有功功率 P、无功功率 Q 和功率因数 $\cos\varphi$。

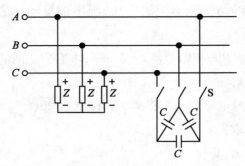

图 1-47 习题 1-12 图

（2）若要将 $\cos\varphi$ 提高到 0.98，则可接通开关 S，试求电容量 C 及线路总电流 I'_l。

（3）若将电容器接成星形，试求 C' 的值，并比较两种接法的优缺点。

（原 杰）

第二章 变压器和电动机

第一节 变压器

一、变压器的工作原理

变压器是用交变磁场把两个以上的线圈耦合起来,利用电磁感应原理进行变换交流电压或传递交流信号的电气设备,在工业、农业及医药等方面都有着广泛的应用。

变压器的基本构造,如图 2-1(a)所示,其中 N_1、N_2 分别为原绕组和副绕组的匝数,它们由上端按一致的绕向缠绕在由硅钢片叠成的铁芯上。副绕组上不接负载时,称为**空载**。首先研究空载时的情况。

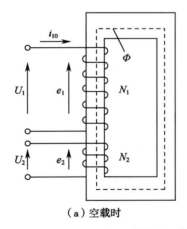
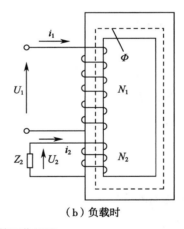

（a）空载时　　　　　　　　　　　（b）负载时

图 2-1　变压器的工作原理

在原绕组上施加电压 U_1,便有电流 i_{10} 通过原绕组,其磁动势 $i_{10}N_1$ 在铁芯中产生磁通 Φ,并在原、副绕组中产生感应电动势 e_1 和 e_2。

设磁通 $\Phi = \Phi_m \sin\omega t$,则

$$e_1 = -N_1 \frac{\mathrm{d}\Phi}{\mathrm{d}t} = -N_1 \frac{\mathrm{d}(\Phi_m \sin\omega t)}{\mathrm{d}t} = -N_1 \omega \Phi_m \cos\omega t$$

$$= 2\pi f N_1 \Phi_m \sin(\omega t - 90°) = E_{1m} \sin(\omega t - 90°)$$

式中,$E_{1m} = 2\pi f N_1 \Phi_m$,是原绕组中感应电动势 e_1 的幅值,而其有效值为

$$E_1 = \frac{E_{1m}}{\sqrt{2}} = 4.44 f N_1 \Phi_m \qquad\qquad 式(2-1)$$

同理,副绕组中感应电动势 e_2 的有效值为

$$E_2 = 4.44fN_2\Phi_m \qquad \text{式（2-2）}$$

因变压器绕组中的电阻电压降与其感应电动势相比很小,如果略去不计,并认为磁通量在原、副绕组中无损耗,则原绕组中有

$$U_1 = E_1 \qquad \text{式（2-3）}$$

同理,副绕组中有

$$U_2 = E_2 \qquad \text{式（2-4）}$$

变压器有负载时的情况,如图 2-1（b）所示。副绕组中的电流 i_2 产生的磁动势 i_2N_2 企图改变磁通 Φ_2,但由式（2-1）及式（2-3）可知,$U_1 = E_1 = fN_1\Phi_m$,原边电压 U_1 和频率 f 不变时,Φ_m 也应保持不变,即变压器铁芯中磁通的最大值 Φ_m,从空载到有载基本上是恒定的。为了保持 Φ_m 的恒定,原边电流由 i_{10} 变为 i_1,其磁动势 i_1N_1 不仅抵消了 i_2N_2 的作用并维持磁通 Φ_m 恒定,即 $i_1N_1 + i_2N_2 = i_{10}N_1$,如用相量表示,则

$$\dot{i}_1N_1 + \dot{i}_2N_2 = \dot{i}_{10}N_1 \qquad \text{式（2-5）}$$

式（2-5）称为**磁势平衡方程式**。

二、变压器的作用

下面分别讨论变压器的电压变换、电流变换及阻抗变换的作用。

（一）电压变换

由式（2-3）及式（2-4）可知,原、副边电压有效值关系为

$$\frac{U_1}{U_2} = \frac{E_1}{E_2} = \frac{N_1}{N_2} = K \qquad \text{式（2-6）}$$

式中,K 称为变压器的变比。

由式（2-6）可得,原、副边电压之比与其匝数成正比。这一变换电压的作用,常用来把原边电压值变换为所需数值的电压并从副边输出。

（二）电流变换

变压器的空载电流 I_{10} 是励磁用的。由于铁芯的导磁率很高,I_{10} 与原边额定电流 I_{1N} 相比占的比例很小,在 10% 以内,常可忽略。故式（2-5）可写成

$$\dot{I}_1N_1 = -\dot{I}_2N_2 \qquad \text{式（2-7）}$$

如果只考虑有效值时,原、副边电流有效值关系为：

$$\frac{I_1}{I_2} = \frac{N_2}{N_1} = \frac{1}{K} \qquad \text{式（2-8）}$$

由式（2-8）可知,原、副边电流之比与其匝数成反比。这一变换电流的作用,常用来把电压升高,电流变小,进行远距离输电或者把大电流变换为小电流来进行测量。

（三）阻抗变换

若变压器的负载阻抗为 Z_2，但从原边看进去的阻抗 Z_1 为

$$Z_1 = \frac{U_1}{I_1} = \frac{KU_2}{I_2/K} = K^2 \frac{U_2}{I_2} = K^2 Z_2 \qquad\qquad 式(2\text{-}9)$$

由式(2-9)可得，原、副边阻抗之比与其匝数的平方成正比。还应说明，原边阻抗不是常数，它随着副边阻抗的变化而变化。这一阻抗变换作用常用来进行阻抗匹配，即把负载的实际阻抗值通过变压器变换为电路所需数值的阻抗。

必须指出，式(2-6)、式(2-8)及式(2-9)的关系是近似的，这在工程应用上是允许的。

三、变压器的额定值

为了正确使用电源变压器，必须首先了解变压器的额定值。变压器空载时，原边相当于一个含有铁芯线圈的电路，因此原边必须施加额定电压；变压器有负载时，原边阻抗随副边阻抗的减小而减小，因此必须用限制副边阻抗不能无限减小（即无限增加并联负载）的办法来限制副边输出电流、原边输入电流不大于其额定值及 I_{2N} 及 I_{1N}。

由此可见，正确使用电源变压器的原则是原边施加额定电压，控制副边输出不大于其额定电流。

变压器的铭牌上常给出额定电压 U_{1N}、U_{2N} 及额定容量 S_N，其关系为

$$S_N = U_{1N} I_{1N} = U_{2N} I_{2N} \qquad\qquad 式(2\text{-}10)$$

S_N 是视在功率，单位为伏安（VA）或千伏安（kVA）。

四、变压器绕组的极性

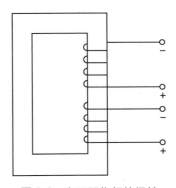

图 2-2　变压器绕组的极性

变压器的两个绕组绕向和匝数相同，如图 2-2 所示。在交变磁通的作用下，假设某一瞬间在上面绕组中的感应电压上端为"+"，下端为"–"时，显然下面绕组中也是上端为"+"，下端为"–"，则称这两个绕组的上端（下端）为同极性端，并标出符号"·"。这两个绕组串联时，同极性端不能接在一起；并联时，同极性端必须接在一起，否则其感应电动势将互相抵消造成短路。

第二节　三相异步电动机的原理

一、三相异步电动机的基本构造

电动机是把电能转换为机械能的动力设备。在现代生产中都广泛采用电动机来拖动，其主要优点是容易满足生产机械对起动、调速、反转、制动等各种工艺要求，而且控制方便，为生

产过程自动化提供了有利条件。根据所用电能种类的不同,可分为交流电动机和直流电动机两大类。交流电动机又可分为异步电动机和同步电动机等。

在生产中,三相异步电动机的应用最为普遍,是最主要的动力设备。三相异步电动机可分为鼠笼式异步电动机和绕线式异步电动机两种。鼠笼式电动机的主要优点是结构简单、制造方便、价格低廉,且工作可靠、维护容易。在医疗、药品和化工生产中,许多生产机械,例如各种医疗设备中的电机,生产中使的各种泵、鼓风机、压缩机、大部分机床及其他设备,都宜采用三相鼠笼式电动机来拖动。

随着电子技术的发展,与三相异步电动机配用的变频设备的研制取得了成功,并已形成正式产品,从而拓宽了普通鼠笼式电动机的应用范围。

三相异步电动机主要由定子(固定部分)和转子(转动部分)两大部分组成,如图 2-3(a)所示。定子铁芯是由沿内圆周冲有线槽的 0.5mm 厚的硅钢片叠装到一定长度而制成。圆筒形的定子铁芯压装在铸钢的机壳内。定子铁芯的线槽中,嵌放着空间对称分布的三相绕组,六个出线端连接在接线盒的端钮上,如图 2-3(b)所示,其中 U_1、V_1、W_1 为三相绕组的首端;U_2、V_2、W_2 则为其末端,但必须指出,首末端是相对而言的。

转子铁芯是由沿外圆周冲有线槽的硅钢片叠装到一定长度而制成,如图 2-3(a)所示,并压装在轴上。转子绕组分为鼠笼式和绕线式两种。

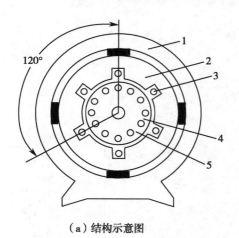

（a）结构示意图　　　　　　　　　　（b）接线盒

1. 机座;2. 定子铁芯;3. 定子绕组;4. 转子铁芯;5. 转子绕组。

图 2-3　三相异步电动机

目前,中小型电动机的鼠笼转子绕组是把熔融状态的铝液直接压铸入转子铁芯的线槽中而成,两侧的端环连同小风叶一起被铸出,两侧的端环把线槽中的铝条连接成闭合回路,如图 2-4 所示,图中只画出了鼠笼转子绕组。

绕线式转子绕组和定子铁芯上的三相绕组一样。在转子铁芯的线槽中,嵌放着空间对称分布的三相绕组,三个末端按星形连接在一起。三个首端分别与三个铜质滑环相连接。

定子和转子铁芯之间留有气隙。在保证转子自由转动的

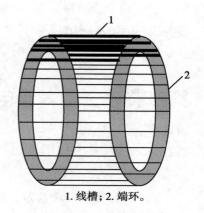

1. 线槽;2. 端环。

图 2-4　鼠笼转子绕组

情况下,气隙越小越好。滑环固定在转轴上,并与转轴绝缘。固定在定子上的电刷被弹簧压在滑环上,保持良好的滑动接触。转子绕组通过滑环、电刷和外接三相电阻构成闭合回路,如图 2-5 所示。

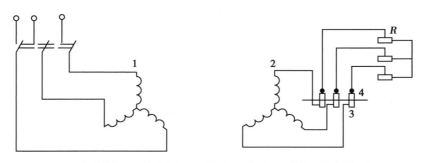

1. 定子绕组;2. 转子绕组;3. 滑环;4. 电刷;R. 外接三相电阻。

图 2-5 绕线式转子结构示意图

二、三相异步电动机和旋转磁场

电动机是根据导体中的电流在磁场中受到电磁力作用的原理而制造,因而磁场是电动机的工作基础。三相异步电动机的磁场是旋转磁场,它的产生是在空间对称分布的三相绕组中通入三相交流电流,这样就会产生旋转磁场,下面分析两极电机的旋转磁场。

假设圆筒形的定子铁芯上只有六个线槽,每相绕组只有一个线圈,两个线圈边分别嵌在空间相差 180° 的两个线槽中。三相绕组的首端 U_1、V_1、W_1 在空间彼此相隔 120°;其末端 U_2、V_2、W_2 也同样彼此相隔 120°,如图 2-6(a)所示。

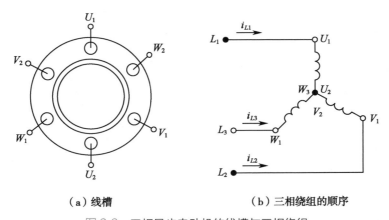

（a）线槽　　　　　　（b）三相绕组的顺序

图 2-6 三相异步电动机的线槽与三相绕组

假设三相绕组是星形(Y)连接。接上三相电源时,绕组中便有电流 $i_{L1} = i_{L2} = i_{L3}$ 通过。i_{L1}、i_{L2}、i_{L3} 的正方向及通往三相绕组的顺序,即相序,如图 2-6(b)所示,其波形图如图 2-7 所示。

为了说明旋转磁场产生的原理,首先要找出三相电流在一个周期时间内的不同时刻通过三相绕组的实际方向和大小,然后按右手螺旋法则画出它们共同产生磁场的磁力线方向和在定子铁芯上产生磁极的极性,最后进行分析归纳,便可得出正确的结论。

例如,$t = 0$ 时,$i_{L1} = I_m$ 且为正值,实际方向与正方向一致,电流 i_{L1} 从首端 U_1 流入,用符号

"×"来表示；从末端 U_2 流出用符号"·"来表示。$i_{L2} = i_{L3} = \dfrac{I_m}{2}$ 且为负值，实际方向与正方向相反，电流 i_{L2} 和 i_{L3} 分别从末端 V_2 和 W_2 流入，从首端 V_1 和 W_1 流出。根据右手螺旋法则，合磁场磁力线的方向，如图 2-7 中 $t = 0$ 时所示，N 和 S 极是定子铁芯内表面表现出来的磁极的极性，磁力线从定子铁芯的 N 极出来进入 S 极。

同理，可画出 $t = \dfrac{1}{3}T$、$t = \dfrac{2}{3}T$ 及 $t = T$ 时的合磁场及其极性，如图 2-7 所示。对上述四个时刻的磁场图形进行分析比较，可以得出以下结论。

（一）旋转磁场及其转向

由图 2-7 可以看出，磁场随着三相电流的变化而旋转，从而可以得出：在空间对称分布的三相绕组中通以三相交流电流会产生旋转磁场。

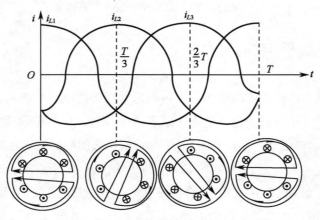

图 2-7 三相电流的波形及旋转磁场

由图 2-7 还可以看出，旋转磁场是按顺时针方向旋转的，其转向恰与三相绕组中电流最大值出现的顺序相一致。因此，可以得出结论：旋转磁场的转向是与通入三相绕组中的电流的相序一致。

如果把三相电源接到三相绕组上的任意两根对调，例如把 L_2 和 L_3，如图 2-8 所示。这时通入三相绕组中的电流的相序变为 $(U_1 - U_2) \rightarrow (W_1 - W_2) \rightarrow (V_1 - V_2)$。通过分析不难得出，旋转磁场的转向将按逆时针方向旋转。

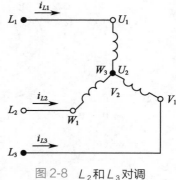

图 2-8 L_2 和 L_3 对调

（二）旋转磁场的转速

旋转磁场的转速称为同步转速或同期转速。相邻两个磁极间的距离称为极距。由图 2-7 可知，电流每变化一个周期磁场要转过两个极距。对于磁极对数 $P = 1$ 的两极磁场，恰为一转。因此，其同步转速 $n_s = 60f = 60 \times 50 = 3\,000\,r/min$；如果定子铁芯上有 12 个线槽，每相绕组由两个线圈组成，就可以做成产生 $P = 2$，N、S、N、S 相互交替的四个极的旋转磁场，极距为 $P = 1$ 时的一半。显然这时电流每变化一个周期磁场就只能转过半转，其同步转速 $n_s = 1\,500\,r/min$。

依次类推，在具有 P 对磁极的旋转磁场中，电流每变化一个周期，磁场就要转过 $\dfrac{T}{3}$ 转，故

同步转速应为

$$n_s = \frac{60f}{P} \text{r/min} \qquad \text{式}(2\text{-}11)$$

我国工频 $f = 50\text{Hz}$，由式（2-11）可知 $P = 1$ 时，$n_s = 3\,000\text{r/min}$；$P = 2$ 时，$n_s = 1\,500\text{r/min}$；$P = 3$ 时，$n_s = 1\,000\text{r/min}$ 等。

在图 2-7 中，每一磁极下每相只占一个槽，称为集中绕组。实际上，每一磁极下每相占有多个槽，称为分布绕组。分布绕组只是提高了定子铁芯利用程度，改善了电机性能，其产生旋转磁场的基本原理是一样的。

三、三相异步电动机的转动原理

三相异步电动机是利用转子线槽中的载流导体，在旋转磁场中受到电磁力的作用来使转子转动的。在鼠笼转子中，载流导体是铝条；在线绕转子中，载流导体是铜导线，统称为转子导体。

三相异步电动机的旋转磁场、转子导体中的感应电动势和电流及转子导体所受电磁力的情况，如图 2-9 所示。假设旋转磁场以同步转速 n_s 顺时针方向旋转并切割转子导体。在转子导体中产生的感应电动势的方向由右手定则来确定。应当注意在使用右手定则时，应使磁力线穿过手掌心，大拇指的指向应是转子导体相对于旋转磁场的运动方向，其余四指的指向就是感应电动势的方向。在 N 极下面感应电动势的方向由里向外，用符号"·"来表示；在 S 极下面则由外向里，用符号"×"来表示。

在电动势的作用下，转子导体中会有电流流过。假定转子导体中的电流与感应电动势同相（电机运行时它们基本同相），则感应电动势的方向，也就是电流的方向。

根据电磁力定律，转子导体将受到电磁力的作用，其方向由左手定则确定。即应使磁力线穿过手掌心，四指指向电流的方向，则大拇指的指向是电磁力的方向，在图 2-9 中用箭头来表示。转子导体上的电磁力对转轴产生力矩，它们的合力矩称为电磁转矩。电磁转矩的方向和旋转磁场的方向一样，是顺时针的，它使转子也按顺时针方向，以转速 n 旋转。由此可知，转子的转向和转动磁场的转向是一致的。

转子的转速 n 总是低于同步转速 n_s。因为如果两者相等的话，转子导体对旋转磁场就没有相对运动，也

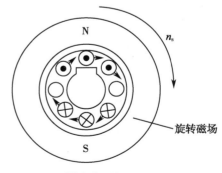

图 2-9　转子原理

就不会产生感应电动势、电流和电磁转矩。这时，转子必然要减速，即当 $n < n_s$ 时，这样旋转磁场才能切割转子导体，从而产生感应电动势、电流和电磁转矩，使转子旋转。由此可见，转子的转速 n 低于或异于同步转速 n_s 是保证转子带负载旋转的必要条件，因此，这种电动机称为异步电动机。另外，由于转子导体中的电动势和电流是利用电磁感应原理产生的，故异步电

机又称为感应电动机。

四、三相异步电动机的机械特性

电动机是用电磁转矩来实现转动的,而电磁转矩的大小和转速有关。转速 n 和电磁转矩 T 的关系,即 $n=f(T)$ 称为电动机的机械特性。了解机械特性对于正确使用电动机是很重要的。根据转子载流导体在旋转磁场中受电磁力作用的原理,进一步推导,可以证明,电磁转矩 T 应与旋转磁场的磁通量 Φ 和转子导体中的电流有效值 I_2 及其功率因数 $\cos\varphi_2$ 的乘积成正比,则有

$$T=C_{\mathrm{m}}\Phi I_2\cos\varphi_2 \qquad\qquad 式(2\text{-}12)$$

式中,C_{m} 是与电机结构有关的常数。

理论和实践可以证明,当电动机绕组施加额定电压时,机械特性 $n=f(T)$ 的曲线,如图 2-10 所示。$n=0$ 时,即电动机通电后刚起动的瞬间或转子被堵转时,$T=T_{\mathrm{st}}$,称为起动转矩或堵转转矩。它是电机本身的特性,与负载无关,负载转矩大于它时,电机就转不起来。$n=n_{\mathrm{c}}$($T_{\max}$ 对应的转速)时,$T=T_{\max}$,称为最大转矩,它也是电机本身的特性,负载转矩增大超过它时电机就迅速停转。

电动机的转速由 n_1(近于同步转速)到 n_{c},转速变化不大,称为硬特性。转子导体与旋转磁场的切割速度很低,感应电动势的频率很低(空转时,近于零),电路可视为电阻性,$\cos\varphi_2\approx1$,故

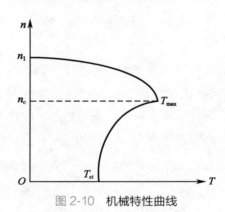

图 2-10　机械特性曲线

$$T\approx C_{\mathrm{m}}\Phi I_2 \qquad\qquad 式(2\text{-}13)$$

电动机的转速由 n_{c} 到零这一区间,随着转速的下降,转子切割旋转磁场的速度增大,电流 I_2 增大。但电磁转矩不但不增大反而减小,这是由于感应电动势的频率增大、感抗增大,致使 $\cos\varphi_2$ 很低,由式(2-12)可知,它除抵消了 I_2 使 T 增大的作用外,还进一步使 T 减小。由于用电负荷的变化,电网电压往往会波动。电压的变化对电动机的机械特性有一定的影响,和变压器一样,旋转磁场的磁通量 Φ 与定子绕组上的相电压 U_{P} 成正比,即

$$\Phi\propto U_{\mathrm{P}} \qquad\qquad 式(2\text{-}14)$$

转子导体中的感应电动势

$$E_2\propto\Phi\propto U_{\mathrm{P}} \qquad\qquad 式(2\text{-}15)$$

转子导体中的电流

$$I_2\propto E_2\propto\Phi U_{\mathrm{P}} \qquad\qquad 式(2\text{-}16)$$

将式(2-14)及式(2-16)的情况,应用到式(2-12)中,就有

$$T\propto U_{\mathrm{P}}^2 \qquad\qquad 式(2\text{-}17)$$

式(2-17)说明,电磁转矩对电压很敏感,当电网电压降低时,将引起电磁转矩 T 剧烈下降,这是它一个不可忽视的弱点。例如,定子绕组上的电压下降10%时,其电磁转矩为额定时的 $(0.9U_P/U_P)^2=0.81$,如图2-11所示。

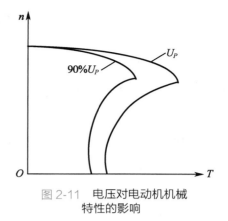

图2-11 电压对电动机机械特性的影响

五、三相异步电动机的铭牌和技术数据

电动机外壳上都有一块铭牌,锤印着电机的基本性能数据,以便正确使用它,如表2-1所示。除铭牌外有时还需知道一些其他技术数据,如表2-2所示。同铭牌相比,多出了效率、功率因数、温升、堵转电流、堵转转矩和最大转矩等项。

表2-1 某电动机铭牌

三相异步电动机			
型号编号 Y112M-4		编号	
4 千瓦	8.8 安		
380 伏	1 440 转/分		LW82 分贝
接法△	防护等级	50 赫兹	45 千克
标准编号	工作制 S1	B 级绝缘	1985 年 8 月
××××电机厂			

表2-2 某电动机技术数据

型号	满载数据								堵转电流	堵转转矩	最大转矩
	功率/ kW	电压/ V	接法	转速/ (r/min)	电流/ A	功率因数	效率/ %	温升/ ℃	额定电流	额定转矩	额定转矩
Y-112M-4	4	380	△	1 440	8.8	84.5	0.82	80	7	2.2	2.2

现将铭牌和技术数据简介如下。

(1)型号:电动机型号是电动机类型、规格等的代号。Y-112M-4型号的意义:"Y"表示异步电动机,"112"表示中心高度为112mm,"M"表示中等长度机座(长机座用"L",短机座用"S"),"4"表示四级。又如:YR115-6是绕线式异步电动机型号,YR表示绕线式异步电动机,"11"表示11号机座,"5"表示5号铁芯,"6"表示六极。此外还有应用于其他的特殊环境或工作条件的三相异步电动机。

(2)电压及接法:三相异步电动机空载时,相当于一个含铁芯的交流电感电路。额定电压是一个重要的额定值。它是在该种接法的条件下,所应接到三相电源的工频线电压值。

Y系列电动机4kW以上的为380V,三角形(△)连接,因而每相绕组的额定电压亦为

380V;4kW 以下的为 220V,星形(Y)连接,显然,每相绕组的额定电压为 220V。必须保证每相绕组承受额定电压,电动机才能正常运行。如三角形连接电动机错接成星形连接时,每相绕组承受电压为 220V,远低于绕组的额定电压,电机将出力不足;反之,如星形连接电机错接成三角形连接时,则每相绕组承受的电压为 380V,远高于其额定电压,电机铁芯的磁路过饱和,其铁损为额定时的 3 倍,空载电流也剧增,绕组过热,电动机将烧毁。

电动机三相绕组的六根引出线已正确地连接在接线盒中的端钮上。可根据电源电压及铭牌上规定的接法,很方便地进行三角形(△)连接或星形(Y)连接,如图 2-12 所示。

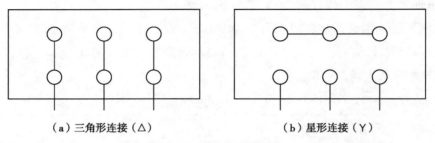

（a）三角形连接（△）　　　　　　　　（b）星形连接（Y）

图 2-12　定子绕组的连接

（3）额定功率 P_N:铭牌上给出的功率是指电动机在额定电压下运行时,允许转子轴上长期对外输出的机械功率值,称为额定功率,单位为千瓦。

（4）满载数据:电动机的转速、电流、功率因数、效率及温升等都是受定子绕组上的电压和轴上输出的机械功率制约的。当电动机定子绕组上施加额定电压,轴上输出额定(机械)功率时,电动机工作在满载状态,这时它的转速、线电流、相功率因数、效率及温升达到的数值 n_N、I_N、$\cos\Phi_N$、η_N 及 t_N 均称为满载数据,也可以称为额定值。

电动机满载运行时从电网吸取的电功率 P_1 用式(2-18)或式(2-19)来计算。

$$P_1 = \sqrt{3}\, U_N \cos\Phi_N \qquad\qquad 式(2\text{-}18)$$

$$P_1 = P_N / \eta_N \qquad\qquad 式(2\text{-}19)$$

温升是指电动机在运行中,由于绕组中的铜损耗、铁芯中的铁损耗等产生的热量,使定子绕组的温度高出周围环境温度的数值。电动机工作时有温升是正常的,如高出其额定温升,绕组的绝缘材料就可能超过其使用温度的允许值,使绝缘老化甚至损坏。

额定温升,也称为容许温升。它与绝缘材料的耐热等级和环境的最高温度有关。绝缘材料的耐热等级分为 A、E、B、F、H 五种,H 级允许的使用温度最高。周围环境的最高温度按 40℃ 来考虑。Y 系列电机绝缘为 B 级,容许温升为 80℃,最高使用温度 80+40＝120℃。电动机满载运行时轴上输出的转矩称为额定转矩 T_N,可由式(2-20)来计算。

$$T_N = 9\,550\,\frac{P_N}{n_N}\mathrm{N}\cdot\mathrm{m} \qquad\qquad 式(2\text{-}20)$$

（5）起动数据:表 2-2 中,给出了堵转电流与额定电流、堵转转矩与额定转矩的比值,从而可计算出堵转电流和堵转转矩,亦即起动电流和起动转矩的数值,以便了解其起动性能。

（6）短时过载能力：表 2-2 中还给出了最大转矩与额定转矩的比值，它表明了电动机承受短时过载的能力。负载转矩短时过大，会使电动机的输出转矩超过其额定值，称为短时过载。因时间短，电动机一般不会过热，但如负载转矩增加很大，超过其最大转矩，电动机会停转。

（7）工作制：电动机的工作制分为"连续"（代号为 S1）工作制、"短时"（代号为 S2）工作制和"断续"（代号为 S3）工作制三种。绝大多数电机都是连续工作制。

（8）总噪声等级：铭牌上标出的"LW82 分贝"为电动机总噪声等级，表明对环境产生噪声污染的程度，以声级计测得声功率级后进行标定。

（9）防护等级：铭牌上的"防护等级"是指电动机外壳防护型式的分级，详见《电机、低压电器外壳防护等级》（GB 1498—79）或低压电器外壳防护等级（GB/T 49422—93）。Y 系列电动机的防护型式为封闭式。

第三节　三相异步电动机的使用

一、三相异步电动机的起动

电动机与电源接通后，由静止到转速到达稳定的过程称为起动。起动瞬间，定子绕组的线电流称为起动电流或堵转电流。起动电流和起动转矩是衡量起动性能的重要指标。

（一）满压起动

满压起动是电动机定子绕组上直接施加额定电压的起动，也称为直接起动。Y 系列电动机的起动电流为额定电流的 5.5~7 倍，起动转矩为额定转矩的 1.4~2.2 倍，因电机的型号而异。

满压起动时，起动电流很大（相当于变压器副边短路），但对电动机本身并没有多少危害，因为起动转矩也相对较大，加速快，起动持续时间短，并且随着转速的升高，电流也逐步下降到与负载相应的数值。但是，这么大的起动电流，将在变压器和输电线上产生很大压降，使电网电压降低，甚至影响其他电气设备的正常运行。变压器的容量越小，影响越大。

一般规定，经常起动的电动机的功率应不大于变压器的 20%；不经常起动的应不大于变压器容量的 30%。工矿企业变压器的容量一般都很大，因而 10kW 以下的电机通常都可以满压起动，满压起动的特点是起动电流大，但起动转矩也大，起动时间短。

【例 2-1】已知：Y-112M-4 电动机的 $P_N = 4kW$，$I_N = 8.8A$。求电动机的起动电流和起动转矩。

解：由技术数据查得，$I_{st}/I_N = 7$，$T_{st}/T_N = 2.2$，故 $I_{st} = 7I_N = 7 \times 8.8 = 61.6A$

$$T_N = 9\,550\,\frac{P_N}{n_N} = 9\,550\,\frac{4}{1\,440} = 26.5N \cdot m$$

$$T_{st} = 2.2T_N = 58.3N \cdot m$$

（二）减压起动

当变压器的容量不允许电动机满压起动时,应当采用降低加到电动机上的电压的方法进行起动,以减少起动电流,称为减压起动。

1. 星三角起动 4kW 以上的 Y 系列电动机都是 380V 三角形(△)连接的,每组的额定电压为 380V。起动时,先把绕组星形连接,这时每相绕组电压为 220V,故为减压起动。待转速接近稳定值时,迅速将绕组转换为三角形连接,所以称为星三角起动。

下面对星形连接减压起动和三角形连接满压起动时,起动电流和起动转矩进行比较。设电动机每组绕组的起动阻抗为 Z_{st},则

Y 接减压起动的起动电流

$$I_{Yst} = \frac{\dfrac{U_N}{\sqrt{3}}}{Z_{st}} \qquad\qquad 式(2\text{-}21)$$

△接满压起动的起动电流

$$I_{\triangle st} = \sqrt{3}\,\frac{U_N}{Z_{st}} \qquad\qquad 式(2\text{-}22)$$

两式(2-21)与式(2-22)之比得

$$\frac{I_{Yst}}{I_{\triangle st}} = \frac{1}{3} \qquad\qquad 式(2\text{-}23)$$

即 Y 接减压起动电流为△接满压起动电流的 1/3,由于电磁转矩与每组绕组电压的平方成正比,其起动转矩之比为

$$\frac{I_{Yst}}{I_{\triangle st}} = \frac{(U_N/\sqrt{3})^2}{U_N^2} = \frac{1}{3} \qquad\qquad 式(2\text{-}24)$$

即 Y 接减压起动转矩亦为△接满压起动转矩的 $\dfrac{1}{3}$。

【例2-2】 试计算 Y-112M-4 电机星三角起动的起动电流和起动转矩。

解:

$$I_{Yst} = \frac{1}{3} I_{\triangle st} = \frac{1}{3} \times 61.6 = 20.5 A$$

$$T_{Yst} = \frac{1}{3} T_{\triangle st} = \frac{1}{3} \times 58.3 = 19.4 N \cdot m$$

2. 补偿器减压起动 所谓补偿器就是三相自耦变压器,它的输入电压为 380V,用两种抽头进行输出:一种是 65% ,输出电压为 65%×380=247V;一种是 80% ,输出电压为 80%×380=340V。起动时把电动机绕组接到补偿器的输出端,待电动机转起来后,立即把电动机绕组直接接到三相电源上,同时使补偿器与电源脱开,则起动完毕。

当用补偿器的 65% 抽头时,起动电流和起动转矩略高于星三角起动的情况;用 80% 抽头时,起动电流和起动转矩为满压起动时的 64% 。

电动机功率越大,转子的转动惯量越大;极数越少,转速越高,起动转矩也相对小,起动比

较困难,宜采用补偿器起动,应根据实际情况来选用补偿器抽头。

减压起动虽然减少了起动电流,但同时也减低了起动转矩,使起动时间延长,因此只适用于空载起动和轻载起动的情况。

二、三相异步电动机的运行

(一)空载运行

电动机轴上不施加负载时,输出机械功率 $P_2=0$,称为空载运行。这时电动机的电磁转矩 $T=0$,转子电流 $I_2\approx0$,转速 n 接近于同步转速 n_s,定子线电流 $I_1=I_{10}$ 为空载电流。空载时电流用于建立旋转磁场,因而空载功率因数很低,$\cos\varphi_{10}$ 的值为 $0.2\sim0.3$。空载电流占额定电流的 $30\%\sim60\%$。由此可见,电动机空载是对电能的极大浪费。

(二)负载运行

电动机轴上施加负载时,输出机械功率,称为负载运行。负载转矩增大时,电动机转速降低,使转子导体与旋转磁场的切割速度增大,感应电动势 E_2 和电流 I_2 增大,电磁转矩 $T=C_m\Phi I_2$ 因而增大,最后在降低了的转速下电磁转矩 T 与负载转矩达到新的平衡;反之亦然。由此可见,异步电动机具有自动适应负载变化的能力。

电动机定子电流 I_1 和转子电流 I_2 的关系与变压器原、副边电流的关系一样。负载增大时,I_2 增大,I_1 亦增大;负载减小时,I_2 减小,I_1 亦减小。定子电流 I_1 与输出功率 P_2 关系,如图 2-13 中的曲线所示。通常 $P_2<P_N$,$I_1<I_N$。当 $P_2>P_N$ 时,$I_1>I_N$ 称为过载。绝不允许长期过载,否则电动机会因为过热而损坏。

电动机的寿命决定于绝缘材料是否超过其容许使用温度。不论什么原因,只要有一相绕组中的相电流超过其额定值,都称为过载。

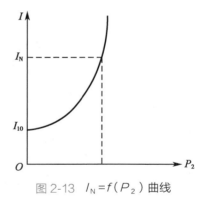

图 2-13 $I_N=f(P_2)$ 曲线

电源电压过低是使电动机过载的另一原因。由于电动机的机械特性很硬,电压降低时其转速变化不大,输出功率基本不变,因而其输入功率也基本不变,设 U_1、I_1 为原来的电压和电流,U_1'、I_1' 为电压降低后的电压和电流,则

$$\sqrt{3}\,U_1'I_1'\cos\varphi_1=\sqrt{3}\,U_1I_1\cos\varphi_1$$

式中,$\cos\varphi_1$ 为功率因数,基本不变,而有

$$I_1'=\frac{U_1}{U_1'}=I_1 \qquad\qquad 式(2\text{-}25)$$

由式(2-25)可知,当电流 I_1' 增大,有可能使电动机过载。

(三)单相故障运行

电动机在运行当中突然有一相断开(多为熔断器的熔体熔断),电动机仍会继续旋转,这时两根相线只有一个电压,故称为单相故障运行。设 I_1' 为单相故障运行的电流,而有

$$U_1'I_1'\cos\varphi_1 = \sqrt{3}\,U_1I_1\cos\varphi_1$$

显然

$$I_1' = \sqrt{3}\,I_1 \qquad\qquad\qquad 式（2-26）$$

由式（2-26）可得，单相运行时的故障电流是正常运行时 $\sqrt{3}$ 倍，从而使电动机有可能过载。特别强调指出，这是烧毁电动机的最主要的原因。

三、三相异步电动机的反转

由转动原理可知，电动机的转向与旋转磁场的转向是一致的，因而只要对调任意两根电源线，改变旋转磁场的转向就可以实现反转。

四、三相异步电动机的调速

在保持负载不变的条件下，用人为的办法来改变电动机的转速，称为调速。由式（2-11）可知，$n_s = \dfrac{60f}{P}\mathrm{r/min}$，显然改变电源频率 f 或改变磁极对数 P，都可以改变同步转速 n_s 来达到调速的目的。

（一）普通三相鼠笼式异步电动机的调速

普通三相鼠笼式异步电动机可以用变频设备来实现调速。变频设备的频率可在 $5\sim50\mathrm{Hz}$ 的范围内调节。因而电动机的调速范围可达 $10:1$。但变频设备结构复杂，价格很贵，操作、维修很不方便。此外，会使电网电压的波形发生畸变，并对周围产生无线电干扰，因此，只在特殊情况下采用。

（二）多速异步电动机的调速

多速异步电动机是用改变磁极对数的方法来进行有级调速的。JDO_2 系列多速异步电动机有双速，也有三速。例如，双速异步电动机的同步转速可由 $3\,000\mathrm{r/min}$ 变为 $1\,500\mathrm{r/min}$，故称为有级调速。

（三）绕线式异步电动机的调速

理论分析可以证明，绕线式异步电动机转子回路串入外接三相电阻 R，如图 2-5 所示，可以改变电动机的机械特性。不同 R 值有不同的机械特性曲线，如图 2-14 所示，其最大转矩不变且与 R 的阻值无关。图中 $R_3 > R_2 > R_1 > 0$。电动机工作时，电磁转矩 T 与负载转矩 T_F 是平衡的，因而电动机的机械特性曲线和负载转矩 T_F 机械特性曲线的交点所对应的转速，就是电动机稳定运行时的转速。显然，改变电阻 R 的值，可以进行调速甚至使电动机反转。

起重设备多采用绕线式异步电动机。绕线式异步电动机可以用转子回路串电阻的方法来起动，以减少起动电流，并可得到等于最大转矩的起动转矩。

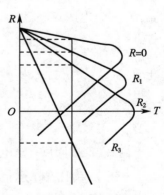

图 2-14　绕线式异步电动机的机械特性

（四）电磁调速异步电动机的调速

电磁调速异步电动机,也称为滑差电机。它是由普通三相鼠笼式异步电动机、电磁转差离合器和电子控制器三部分组成。鼠笼电动机通过转差离合器来带动负载,通过电子控制器来调节电磁转差离合器中磁极的励磁电流,并可在较广范围内进行无级调速。它的调速比通常有 20∶1、10∶1 和 3∶1 等几种。电磁调速异步电动机的优点是结构简单,运行可靠,使用和维修方便;其缺点是能耗较大,转速的稳定性较差。适用于制药、化工、造纸、塑料和食品等工业要求调速设备的动力。

第四节　单相异步电动机

一、单相异步电动机概述

一些小功率电动机,如日常生活中的电冰箱、电风扇、洗衣机等所使用的电动机多为单相异步电动机。它的转子也是鼠笼式的。当定子上只有一相绕组通电时,如图 2-15(a)所示,电流产生的磁场在其轴线方向上只有大小和方向的变化,并不旋转,称为脉动磁场。理论分析可以证明,脉动磁场可以分解为两个以同步转速 n 沿反方向旋转的旋转磁场,如图 2-15(b)所示,其磁通量的最大值为脉动磁场最大值的一半。

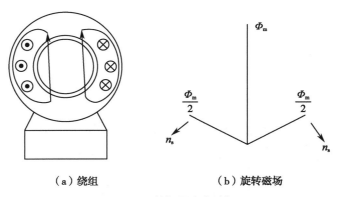

（a）绕组　　　（b）旋转磁场

图 2-15　单相异步电动机

起动时,鼠笼转子与这两个旋转磁场的切割速度相同,因此不会产生起动转矩。如鼠笼转子沿顺时针方向有一个初速,它与顺时针方向旋转磁场相互作用,所产生的电磁转矩要大于它与逆时针方向旋转磁场产生的转矩,因此电机将沿顺时针方向旋转,反之亦然。这也是三相异步电动机单相故障运行时,仍会继续旋转的原因。为了能使单相电动机产生起动转矩,人们常采用分相和罩极等办法来解决。

二、电容分相式单相异步电动机

这种电动机的绕组结构示意图和接线图,如图 2-16 所示。定子铁芯上有两个绕组 U_1-U_2 和

V_1-V_2，它们在空间上相隔 $90°$。V_1-V_2 绕组与电容 C 串联后，和 U_1-U_2 绕组一起并接在单相电源上。V_1-V_2 绕组中的电流 i_v 为 $90°$，如图 2-17 所示。这样分相得到的两相电流分别通过在空间上相隔 $90°$ 的两个绕组，也会产生旋转磁场，其不同瞬时的磁场在空间分布如图 2-17 所示，分析方法与三相时相同。在此旋转磁场的作用下，鼠笼转子上会产生起动转矩，并沿顺时针方向旋转。

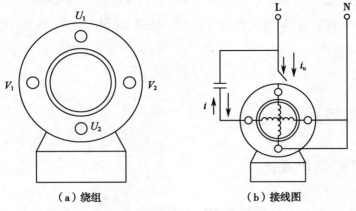

（a）绕组　　　　　　　　　　　（b）接线图

图 2-16　电容分相式异步电动机

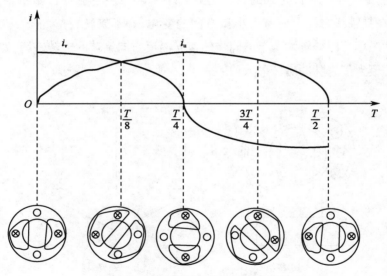

图 2-17　电容分相电动机的旋转磁场

　　这种单相异步电动机的正反转是靠调换电容器的两端与电源的接线来实现的，如图 2-18 所示。当开关 S 把"1"端与电源接通时，与图 2-16（b）的接线相同，电动机沿顺时针方向旋转；当开关 S 调换到把"2"端与电源接通时，电容 C 改为与 U_1-U_2 绕组串联，从而电机变为沿逆时针方向旋转。洗衣机中洗涤筒的电动机就是靠定时器控制开关 S 来实现正反转的。

　　电容式单相异步电动机多为四极，如洗衣机电机及电风扇等。串联电容器的绕组称为起动绕组，另一绕组称为工作绕组。多数情况下两个绕组的结构完全相同。

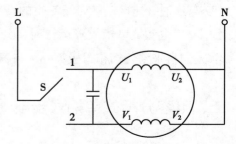

图 2-18　单相异步电动机的正反转

三、电阻分相式单相异步电动机

这种电动机起动绕组的电阻值比工作绕组的大。起动绕组中电流落后于电压的角度比工作绕组中的小，因而这两个电流间有一定的相位差，从而产生一定程度的旋转磁场，使电动机产生起动转矩。这种电动机起动转矩不大，宜于空载起动。

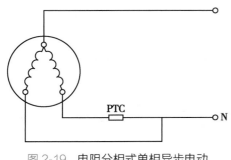

图 2-19 电阻分相式单相异步电动机电路

家用电动压缩式电冰箱常采用这种电动机起动绕组与 PTC 起动器串联，如图 2-19 所示。PTC 元件是一类敏感元件，其电阻值随着温度的变化阶梯式地增大。当电动机起动时，PTC 元件的温度低，阻值小，相当于把起动绕组与电源接通，电动机起动。压缩机达一定温度后，把热量传给 PTC 起动器并使之温度升高，PTC 元件的阻值猛增至很大，相当于把起动绕组与电源断开，让工作绕组工作。

压缩机工作当中断电时，必须经过一段时间（约 5 分钟）让其压缩缸中的压力降下来，电动机才允许起动。否则，因压缩缸中有残压，电动机起动转矩小，起动不起来，导致起动电流增至较大，很容易将电动机烧毁。

四、罩极式单相异步电动机

罩极式单相异步电动机的示意结构，如图 2-20 所示。绕组 1 套装在磁极铁芯 2 上。磁极分两部分，小的部分上嵌有短路铜环 3，故称为罩极。当定子绕组接通电源，并产生脉动磁场时，将有部分磁通穿过罩极。在短路环中的感应电流，具有反抗磁通变化的作用，使罩极部分的磁通滞后于未罩部分的磁通一个相位角。这两部分磁通在空间上有一定的角度差，在时间上又有一定的相位差，就会在磁极下面形成类似旋转磁场的移进磁场。该磁场使电机产生起动转矩，并使转子自行起动。转子只能由磁极的未罩部分转向罩极部分，而不能任意改变转向。

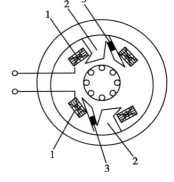

图 2-20 罩极式单相异步电动机结构示意图

罩极式电动机的优点是结构简单，但起动转矩小，适用于电风扇及小型鼓风机。台扇以 4 极的居多，吊扇的极数较多，有的可达 18 极。通常通过串联电抗器或通过自耦变压器来降压调速，有的还采用改变电动机内部绕组抽头来调速。

五、调速机构

单相异步电动机的调速，以电风扇为例，它的调速方法是根据所配的电动机选定的。交流电风扇一般使用罩极式或电容式电动机,常用串联电抗法或绕组(可能是主绕组,也可能是副绕组或中间绕组)抽头法调速。罩极式电动机电抗法调速的电路如图 2-21 所示,电容式电动机电抗法调速的电路如图 2-22 所示。改变调速开关的位置,即可改变电感线圈的匝数,在电动机的两端线间产生不同的电压降,从而改变电动机的转速,达到调节风量的目的,此种方法对单相罩极式电动机或电容式电动机均可适用。

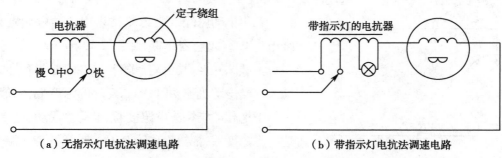

（a）无指示灯电抗法调速电路　　　　　　　（b）带指示灯电抗法调速电路

图 2-21　罩极式电动机电抗法调速电路

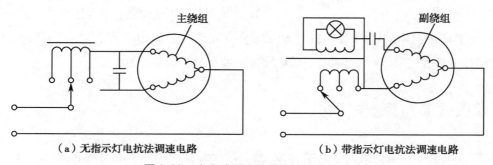

（a）无指示灯电抗法调速电路　　　　　　　（b）带指示灯电抗法调速电路

图 2-22　电容式电动机电抗法调速电路

其他常用的电动机还有三相交流整流子电动机、同步电动机和直流电动机等,三相交流整流子电动机的转子铁芯上嵌放一套三相绕组和一套直流绕组。三相交流电经电刷和滑环引入三相绕组并产生旋转磁场。同步电动机的定子绕组与异步电动机相同,转子则是一个电磁铁,其磁极数与旋转磁场的极数相同。定子绕组通电后,产生的旋转磁场吸着转子磁极一同旋转,其转速等于同步转速。直流电动机是利用转子上通有直流电流的绕组导体,在由定子直流绕组产生的空间静止的恒定磁场中,受到电磁力作用的原理工作的。此转子绕组称为电枢绕组,定子直流绕组称为励磁绕组。

第五节　电动机的选择

电动机的选择是根据生产的要求及生产环境,合理选择电动机的种类、容量及防护型式等。在满足生产要求的情况下,还要尽可能做到节约能源、减少投资和降低运行费用。

一、电动机种类的选择

电动机种类的选择主要是根据生产机械对起动、调速等工作性能的要求来进行选择。

三相鼠笼式异步电动机具有价格便宜、工作可靠、维护简单、控制方便等优点，对不要求调速的生产机械，例如各种泵、通风机、压缩机、破碎机、大部分机床及其他设备都优先采用它来拖动。

对于要求调速的生产机械，可根据调速的范围及转速的稳定性来选择直流电动机、电磁调速异步电动机或三相交流整流子电动机。也可选用三相鼠笼式异步电动机用变频设备来进行调速。

起重机、卷扬机及提升设备，以及要求起动电流小、起动转矩大的场合，常采用三相绕线式异步电动机。

低速、大功率、不需要调速的生产机械，如空气压缩机、球磨机、离心式水泵及送风机等常采用同步电动机来拖动，并可同时用来提高功率因数。

二、电动机容量的选择

电动机容量的选择和生产所要求的工作制（如连续、短时或断续），以及在该工作制下由负载所决定的电动机的温升有关。简言之，在任何情况下都不允许超过电动机的允许温升，这是基本原则。

在工业生产中多为连续工作制，这时电动机的容量主要是根据生产机械和传动装置折算到电动机轴上的等效功率来进行选择。电动机的功率应适当大于等效功率，既要留有一定的余量又要避免"大马拉小车"的现象，杜绝能源的浪费。在许多情况下，采用等效功率的方法是比较困难的。实际上常采用类比法，这是通过对同类生产机械的调查，在总结经验的基础上来确定电动机的功率。

三、电动机防护型式的选择

所谓防护型式就是电动机外壳的结构型式，它是根据电动机的使用环境来设计的。主要有开启式、防护式、封闭式和防爆式多种。

一般说来，开启式的散热条件好，但易进入灰尘、水滴等，故宜用于干燥和清洁的场所。防护式的可防止一定方向的水滴和落尘。封闭式的电动机由于外壳完全封闭，防护性能好，可用于多粉尘的环境，Y 系列电机就是封闭式的；其缺点是散热条件差，故外壳上有散热筋片并装有风扇。防爆式电机的种类很多，宜用于有易燃易爆气体的工作场所。

除上述之外，还应对电动机的转速、电压、安装方式（立式、卧式）等进行选择。最后应说明，正确地选择一台电动机有时是个较复杂的问题，需要进行全面的经济技术比较。

1. 变压器的工作原理

$$\dot{i}_1 N_1 + \dot{i}_2 N_2 = \dot{i}_{10} N_1$$

上式称为**磁势平衡方程式**。

2. 变压器的作用

$$\frac{U_1}{U_2} = \frac{E_1}{E_2} = \frac{N_1}{N_2} = K$$

式中,K 称为变压器的变比。

$$\dot{I}_1 N_1 = -\dot{I}_2 N_2$$

如果只考虑有效值时,原、副边电流有效值关系为

$$\frac{I_1}{I_2} = \frac{N_2}{N_1} = \frac{1}{K}$$

$$Z_1 = \frac{U_1}{I_1} = \frac{KU_2}{\dfrac{I_2}{K}} = K^2 \frac{U_2}{I_2} = K^2 Z_2$$

3. 熟悉三相鼠笼式异步电动机的基本构造、旋转磁场、转动原理。

4. 要正确理解电动机的铭牌及技术数据。掌握初步选择电动机容量的基本知识。

5. 根据变压器的容量确定起动方法。根据铭牌及电源电压确定电动机的接法。

6. 在任何情况下不要长时间超出其额定电流,避免电动机长期过载。了解电源电压过低对电动机电流的影响。防止单相故障运行烧毁电动机。

2-1 今有一台 BK-150 控制变压器,额定容量为 150VA。原边电压为 380V。副边照明绕组电压为 36V,容量为 50VA;副边控制绕组电压为 127V,容量为 100VA。试求各绕组的额定电流。

2-2 某单位有一台 SSL-560/10 型电力变压器。在有 3 个心柱的铁芯上,如图 2-23(a)所示,每个心柱分别绕有原、副绕组。原边 Y 接,副边 Y₀ 接,如图 2-23(b)所示。原边线电压为 10 000V,副边线电压为 400V,变压器的额定容量 $S_N = \sqrt{3}\, U_{1N} I_{1N} = \sqrt{3}\, U_{2N} I_{2N}$,为 560kVA。试求变压器原、副边的额定电流。

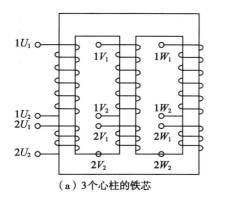
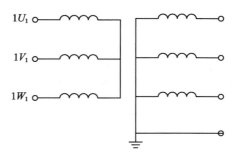

（a）3个心柱的铁芯　　　　　　　　（b）原、副绕组及连接

图 2-23　习题 2-2 图

2-3　一交流信号源，内阻为 200Ω，电动势的有效值 $E=18V$，负载电阻 $R=10Ω$。试求：

（1）负载直接接在信号源上时，负载得到的功率是多少？

（2）负载通过变比 $K=4$ 的变压器接到信号源上时，负载得到功率是多少？

2-4　有台 Y-132S_1-2 型 5.5kW 电动机，380V，△接，2 900r/min，堵转转矩/额定转矩＝2，最大转矩/额定转矩＝2.2。试计算额定转矩、堵转转矩和最大转矩；画出机械特性曲线，并画出该电动机错接成星形连接时的机械特性曲线。

2-5　有一台 Y-160L-4 型 15kW 电动机，电压 380V，三角形连接，电流 30.3A，效率 8.5%，功率因数 0.85，堵转电流/额定电流＝7。试求：

（1）电动机的同步转速。

（2）起动电流 I_{st}。

（3）相绕组的额定电流 I_{PN}。

（4）从电源吸取的电功率 P_1。

2-6　JO$_2$-91-4 型三相异步电动机的功率为 55kW，电压 380V，三角形连接，转速 1 470r/min，电流 103A，堵转电流是额定电流的 6.5 倍，堵转转矩和最大转矩分别为额定转矩的 1.2 倍和 2 倍。在电网不允许起动电流超过 250A 的情况下，试问：

（1）电动机能否直接起动？

（2）若采用星三角起动，起动电流和起动转矩各为多少？

（3）若该电动机在电源线电压为 380V 时接成星形连接，能否加额定负载？为什么？

2-7　在什么条件下电动机工作在满载状态？都有哪些满载值？什么是过载？长时过载和短时过载有什么不同？

2-8　Y-225M-2 和 Y-225M-4 型电动机的功率都是 45kW，堵转转矩也都是额定转矩的两倍，带着生产机械空载作星三角起动时，问哪一台电动机容易起动？

（章新友　张春强）

第三章　电路设计与用电安全

第一节　电气照明电路设计

一、电气照明电路设计原则

电气照明电路主要是指各种电气控制电路,设计合理的电气控制电路不仅是企业正常生产的保障,事关企业生产安全,而且能为企业节省不少维护维修成本。从满足生产、安全、经济的角度考虑,电气控制电路设计时应遵循以下几个原则。

（一）最大限度地满足要求

最大限度地满足电气设备和生产工艺对电气控制电路的要求。不同的电气设备和生产工艺对电气控制电路有不同的要求,进行电路设计时首先要对设备工作情况作全面了解,根据技术人员和使用者的要求设计电路。

（二）确保可靠性和安全性

确保电气控制的可靠性和安全性,主要是选择可靠的电器元件,同时要注意以下几点。

1. **正确连接电器元件的触点和线圈**　若同一电器元件常开和常闭触点靠得很近,如果分别接在电源不同相上,当触点断开产生电弧时,可能在两触点间形成飞弧造成电源短路,如图3-1所示。正确接法如图3-2所示。

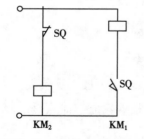

图 3-1　不正确的触点接法

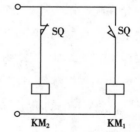

图 3-2　正确的触点接法

2. **设计必要的各种保护控制与电路**　根据实际情况,设计短路保护、过流保护、过载保护、失压保护等环节。

（1）短路保护:电路中强大的短路电流容易引起各种电气设备和元件的绝缘损坏及机械损坏。因此,短路时应迅速可靠地切断电源。一般采用熔断器作短路保护,也可用断路器(自动开关)作短路保护,兼有过载保护功能。

（2）过流保护:不正确的起动和过大的负载引起电动机很大的过电流;过大的冲击负载

引起电动机过大的冲击电流,损坏电动机换向器;过大的电动机转矩使生产机械的机械传动部分受到损坏。一般采用过流继电器的保护电路。

（3）过载保护:电动机长期过载运行,其绕组温升将超过允许值,损坏电动机。多采用具有反时限特性的热继电器进行保护,同时装有熔断器或过流继电器配合使用。

（4）失压保护:防止电压恢复时电动机自行起动的保护称为**失压保护**。一般通过并联在启动按钮上接触器的常开触点或通过并联在主令控制器的零位常开触点上的零压继电器的常开触点来实现失压保护,如图 3-3 所示。

（5）弱磁保护:直流并励电动机、复励电动机在励磁减弱或消失时,会引起电动机"飞车"。必须加弱磁保护。采用弱磁继电器,吸合电流一般为额定励磁电流的 0.8 倍。

（6）其他保护:根据实际情况设置,如温度、水位、欠压等保护环节。

3. 避免一切可出现的寄生电路　避免出现寄生电路对于用电安全非常重要。寄生电路是指线路工作时,发生意外接通的电路。寄生电路常常会造成误动作,破坏电器元件。

例如,控制电路的线电压为 380V,KM1 和 KM2 的线圈额定电压分别为 380V 和 220V,当按下按钮 SB2 后,KM1 和 KM2 线圈得电正常工作,但是按下按钮 SB1 后,即电路应该处于断电状态时,却产生了寄生回路,如图 3-4 中虚线所示,使 KM1 和 KM2 线圈不正常得电而烧毁。

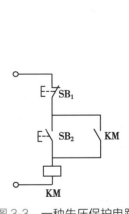

图 3-3　一种失压保护电路

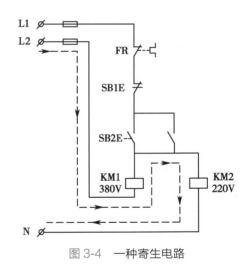

图 3-4　一种寄生电路

4. 设计双重联锁的可逆控制电路　在可逆控制电路中,正反向控制的接触器间要有电气联锁,实际应用中为了安全可靠常设计按钮和接触器双重联锁的可逆控制电路,如图 3-5 所示。

特别指出的是,还要考虑继电器触点的接通和分断能力。根据实际需求采用多触点并联或多触点串联。

5. 能够满足使用又尽量经济合理　满足使用要求的前提下,还要尽可能做到控制线路经济、简单、合理。一般从以下几个方面考虑。

（1）尽可能选用标准电器元件和同型号电器元件,减少电器元件数量和备用原件数量。

（2）尽可能选用基本控制电路或标准的经过实践检验的典型控制电路。

（3）尽可能简化线路,减少不必要的触点。在满足使用要求前提下,线路越简单,电气元

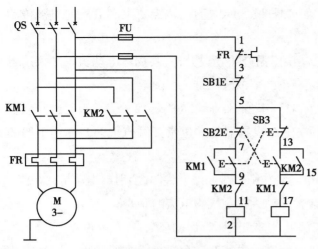

图 3-5　按钮和接触器双重联锁的可逆控制电路

件越少,触点数量越少,电路可靠性越高,故障率越低。常用减少触点数目的方法有合并同类触点或使用具有转换触点的中间继电器等。

（4）合理安排电气设备和元件的位置及实际连线,尽量减少连接导线的数量和长度。

（5）电路工作时,除必要的电器元件必须通电外,其他电路元件尽可能不通电。

6. 能够方便操作和维护检修　操作回路较多时,如要求正反转并调速,可采用主令控制器,避免使用过多按钮。为检修方便,设置电气隔离,避免带电检修。

二、常用电光源

电光源是指发光元件或发光体。按发光原理不同,电光源可分为热致发光电光源（热辐射光源）、气体放电发光电光源和固体发光电光源三种。各种电光源的发光效率有较大差别,热致发光电光源（如白炽灯）制作简单,成本低,但发光效率低。气体放电发光电光源（如荧光灯）发光效率高,工作寿命长,目前已逐步替代热致发光电光源。固体发光电光源（如发光二极管）发光效率高,但是功率较低,主要用于各种显示器和指示灯。常用照明电源主要指前两种。在普通电气照明设备中,应用较多的是白炽灯和荧光灯,其次是碘钨灯、高压汞灯、高压钠灯、钠铊铟灯和镝灯等。

（一）电光源种类

传统电光源按发光方式不同,可分为热辐射光源和气体放电光源两大类,其具体分类情况,如图 3-6 所示。

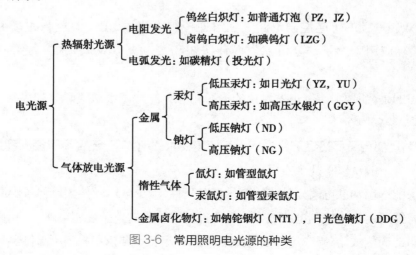

图 3-6　常用照明电光源的种类

（二）常用照明电光源

1. 白炽灯　白炽灯是靠电流加热钨丝到白炽程度引起热辐射发光的,其特点:构造简单,价格低,显色性好,有高度的集光性,便于光的再分配,使用方便,适于频繁开关。缺点是光效低,使用寿命短,耐震性差。在以下场合推荐使用白炽灯。

（1）要求瞬时启动和连续调光的场所,使用其他光源技术经济不合理时。

（2）对防止电磁干扰要求严格的场所。

（3）开关灯频繁的场所。

（4）照度要求不高,且照明时间较短的场所。

2. 卤钨灯　卤钨灯是利用卤钨循环的原理,在白炽灯中充入微量的卤化物,白炽灯灯丝蒸发出来的钨和卤元素结合,生成的卤化钨分子扩散到灯丝上重新分解,使钨又回到灯丝上,从而既提高了灯的光效又延长了使用寿命。管形卤钨灯必须水平安装,并且应当与易燃物保持一定距离。卤钨灯的耐震性也较差,不适于在震动较大的场所使用,更不能作为移动式光源来使用。

3. 荧光灯　荧光灯是一种低压汞蒸气弧光放电灯,汞蒸气放电时发出可见光和紫外线,紫外线又激励管内壁的荧光粉而发出可见光,两者混合光色接近白色。荧光灯要与镇流器一起使用,将工作电流限制在额定值。荧光灯的优点是光效高,寿命长,显色性好;但需要附件多,不宜用于需要频繁启动的场合。

4. 高压汞灯　高压汞灯是低压荧光灯的改进产品,分荧光高压汞灯、反射型荧光高压汞灯和自镇流高压汞灯三种。外玻壳内壁涂有荧光粉,能将汞蒸气放电时辐射的紫外线转变为可见光,改善光色,提高光效。它的光效约比白炽灯高3倍,寿命也长,启动时无须加热灯丝,故只需镇流器。缺点是显色性差,启动慢,对电压要求较高,也不宜频繁启动。其中自镇流高压汞灯是利用钨丝作镇流器,由汞蒸气、白炽体和荧光材料三种发光物质同时发光的复合光源。

5. 氙灯　氙灯为惰性气体弧光放电灯,高压氙气放电时能产生很强的白光,接近连续光谱,与太阳光十分相似,故有"人造小太阳"之称。氙灯特别适合作广场等大面积场所的照明。

6. 高压钠灯　高压钠灯是利用高压钠蒸气放电发光,其辐射光的波长集中在人眼较敏感的区域内。具有照射范围广、寿命长、紫外线辐射少、透雾性好等优点。但显色性差,对电压波动较敏感。

7. 金属卤化物灯　金属卤化物灯是在高压汞灯的基础上发展起来的,它克服了高压汞灯显色性差的缺点。在高压汞灯内添加了某些金属卤化物,通过金属卤化物的循环作用,不断向电弧提供金属蒸气,金属原子在电弧中受电弧激发而辐射发光。它具有光色好、光效高、受电压影响小等优点,是目前比较理想的光源。选择适当的金属卤化物并控制相对比例,便可制成各种不同光色的金属卤化物灯。

（三）LED光源简介

LED光源是发光二极管（LED）为发光体的光源（固体发光电光源）。发光二极管发明于20世纪60年代,在随后的数十年的发展中,其基本用途是作为收录机等电子设备的指示灯,现在广泛应用于照明和图文等显示。

这种灯泡具有效率高、寿命长的特点,可连续使用 10 万小时及以上,比普通白炽灯泡长100 多倍,这种灯泡已成为目前照明的主流产品。

1. LED 光源发光原理　要了解二极管的发光原理,首先要了解半导体的基本知识。半导体材料的导电性质介于导体和绝缘体材料之间,它的独特之处在于当半导体受到外界光和热条件的刺激时,它的导电能力会发生显著的变化。在纯净的半导体中加入微量的杂质,其导电能力也会显著地增加。在近代电子学中用得最多的半导体是硅(Si)和锗(Ge),它们的最外层电子都是 4 个,在硅或者锗原子组成晶体时相邻的原子相互影响,使外侧电子变成两个原子共有的,这就形成了晶体中的共价键结构,这是一种约束能力很小的分子结构。在室温(300K)情况下,由于受到热激发就会使一些最外层电子获得足够的能量而脱离共价键束缚变成自由电子,它们集中在 N 区和 P 区交界面附近形成了一个很薄的空间电荷区,这就是将在第四章讲到的 PN 结。

在 PN 结的两端加上正向偏置电压(P 型的一边加正电压)后,空穴和自由电子会相互移动,形成一个内电场。随后新注入的空穴和自由电子再重新复合,复合的同时有时会以光子的形式释放多余能量,这就是所见到的 LED 发出的光。这样的光谱范围是比较窄的,由于每种材料的禁带宽度不相同,所以释放出的光子波长也不同,所以 LED 发光的颜色由所使用的基本材料决定。

2. LED 光源的种类　LED 光源按结构不同分为二基色荧光粉转换光源、三基色荧光粉转换光源和多芯片白光 LED 光源,下面分别作介绍。

(1)二基色荧光粉转换光源:二基色白光 LED 是利用蓝光 LED 芯片和 YAG 荧光粉制成的。一般使用的蓝光芯片是 InGaN 芯片,另外也可以使用 AlInGaN 芯片。蓝光 LED 芯片配YAG 荧光粉方法的优点是结构简单,成本较低,制作工艺相对简单,而且 YAG 荧光粉在荧光灯中应用了许多年,工艺比较成熟。其缺点是蓝光 LED 效率不够高,致使 LED 效率较低,荧光粉自身存在能量损耗,荧光粉与封装材料随着时间老化,导致色温漂移和寿命缩短等。

(2)三基色荧光粉转换光源:三基色荧光粉转换光源是在较高效率前提下,有效提升LED 的显色性。得到三基色白光 LED 的最常用办法是利用紫外光 LED 激发一组可被辐射有效的三基色荧光粉。这种类型的白光 LED 具有高显色性,光色和色温可调,使用高转换效率的荧光粉可以提高 LED 的光效。但是,紫外光 LED+三基色荧光粉的方法也存在一定的缺陷,比如荧光粉在转换紫外辐射时效率较低,粉体混合较为困难,封装材料在紫外光照射下容易老化,以及寿命较短等。

(3)多芯片白光 LED 光源:多芯片白光 LED 光源是将红、绿、蓝三色 LED 芯片封装在一起,将它们发出的光混合在一起得到白光。这种类型的白光 LED 光源称为多芯片白光 LED光源。与荧光粉转换白光 LED 相比,这种类型 LED 的好处是避免了荧光粉在光转换过程中的能量损耗,可以得到较高的光效;而且可以分开控制不同光色 LED 的光强,达到全彩变色效果,并且可通过 LED 的波长和强度的选择得到较好的显色性。此方法的不足在于不同光色的LED 芯片的半导体材质相差很大,由于发光效率不同,光色随驱动电流和温度变化不一致,随时间的衰减速度也不同。为了保持颜色的稳定性,需要对 3 种颜色的 LED 分别加反馈电路进行补偿和调节,这就使得电路过于复杂。另外,散热也是困扰多芯片白光 LED 光源的主要问题。

（四）光源的性能及选择

1. 普通电光源的选择 在选用普通电光源时,首先,应考虑光效高、寿命长;其次,再考虑显色指数、启动性能,以及其他次要指标;最后,综合考虑环境条件、初期投资与年运行费用。常用各种电光源的主要性能见表 3-1。

表 3-1 常用照明电光源主要性能比较

指标 \ 光源名称	普通灯泡	卤钨灯	荧光灯	高压汞灯	管型氙灯	高压钠灯	金属卤化物灯
额定功率/W	15~1 000	500~2 000	6~200	50~1 000	1 500~100 000	250~400	250~3 500
光效/(lm·W^{-1})	7~19	19.5~21	27~67	32~53	20~37	90~100	72~80
平均寿命/h	1 000	1 500	1 500~5 000	3 500~6 000	500~1 000	3 000	1 000~1 500
启动稳定时间	瞬时	瞬时	1~3s	4~8min	1~2s	4~8min	4~10min
再启动时间	瞬时	瞬时	瞬时	5~10min	瞬时	10~20min	10~15min
cosφ	1	1	0.32~0.7	0.44~0.67	0.4~0.9	0.44	0.5~0.61
频闪效应	不明显	不明显	明显	明显	明显	明显	明显
表面亮度	大	大	小	较大	大	较大	大
电压变化对光通量影响	大	大	较大	较大	较大	大	较大
温度变化对光通量影响	小	小	大	较小	小	较小	较小
耐震性能	较差	差	较好	好	好	较好	好
所需附件	无	无	镇流器启辉器	镇流器	触发器1 500W用镇流器	镇流器	镇流器1 000W用触发器启动

选择照明光源时,一般考虑如下因素。

（1）对于一般性生产车间、辅助车间、仓库和站房,以及非生产性建筑物、办公楼和宿舍、厂区道路等,优先考虑选用简座日光灯。投资低廉的白炽灯因光视效能低、寿命短、能耗大等缺点已逐渐被淘汰。

（2）照明开闭频繁,需要及时点亮、调光和要求显色性好的场所,以及需要防止电磁波干扰的场所,宜采用白炽灯和卤钨灯。

（3）对显色性和照度要求较高,视看条件要求较好的场所,宜采用日光色荧光灯、白炽灯和卤钨灯。

（4）荧光灯、高压汞灯和高压钠灯的耐震性较好,可用于震动较大的场所。

（5）选用光源时还应考虑到照明器的安装高度。白炽灯适宜的悬挂高度为 6~12m,荧光灯为 2~4m,高压汞灯为 5~18m,卤钨灯为 6~24m。对于灯具高挂并需要大面积照明的场所,宜采用金属卤化物灯和氙灯。

（6）在同一场所，当采用的一种光源的光色较差时，可考虑采用两种或多种光源混合照明。

（7）应急照明应选用能快速点燃的光源。

（8）应根据识别颜色要求和场所特点，选用相应显色指数的光源。

2. LED 光源选择　对于市场上广泛的 LED 光源，作为消费者，在选用 LED 光源时，依然要冷静，经过科学地分析后再作出决定，选用性价比最好的光源灯具。下面介绍几种需要考虑的 LED 光源的基本性能。

（1）亮度：LED 的亮度不同，价格不同，且用于 LED 灯具的 LED 应符合国家标准。

（2）抗静电能力：抗静电能力强的 LED 寿命长，因而价格高，通常抗静电大于 700V 的 LED 光源，才能用于 LED 灯饰。

（3）波长：波长一致的 LED 光源，颜色一致，如要求颜色一致，则价格高。没有 LED 分光分色仪的生产商很难生产色彩纯正的产品。

（4）漏电：电流 LED 是单向导电的发光体，如果有反向电流，则称为漏电，漏电电流大的 LED，寿命短，价格低。

（5）发光：用途不同的 LED 其发光角度不一样。特殊的发光角度，价格较高。如全漫射角，价格更高。

（6）寿命：不同品质的 LED 光源关键是寿命，寿命由光衰决定。光衰小，则寿命长；寿命长，则价格高。

（7）晶片：LED 的发光体为晶片，不同的晶片，价格差异很大。通常日本、美国的晶片较贵，国产的晶片价格低于日本和美国，所以国产的 LED 光源性价比高。

（8）晶片大小：晶片的大小以边长表示，大晶片 LED 的品质比小晶片的要好，当然，价格也同晶片大小成正比。

（9）胶体：普通的 LED 的胶体一般为环氧树脂，加有抗紫外线及防火剂的 LED 价格较贵，高品质的户外 LED 灯饰应抗紫外线及防火。每种用处不同的产品都会有不同的设计，不同的设计适用于不同的用途，LED 灯饰的可靠性设计方面应当包含电气安全、防火安全、适用环境安全、机械安全、健康安全、安全使用时间等因素。从电气安全角度看，应符合相关的国际和中国国家标准。

三、电气照明线路

（一）电气照明线路的基本形式

电气工程中，照明线路基本上是由电源、接线、开关及负载（电灯）四部分组成的，其主要形式如下。

（1）一只单联单控开关控制一盏灯，如图 3-7 所示。接线时，开关应接在相线上，当开关切断时，灯头没有电，否则虽然开关切断，仍会因为灯头带电而不安全，在日常电气照明开关安装过程中尤其要注意这一点。

（2）两只单联双控开关在两个地方控制一盏灯，如图 3-8 所示。这种控制方式通常用于楼梯灯,使楼上、楼下都可控制灯的开关;也可用于走廊灯,以便走廊两头都可控制灯的开关。同样,开关应接在相线上。

图 3-7 单联单控开关控制一盏灯　　　　图 3-8 两只单联双控开关在两个
　　　　　　　　　　　　　　　　　　　　　　　地方控制一盏灯

（3）两只单联双控开关和一只中途开关在三个地方控制一盏灯,如图 3-9 所示。这种控制方式一般用于楼梯和走廊。

（4）对于 36V 及以下的局部照明电源,通常采用固定式降压变压器供电,如图 3-10 所示。安装时,变压器的一次侧应装熔断器,这样不仅可以保护变压器,而且对二次侧过流及短路也能起到保护作用。其外壳均应接地或接零,以确保安全。

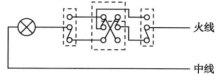

图 3-9 两只双联双控开关和一只
中途开关在三个地方控制一盏灯

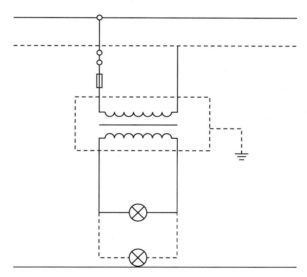

图 3-10　36V 及以下局部照明线路

此外,还有一只单联开关或两只单联开关控制两盏或多盏灯的布线形式,但是在安装时需注意开关的容量。

（二）电气照明控制

在安全条件下,为了便于管理、维护和节能,通常每个灯应有单独的开关或多个灯合用一个开关,以便灵活启闭。照明供电干线应设置带保护装置的总开关。室内照明开关应装在房间的入口处,以便于控制,但在生产厂房内,宜按生产性质(如工段、流水线等)分区、分组,集中于配电箱内控制。

照明回路的分组应考虑房间使用的特点。对于小房间,通常是一路支线供多个房间用电;对于大型场所,当以三相四线制供电时,应使三相线路的各相负荷尽可能平衡。当使用小功率的室内照明线路时,每个单相回路的电流一般均不应超过15A,同时接用灯头和插座的总数一般不超过 25 个。

为了节约用电,在大面积照明场所,与采光窗平行的照明器应该单独予以控制,以充分利用天然采光。除流水线等狭长作业的场所外,照明回路控制应以方形区域划分,并推广各种自动或半自动控灯装置。例如,装在楼梯、走廊等处的定时开关,充分利用天然光的光控开关,广场或道路旁用的光电元件或定时开关等。此外,在线路上还应有能切断部分照明的措施,以节约电能。

四、电气照明故障与检修

照明线路基本上是由电源、接线、开关及负载(电灯)四部分组成的,发生故障时一般应逐步从每个组成部分开始检查。一般顺序是从电源开始检查,一直到用电设备。

照明电路的常见故障主要有断路、短路和漏电 3 种。

1. **断路**　相线、零线均可能出现断路。断路故障发生后,负载将不能正常工作。三相四线制供电线路负载不平衡时,如零线断线会造成三相电压不平衡,负载大的一相相电压低,负载小的一相相电压增高,如负载是白炽灯,则会出现一相灯光暗淡,而接在另一相上的灯又变得很亮,同时零线断路负载侧将出现对地电压。

产生断路的原因:主要是熔丝熔断、线头松脱、断线、开关没有接通、铝线接头腐蚀等。

断路故障的检查:如果一个灯泡不亮而其他灯泡都亮,应首先检查是否灯丝烧断;若灯丝未断,则应检查开关和灯头是否接触不良、有无断线等。为了尽快查出故障点,可用验电器测灯座(灯头)的两极是否有电,若两极都不亮说明相线断路;若两极都亮(带灯泡测试),说明中线(零线)断路;若一极亮一极不亮,说明灯丝未接通。对于日光灯来说,应对启辉器进行检查。如果几盏电灯都不亮,应首先检查总保险是否熔断或总闸是否接通,也可按上述方法及验电器判断故障。

2. **短路**　短路故障表现为熔断器熔丝爆断;短路点处有明显烧痕、绝缘碳化,严重的会使导线绝缘层烧焦,甚至引起火灾。

造成短路的原因:①用电器具接线不好,以致接头碰在一起;②灯座或开关进水、螺口灯头内部松动或灯座顶芯歪斜碰及螺口,造成内部短路;③导线绝缘层损坏或老化,并在零线和相线的绝缘处碰线。

当发现短路打火或熔丝熔断时应先查出发生短路的原因,找出短路故障点,处理后更换保险丝,恢复送电。

3. **漏电**　漏电不但造成电力浪费,还可能造成人身触电伤亡事故。

(1)产生漏电的原因:主要有相线绝缘损坏而接地,用电设备内部绝缘损坏使外壳带电等。

(2)漏电故障的检查:漏电保护装置一般采用漏电保护器。当漏电电流超过整定电流值时,漏电保护器动作切断电路。若发现漏电保护器动作,则应查出漏电接地点并进行绝缘处理后再通电。照明线路的接地点多发生在穿墙部位和靠近墙壁或天花板等部位。查找接地点时,应注意查找这些部位。

1)判断是否漏电:在总开关上接一只电流表,接通全部电灯开关,取下所有灯泡,进行仔细观察。若电流表指针摇动,则说明漏电。指针偏转得多少,取决于电流表的灵敏度和漏电电流的大小。若偏转多则说明漏电大,确定漏电后可按下一步继续进行检查。

2)判断漏电类型:是火线与零线间的漏电,还是相线与大地间的漏电,或者是两者兼而有之。以接入电流表检查为例,切断零线,观察电流的变化:电流表指示不变,是相线与大地之间漏电;电流表指示为零,是相线与零线之间的漏电;电流表指示变小但不为零,则表明相线与零线、相线与大地之间均有漏电。

3)确定漏电范围:取下分路熔断器或拉下开关刀闸,电流表若不变化,则表明是总线漏电;电流表指示为零,则表明是分路漏电;电流表指示变小但不为零,则表明总线与分路均有漏电。

4)找出漏电点:按前面介绍的方法确定漏电的分路或线段后,依次拉断该线路灯具的开关,当拉断某一开关时,电流表指针回零或变小,若回零则是这一分支线漏电,若变小则除该分支漏电外还有其他漏电处;若所有灯具开关都拉断后,电流表指针仍不变,则说明是该段干线漏电。

第二节　安全用电

随着科学技术的发展,各类电气设备广泛应用于医院、药厂及其他企业生产及家庭生活中。如医院诊疗常用的全自动生化分析仪、血气分析仪、彩色 B 型超声诊断仪、X 射线机、CT仪和磁共振成像仪等医疗设备,工矿企业常用的电动机、电动工具,家庭生活中常用的电冰箱、洗衣机、空调、扫地机等。各种各样的电气设备日趋增长,人们接触电气设备的机会也越来越多。各种电气设备需要遵循其安全规则正确使用,如果违背安全规则使用就会造成电气设备的损坏,甚至造成火灾等灾害。在使用电气设备时如果没有预防触电的措施,就有可能造成触电身亡的人身事故。对于从事医药事业的工作者,正确掌握安全用电知识是十分必要的。

一、电气设备的额定值

电流通过导体会产生热效应,一些电气设备正是利用电流热效应为人类服务,但有很大一部分电气设备因电流热效应的存在,会降低设备的利用率。故在电气设备设计制造时,电流不能无限制地加大,需要加以限制。为了安全、经济地正确使用电气设备或用电器具,并保证电气设备的使用寿命,制造厂为了使电气设备能够在给定的工作条件下正常运行而规定的容许值,称为**电气设备的额定值**。如规定电压、电流、功率等一些参数的额定值,在额定值下运行才能使电气设备的工作状态达到最佳,大于额定值工作则会使设备的使用寿命降低。下面分述一些电气设备的额定值。

（一）电阻性负载的额定值

通过电阻类的元件进行工作的纯阻性负载称为**电阻性负载**。电阻性负载跟电源相比，负载电流与负载电压没有相位差。电阻性负载有电炉、白炽灯、电阻器、电阻加热器等。它们是用各种不同的电阻材料制成的，通电时电阻主要把电能转化为热能，使电阻材料的温度升高，工作温度很高。对通过电气设备的最高容许电流必须有一个限制，通常把这个限定电流称为**电气设备的额定电流**，用 I_N 表示。额定电流是电阻性负载长时间连续工作的最大容许电流，当通过电流超过额定电流时，会致使电阻材料的温度超过其最高使用温度，会降低电阻性负载使用寿命，甚至烧坏。

通常电炉、白炽灯、电阻加热器等都是直接并联到电源上来使用，电气设备上所加的电压对电流有着直接的影响，因此电气设备工作时对电压也要有一定的限额，这个电压称为**电气设备的额定电压**，用 U_N 表示。在直流电路中，额定电压与额定电流的乘积为额定功率 P_N，电气设备给出的额定功率是在额定电压下的吸取电功率。而实际吸取的电功率由所加实际电压的大小决定。例如，额定电压为 220V、额定功率为 60W 的白炽灯，接在 220V 的电源上时，吸取 60W 的电功率。若实际电压低于 220V 时，则吸取的电功率小于其额定值，达不到规定的照度；若实际电压高于 220V 时，则吸取电功率大于其额定值，长时间使用会烧断灯丝，降低白炽灯的使用寿命。可见，额定电压是关系到电阻性负载能否正常使用的重要额定值，是起决定作用的参数。

电阻器简称**电阻**，是用电阻材料制成的、有一定结构形式、能在电路中起限制电流通过作用的二端电子元件，分为固定电阻器和可变电阻器。理想的电阻器是线性的，即通过电阻器的瞬时电流与外加瞬时电压成正比。电阻器的额定功率指电阻器在直流或交流电路中，长期连续工作所允许消耗的最大功率。有两种标志方法：2W 以上的电阻，直接用数字印在电阻体上；2W 以下的电阻，以自身体积大小来表示功率。如电子仪器中的小电阻，给出额定功率 P_N，用起来比较方便，而且便于系列化生产。常用的有 0.125W、0.25W、0.5W 等。应用时，除选取电阻值 R 外，还必须根据通过它的电流 I，选择额定功率 P_N，并应满足 $I^2R<P_N$ 的关系。

（二）电感性负载的额定值

通常情况下把带有电感参数的负载称为**电感性负载**。电感性负载是电流相位滞后于其电压相位 90°的负载。如交流电动机、压缩机、继电器、日光灯等负载均为交流铁芯线圈电感性负载。它们主要由漆包线、硅钢片及一些绝缘材料制成。电感性负载加上电压时，交流铁芯线圈是一个非线性电感性元件。电流通过线圈中的电阻消耗电能，并产生电流热效应，同时，硅钢片中的变磁通引起的铁损耗也转化为热能。电压过高时，由于磁路饱和，会使线圈中的电流急剧增大，而硅钢片中的铁损耗正比于电压的平方，两者都会使包绕在铁芯及线圈上的绝缘材料的温度升高。任何等级绝缘材料的允许使用温度都是有一定限度的，如目前使用较多的 B 级绝缘材料的极限工作温度为 130℃。超过其温度使用，绝缘材料就会迅速老化变脆，甚至烧毁。故必须规定电感性负载设备的电压的额定值，并应严格按此额定值来使用。

（三）电容器负载的额定值

一般把带电容参数的负载称为**电容性负载**。电容性负载是电流相位超前其电压相位 90°

的负载。电容性负载在生活中比较少见,一般在工厂较多见,例如电容器、功率补偿电容等。除电阻性负载外绝大多数负载为电感性负载,因此多数用电容来补偿提高功率因数,电镀厂需要大量电容,电子线路中需要小电容器,它们都是纯电容性负载。电容器在电压作用下,极板间的绝缘材料被击穿造成损坏。因此,必须规定其电压的额定值。在电容器选用时,除选择电容量外,还必须根据电路的电压选用其额定电压。通常电容器要在低于其额定电压下工作。

(四)电源及导线的额定值

电源的额定输出电压,是由发电机的极数和转速所决定的,但其输出电流则决定于负载总阻抗的大小。空载时,没有输出电流;有负载时,输出电流随着负载阻抗的减小而增大。当实际输出电流等于其额定值时,称为**满载**。为了避免损坏电源,制造厂规定了电流的额定值,电源电流在超过其额定值时,称为**过载**。电流通过电源内阻会产生热效应,使电源绝缘材料的温度升高,长时间过载,就会使电源过热而损坏。因此,在使用电源时,要先确定其额定电流是多少,而且不可随意增加负荷,不能长时间过载使用,否则会造成事故。

导线是连接电源与负载的中间环节。导线有铜芯线和铝芯线两种,各种材料的导线都有一定的电阻,当有电流通过时,会有一部分电能转换成热能,使包裹它的绝缘材料的温度升高。当超过绝缘材料的极限工作温度时,将导致绝缘材料的老化,可能会引起电气火灾。因此,对导线的材质、截面积、绝缘材料及其敷设方式、工作环境温度等,规定了相应的额定电流值,称为**安全载流量**。

导线的选用原则:根据用途和敷设方式选择导线的类型,根据用电设备的额定值选择导线截面积。导线的截面积所能正常通过的电流可根据其所需要导通的电流进行选择。例如,截面积为 2.5mm² 的聚氯乙烯绝缘的铜芯电源线,在空气温度为 25℃的环境中明敷时,安全载流量为 28A;铝芯线的线径要取铜芯线的 1.5~2 倍。在实验室及日常生活中常用的聚氯乙烯绝缘铜芯软线,由多股铜丝组成。截面积在 0.8mm² 以下的软线,每根的线径为 0.15mm,其安全载流量的参考值可取 0.35A。例如,截面积为 0.3mm² 的软线,由 16 根组成,因而其安全载流量可取 16×0.35=5.6A。

在家庭用电中必须注意,切不可超过电度表盘上标明的额定最大电流值使用。例如,标有 5(10)A 的电度表,5A 是标定电流值,10A 才是额定最大电流值。在有些电度表中,只给出一个电流值,即标定电流值,如果该电度表是直接接入电源来使用的,则其额定最大电流值应为标定电流值的 1.5 倍。

电气设备的额定值都标在设备的铭牌上,使用时必须遵守。

二、低压配电线路

(一)低压配电线路

电力系统从输电线末端的变电所将电能分配给各工矿企业和城市。目前市区的输电电压一般为 10kV,一般的厂矿企业和民用建筑都必须设置降压变电所,经配电变压器将电压降为 380/220V,再引出若干条供电线到各个用电车间或建筑物的配电箱上,再由配电箱将电能分配给各用电设备。从变电所或配电箱到用电设备的线路属于**低压配电线路**。这种低压供电系统的接线方式主要有放射式和树干式两种。放射式供电线路是从配电变压器低压侧引出若干条支线,分别向各用电点直接供电,如图3-11所示。在用电点比较分散,且每个负载用电点有较大集中负载时,变电所又居于各用电点的中央时,采用这种供电方式比较合适。放射式供电方式供电的特点是供电可靠性高,不会因其中某一支线发生故障而影响其他支线的供电,而且也便于操作和维护。但配电导线用量大,投资费用高。

树干式供电线路是从配电变压器低压侧引出若干条干线,沿干线再引出若干条支线供电给用电点,如图3-12所示。在用电点比较集中,各用电点居于变电所同一侧时,采用这种供电方式比较合适。树干式供电的特点是供电的可靠性低,接线灵活性大,如果某一干线出现故障或需要检修时,停电的面积大。但配电导线的用量小,投资费用低。

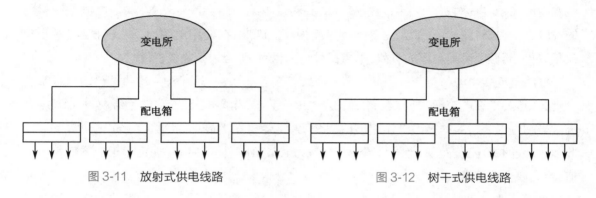

图3-11 放射式供电线路   图3-12 树干式供电线路

(二)低压配电线路的接地

根据电力系统工作和人身安全的需要,电力系统或电气设备要求采取接地措施。接地的方法是将电力系统或电气设备接地的部分,通过有足够强度和截面积的导体与接地体进行可靠的连接,埋入地下,直接与大地接触。按其作用的不同,分为工作接地、保护接地和保护接零。

根据电力系统运行和安全的需要,常将三相四线制供电系统的中性点接地,这种接地方式称为**工作接地**,如图3-13所示。工作接地能降低触电电压,保护装置迅速动作,切断故障设备。

在三相三线制低压供电系统中,中性点不接地,将电气设备金属外壳通过接地装置与大地良好地连接,这种保护措施称为**保护**

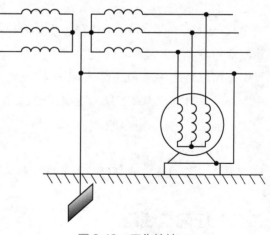

图3-13 工作接地

接地,如图3-14(a)所示。保护接地是为了防止电气设备正常运行时,原本不带电的金属外壳因漏电等原因带电,使人体接触时发生触电事故而进行的接地。

在中性点接地的三相四线制低压电网中,由于单相对地电流较大,保护接地不能完全避免人体触电的危险,需要采用保护接零。将电气设备的金属外壳或构架与电网的零线可靠连

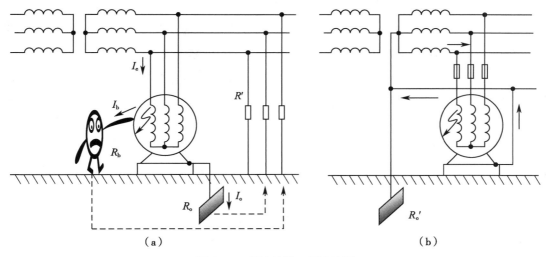

图 3-14　保护接地、保护接零

接的保护方式称为**保护接零**,如图 3-14(b)所示。在保护接零用电系统中,电气设备金属外壳绝缘破损使某相电源与设备外壳连接,该相电源发生短路,使熔断器等保护电器动作,切断电源,保护人体接触外壳时的安全。采用保护接零须注意:①保护接零只能用于中性点接地的三相四线制供电系统;②接零导线必须牢固可靠,防止断线、脱线;③零线上禁止安装熔断器和单独的断流开关;④零线每隔一定距离要重复接地一次,一般中性点接地要求接地电阻小于 10Ω;⑤接零保护系统中的所有电气设备的金属外壳都要接零,绝不可以一部分接零,一部分接地。

在中性点接地三相四线制低压电网中,除采用保护接零外,还要采用**重复接地**,就是将中线相隔一定距离多处进行接地,保障保护接零与重复接地。如图 3-15 所示有重复接地,即使在图中当中线在某处(×处)断开与电动机外壳相碰时,由于多处重复接地的接地电阻并联,使外壳对地电压大大降低,降低了危险程度。如果没有重复接地,人体触及外壳,相当于单相触电,也是有危险的。因此,为了确保安全,中线必须连接牢固,不允许在中线上装开关和熔断器。

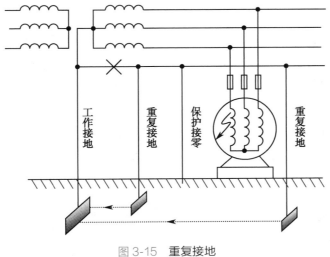

图 3-15　重复接地

三相四线制低压电网的中线在变电所都要有工作接地,容量在 100kVA 以上时,其接地电阻应不大于 4Ω;100kVA 以下时,不大于 10Ω。为确保安全用电,低压架空线的终点,分支线超过 200m 的分支处,沿线每 1km 处以及进户点,中线均应重复接地,重复接地电阻一般不大于 10Ω。接地是保证电力系统和电气设备正常运行和人身安全而采取的重要措施。

三、用电常识及触电事故

(一)用电常识

在生产和生活用电过程中,需要确保电器、仪器设备和人身的安全。在各种电气设备广泛的使用中,必须掌握安全用电常识,否则人体由于不慎触及带电体,就会造成触电事故,使人体受到各种程度的伤害。

人体电阻通常为 1 000~2 000Ω,当角质外层破坏时,则降到 800~1 000Ω。人体触及带电体时,相当于电路元件接入回路,将有电流过人体。根据伤害性质可分为电击和电灼伤两种。**电击**是指电流通过人体内部,影响呼吸系统、心脏和神经系统,造成人体内部组织的破坏甚至死亡。**电灼伤**是指在电弧作用下或由于熔丝熔断时电流通过人体外部对人体外部造成的局部伤害。如电弧烧伤、熔化的金属渗入皮肤等。

根据研究和事故统计资料表明,人的生理反应程度决定于电流的大小和电流通过人体的路径。电流对人体的作用是从量变到质变的过程,一般认为通过人体的工频交流电流为 0.5mA,直流 2mA 时,开始感到手指麻刺,此电流为感知电流,人体能够感觉,但不至于造成伤害;工频交流电流 30mA 以下,直流 50mA 以下时,手的肌肉痉挛,此电流为摆脱电流,人体受电击后能够自主摆脱;工频交流电流 30mA 以上,直流 50mA 以上时,手迅速麻痹,不能摆脱带电体,剧痛、呼吸麻痹,持续 3 分钟或更多时间,心脏麻痹并停止跳动,危及生命。故人体允许的安全电流,直流为 10mA,工频交流为 20mA。

当接触直流电压在 36V 以下时,通过人体的电流不超过 50mA,所以把 36V 电压称为**安全电压**。在潮湿或金属容器内工作时,安全电压降低为 24V 或 12V。

触电伤害的程度取决于通过人体电流的大小、持续时间、电流的频率、电流通过人体的途径,以及带电体接触的面积和压力等。人体的电阻愈大,通入的电流愈小,伤害程度也就愈轻。电流通过人体的时间越长,则伤害越严重。

(二)触电形式

触电的形式是多种多样的,根据触及带电体方式的不同,分为跨步电压触电、两相触电、单相触电和接触漏电设备的金属部分触电四种情况。

触电时通过人体电流的大小,首先取决于降落在人体两点之间的电压,这一电压称为**接触电压**,接触电压的大小是决定造成触电事故的根本原因,关于这一点必须十分明确;其次则是人体电阻。影响人体电阻大小的因素是很复杂的,在皮肤干燥的情况下,人体电阻相当大。皮肤潮湿、出汗、外伤使皮肤角质破坏后,人体电阻就显著下降到 800~1 000Ω。通常在考虑安全用电问题时,按 1 000Ω 来计算。

1. 单相触电　当人体站在地面上或人体某一部位接触到一根裸露的相线或电气设备中与相线相接的其他带电体时,所造成的触电情况称为**单相触电**。如图 3-16(a)所示,此时在三相四线制低压电网中,如果赤脚站在潮湿的地面上或踏在暖气管道等金属物体上,若手触及相线时,人体承受 220V 相电压,这时通过人体的电流可达近 220mA,这也是致人死亡的电流值。如果穿着干燥的塑料底或胶底鞋并且站在干燥的水泥地或地板上时,则降落在人体上的接触电压很低,这时将大大降低触电的危险性。

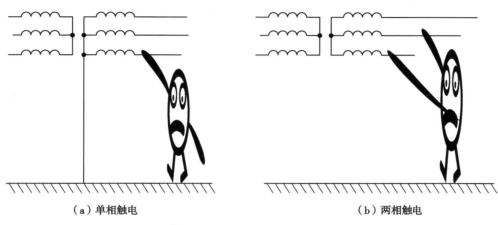

（a）单相触电　　　　　　　　　　　　　　（b）两相触电

图 3-16　单相触电与两相触电

2. 两相触电　当人体的不同部位同时分别接触电源的裸露的两根相线时,所造成的触电情况称为**两相触电**。如图 3-16(b)所示,这时人体的接触电压等于电源的线电压,此时,通过人体的电流比单相触电更大,触电后果更为严重。如线电压为 380V,人体电阻为 1 000Ω,通过人体的电流将达 380mA,这是能致人死亡的电流值。

3. 跨步电压触电　当高压电网出现故障,接地电流经接地体向四周土壤流散时,沿地表径向产生电压降,在带电体入地点附近产生较大的电流场,使得电流场内地面的电位差严重不均匀。当人体接近接地点时,两脚之间承受跨步电压而触电,称为**跨步电压触电**。跨步电压的大小与人和接地点距离、两脚之间的跨距、接地电流大小等因素有关。无穷远处电位为零电位,实际上离接地体 20m 处的电位就可认为是零。离接地点 20m 以外电位为零的地方称为**电气的"地"**。当人体在此区域跨步行走时,如果人的两只脚分别站在图 3-17 中的 A、B 两点上(其距离按 0.7m 考虑),就有电压 $U_{AB}=U_A-U_B$ 作用于人体。电压 U_A-U_B 称为**跨步电压**,离接地点越近跨步电压越大,如果人体的跨步电压超过安全电压时,就会造成跨步触电。

当架空线路上的导线断落在地面上时,也会在其周围产生很高的跨步电压。遇到这种情况应当并紧双脚或用一只脚跳离危险区。10kV 的高压电网要远离接地点 8m 以外,低压

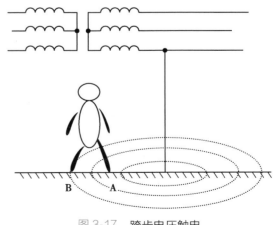

图 3-17　跨步电压触电

电网也要远离 3~5m,方能避免伤害。此外应将故障点隔离,勿使人畜靠近,并应设法通知有关单位切除故障电源。

4. 接触漏电设备的金属部分触电 电气设备的金属外壳,诸如电机、控制柜、手动电动工具、电子仪器的金属外壳,家用电器中的电冰箱、洗衣机、落地扇金属外壳以及电视机天线等,本是不带电的,但由于电气设备的带电部分与金属外壳之间存在着电容及因绝缘电阻下降,用电笔测试时会显示带电。当电气设备内部绝缘损坏而与外壳接触,将使其外壳带电,当人触及带电设备的外壳时,相当于单相触电,称为**接触漏电设备的金属部分触电**。大多数触电事故属于这一种。当人站在"地"上触及金属外壳时,通过人体的最大电流约 0.6mA,只会有轻微的麻刺感。如果站在干燥的地面上,一般不会有什么感觉。必须强调指出,通常在日常电器(如电冰箱、洗衣机、台式电扇等)使用中,用户往往忽视外壳的接零保护,插上单相电源就用,当导线绝缘老化损坏,受潮或遭受机械损伤致使相线与金属外壳相连(俗称**碰壳**)时,外壳也带电,跟单相触电一样,也会造成触电事故。

四、静电的危害与预防

(一)静电的危害

由于物体之间的紧密接触相互摩擦后分离或材料破损产生静电。随着石油、化工、塑料、橡胶、化纤、造纸、印刷、面粉及金属粉尘等工业的发展,静电危害的问题日益突出,静电荷的聚集往往会产生几万伏的高压,它会造成许多危害。如纺纱机工作时产生的静电会影响到成纱;印刷机工作时产生的静电会影响连续印刷;高压静电能够把计算机中的集成器件击穿。在有爆炸性混合物的场所,其浓度在爆炸极限之内,并且火花的能量超过爆炸性混合物的最小引燃能量时,会引起爆炸和起火,造成人员及财产的巨大损失。曾经有大型油轮和巨型飞机因静电引起爆炸和起火。预防静电的危害是一种专门的技术。

静电的产生和聚集有三个条件:第一,必须有低导电性的生产物料,如油、纸、化纤等;第二,必须有摩擦生电的生产工艺条件,如摩擦、高流速、冲击、过滤、粉碎等;第三,还必须有聚集电荷的条件,如金属设备没有接地,空气干燥,电荷消失太慢等。

(二)静电的预防

为了预防静电的危害,针对静电的产生和聚集的具体情况常用的措施如下。

(1)限制静电的产生:通常在低导电性物质(如塑料、橡胶、化纤等)中掺入少量导电物质,以增加其导电性;通过降低气体、液体的流速,减少摩擦,改进生产工艺;在大型计算机房安装防静电地板等。

(2)防止静电体上电荷的积累:防止静电积累的主要方法是给静电体安装一条随时可以入地或与异性电荷中和的出路,使电荷向大地泄漏。如金属管口及容器、滚筒等金属旋转体、油罐车、导电地板等都应该接地,防止静电的聚集。另外,还可以适当增加空气的相对湿度;将容易产生静电的设备、管道采用金属等导电良好的材料制成等。

(3)控制危险环境:在易燃、易爆的环境中尽量减少易燃易爆物的形成,加强通风以减少易燃易爆物的浓度,则可以间接防止静电引起的火灾和爆炸。在静电危险场所,工作人员还必须穿着防静电服装。还可以装设消电器,向带电体吹入带异性电荷的"离子风"等,降低爆炸性混合物在空气中的浓度。

ER3-2　第三章
触电事故的紧急
救护(微课)

第三节　触电事故的紧急救护

一、触电事故的现场急救

当发生触电事故时,施救者必须在保证自身安全的同时,立即进行现场急救处理。

(一)急救的方法

1. 使触电者脱离电源　当有触电事故发生时,正确的方法是以最快的速度使触电者脱离电源,注意急救者切勿接触触电者,防止自身触电影响抢救工作。

在低压线路上的用电设备发生触电事故时,应首先通过开关切断用电设备电源,若无法迅速做到这一点的情况下,则可用绝缘钳子剪断或利用不导电的物体,如干燥的木棒、橡胶制品等使触电者脱离电源,也可穿绝缘鞋或站在干燥的木板上使触电者摆脱带电部分,如图 3-18 所示,当触电者处于高处时,应防止触电者脱离电源后从高处摔下来。

图 3-18　使触电者脱离电源

2. 脱离电源后的急救处理

(1)当触电者脱离电源后,应立刻将触电者仰卧干燥安全处,进行全身检查,即检查其知觉、呼吸和心脏跳动情况,若触电者呼吸和心跳均未停止,此时应将触电者躺平就地,安静休息,不要让触电者走动,以减轻心脏负担,并应严密观察呼吸和心跳的变化。

(2)若触电者呼吸停止、心跳尚存,则应对触电者做人工呼吸。

(3)若触电者心跳停止、呼吸尚存,则应立刻对触电者做体外心脏按摩救护。

(4)若触电者呼吸和心跳均停止,应立即按心肺复苏方法进行抢救。

(5)若被害者带有外部出血或局部烧伤时,应及时进行包扎止血。

(6)若有骨折的需进行临时固定,避免造成再次损伤。

(7)对于神志清醒者,可让其静卧观察,同时应注意保暖。

(二)抢救原则

1. 要有充分的抢救信念　动作要快,方法、步骤要正确。由于触电或雷击造成的人身死亡事故中,应当认为绝大部分都处在"假死"状态,只要抢救及时、得法,其中大多数可以救活。

2. 要一直坚持坚定抢救　直到触电者"复活"或经医生判断确实已死亡为止,有的触电者经抢救半小时甚至 4 小时后也有"复活"的情况。

3. 要分清情况处置恰当　若触电者属于轻症,即神志清醒,呼吸心跳均自主,未失去知觉或只是一度昏迷后已恢复知觉,应继续保持安静平卧,严密观察 2~3 小时,暂时不要站立或行走,防止继发休克或心力衰竭。

4. 要掌握停止急救标准　当患者的呼吸、心跳已恢复后可以停止。有经验的医生检查证实患者脑死亡可以停止。当人工呼吸进行到有好转的迹象时,应暂停人工呼吸数秒钟以等待患者自主呼吸,在患者恢复了正常呼吸后,心脏还是很虚弱,仍应静卧一段时间,以免因过早站立行走,而再次失去知觉。

二、人工呼吸与体外心脏按摩救护

对于触电事故的救护来说,"时间就是生命!"不能耽误了时间,只要触电者一脱离电源就立即进行现场抢救,同时尽可能找人帮忙呼叫 120 急救,即使在救护运送途中仍要继续进行抢救,不能停止。

现代医学证明,心脏停止跳动与停止呼吸的触电受害者,在 1 分钟内进行抢救,苏醒率可以超过 95%;在 3 分钟内抢救,苏醒率为 75%,在 5 分钟后抢救,苏醒率为 25%,如果经过 6 分钟后再抢救,苏醒率将低于 10%,并且脑中血液若停止 5 分钟,则会导致部分脑细胞损害而不能恢复,即使救活也会留下后遗症。

由于触电造成死亡多数是心脏先停止跳动,然后再停止呼吸,在触电事故现场,首先要检查心脏有无搏动,一旦发现受害者的心脏停止跳动,应立即同时进行体外心脏按摩与人工呼吸。

(一)人工呼吸方法

口对口人工呼吸,是用急救者的口呼吸协助伤病者呼吸的方法。它是触电事故现场急救中最简便、最有效的方法。人工呼吸方法如下。

1. 保持呼吸道通畅　迅速解开触电者身上一切妨碍呼吸的衣领、裤带及围巾等。清除受害者口腔内的异物、黏液及呕吐物等,如有假牙也应去掉。若受害者舌头缩入而妨碍呼吸,则必须用纱布或手帕包住将舌头拉至下颌。

2. 姿势　受害者仰卧位,在颈后部垫入衣物等使头尽量后仰。急救者用一手抬起下颌,另一手拇指捏紧患者鼻翼,以防吹进的气体从鼻孔漏出。

3. 吹气　清除受害者口鼻异物后,让受害者口张开,口对口呼吸前先向患者口中吹两口气,以扩张已萎缩的肺,利于气体交换。抢救者吸一口气后,张大口将患者的口全包住,条件允许可以在患者口上盖适当层数的纱布或口罩,快而深地向受害者口内吹气,并观察受害者胸廓有无上抬下陷活动。一次吹完后,脱离受害者之口,捏鼻翼的手同时松开,慢慢抬头再吸一口新鲜空气,准备下次口对口呼吸。

4. 吹入量　每次吹气量成人约 1 200ml,过量易造成胃扩张。无法衡量时,急救者不要吸入过多的气体。若对儿童进行人工呼吸时,吹气量应适当控制。

5. 呼吸频率　口对口呼吸的次数成人 16~20 次/min,节律宜均匀。单人急救时,每按摩胸部 15 次后,吹气 2 口,即 15:2;双人急救时,每按摩胸部 5 次后,吹气 1 口,即 5:1,有脉搏无呼吸者,每 5 秒钟吹一口气(12~16 次/min)。每 5 个循环检查一次呼吸心跳情况,直到复苏成功或者 120 医护人员到来。

在特殊情况下也可以口对口吹气,具体作法:每隔 5 秒用力向触电者口中吹一口气,每分钟吹 12 次,吹气时应捏紧鼻子,吹完气后应迅速松开口、鼻,让患者自己呼气。

(二)体外心脏按摩法

体外心脏按摩法被证明是用于现场迅速抢救触电死亡的假死者较简单易行而且有效的方法。此方法的有效性使得心脏停止跳动的受害者的死亡率大为降低。体外心脏按摩法具体步骤如下。

首先,解开受害者的衣服,将受害者仰卧于平放的硬板或地板上,急救者跪在其右侧,将双手掌重叠用手掌根按在受害者心口窝上方(即胸骨下 1/3 处),前臂伸直,肘部固定,适当用力向下压,使其胸骨下陷 4~5cm,然后两手立即放松,按摩间隙要求完全放松但掌根不离开胸壁,让胸部自行弹起。成人每分钟做 60~80 次,每按摩 15 次吹气两次,进行 4 轮按摩吹气后查看一下脉搏是否恢复跳动,如未恢复要继续做,直到心跳恢复或医生到来为止。婴幼儿只用示指和中指并在一起轻轻按摩即可,胸部下凹以 2~3cm 为度,每分钟按摩 100 次以上,每按摩 5 次吹气 1 次。

一般情况下,体外心脏按摩必须与人工呼吸法同时进行。若由两人进行抢救则可以分工负责,一人进行人工呼吸,一人进行体外心脏按摩。若只有一人进行抢救时,则每按 15 次心脏,再向触电者口中吹两口气比较好。若观察到受害者已经放大的瞳孔缩小,面色也好转,说明抢救有效。但无论抢救是否有效,均应坚持到底。

(三)触电患者的护理

当触电者脱离电源抢救见效后,根据触电者情况进行医疗救护处理。

(1)触电者伤势不重,恢复知觉后,神志清醒,但仍有心慌、四肢发麻、身体无力情况,必须让触电者静卧一段时间,保持镇定,防止体力不支而再度衰竭。要注意防止受害者突然起来狂跑,造成新的事故。

(2)触电者伤势较重,失去知觉,但心脏还有跳动和呼吸,应使触电者静卧平躺,保持周围空气流通,解开衣服便于呼吸,注意保温,迅速呼叫 120 急救中心或送往医院。如果发现触电者呼吸困难,发生痉挛,心跳和呼吸停止时,应随时准备立刻作进一步的抢救。

(3)触电者伤势严重,心脏停止跳动或呼吸停止,应立即实行人工呼吸和体外心脏按摩法,迅速呼叫 120 急救中心或送往医院,途中不能停止抢救。

需要注意的是,对触电造成的"假死者",千万不能用强心剂或升压药来抢救,否则只会导致无法抢救的局面。

要具备安全用电知识,在思想上加强预防触电意识。掌握电气设备的特点、使用方法,采用相应的用电安全预防措施,避免触电事故的发生。

本章小结

1. 电气控制线路设计应遵循的主要原则:一是,最大限度地满足要求;二是,确保可靠性和安全性。

2. 常用照明电光源的分类。按发光原理不同,电光源可分为热致发光电光源、气体放电发光电光源和固体发光电光源三种。

3. 电气照明线路的基本形式。电气工程中,照明线路基本上是由电源、接线、开关及负载(电灯)四部分组成。

4. 照明线路常见故障。照明电路的常见故障主要有断路、短路和漏电三种。

5. 使电气设备能够在给定的工作条件下正常运行而规定的容许值,称为**电气设备的额定值**。掌握电阻性负载、电感性负载、电容器负载、电源及导线的额定值。

6. 从变电所或配电箱到用电设备的线路属于低压配电线路。低压配电系统或电气设备要求采取接地措施有工作接地、保护接地和保护接零。

7. 人体触电根据伤害性质可分为电击和电灼伤两种。引起内部器官创伤时,称为**电击**,引起外部器官创伤时,称为**电灼伤**。

8. 触电伤害的程度取决于通过人体电流的大小、持续时间、电流的频率、电流通过人体的途径,以及带电体接触的面积和压力等。

9. 触电事故根据触及带电体形式可分为单相触电、两相触电、跨步电压触电和接触漏电设备的金属部分触电等四种情况。

10. 采取限制静电的产生、防止静电体上静电荷的积累、控制危险环境等相应的措施来预防静电的危害。

11. 在遵循触电事故的现场急救原则的前提下,抢救步骤为:解脱电源,积极实施抢救。

12. 掌握人工呼吸法和体外心脏按摩法。做好触电患者的护理。

习题三

3-1 简述电气控制线路设计的主要原则。

3-2 某建筑内需要四个地点控制一盏灯,请画出控制电路图。

3-3 在工农业生产中,一般应如何选择照明光源?

3-4 电气照明线路常见故障有哪些?

3-5 某电子仪器的印刷电路板上,有个 510Ω 的电阻坏了。有人买了个 510Ω、0.125W 的电阻换上之后,测得其工作电压为 11.6V。过了一会儿又坏了。请问这是为什么? 应当怎样去购买电阻?

3-6 简述在三相四线制系统中保护接地和保护接零的区别。有一单相用电设备,其额定电流为 4A,接在 220V 的单相电源上,熔断器的熔体的额定电流为 5A,为防止触电,采用了接零保护。假设电源内阻为 0.05Ω,相线及中线电阻为 0.15Ω,试求相线碰壳时的故障电流。问接零保护能否起到保护作用?

3-7 当人体触及带电体有电流过人体时,会造成哪些伤害?

3-8 为了预防静电的危害,针对静电的产生和聚集的具体情况应该采取怎样的措施?

3-9 有一台电子仪器通过单相双眼插座与电源相连接。用内阻为 10MΩ 的数字电压表测得其外壳对"地"电压为 165V，当用内阻为 40kΩ，量程为 300V 的交流电压表测量时，几乎测不出电压值，请问这是为什么？当人触及外壳时会不会触电？

3-10 发生触电事故时如何实施现场急救？

（王　勤　司兴勇）

第四章　常用的半导体器件

　　半导体器件是电子电路中的基本元件，也是学习电子技术不可缺少的基础。由于半导体器件具有体积小、耗电小、寿命长和性能好等特点，如今已经被广泛应用于家电、通信、工业制造、航空航天等领域，现代医药电子设备同样也离不开半导体器件。本章将主要介绍常用半导体器件的基本知识，晶体二极管、晶体三极管、场效应晶体管及晶体闸流管的结构、符号、工作原理、主要参数等，为今后进一步学习医药类电子仪器设备打好必要的基础。

第一节　半导体器件概述

一、半导体器件的分类

（一）晶体二极管

　　晶体二极管简称**二极管**。晶体二极管的基本结构是将 N 型半导体与 P 型半导体相结合，在两者的分界处形成一个 PN 结，而 PN 结具有单向导电性。晶体二极管的主要作用有整流、稳压、限幅、开关、检波、变容、续流、显示、触发等。利用不同的半导体材料、掺杂分布、几何结构研制出的晶体二极管种类繁多，其分类方式有很多种，按半导体材料分为：硅二极管和锗二极管；按照管芯结构分为：点接触型、面接触型和平面型；按用途分类分为：整流二极管、检波二极管、变频二极管、变容二极管、开关二极管、稳压二极管等。

（二）晶体三极管

　　晶体三极管也称双极型晶体管，简称晶体管或三极管。它是由发射结和集电结两个 PN 结构成。晶体三极管的作用主要是电流放大和开关作用，是电子电路的核心元件之一，可以说晶体三极管的发明促进了电子技术的飞速发展。晶体三极管分类方式有很多种，例如按材料和极性分为硅材料的 NPN 型和 PNP 型与锗材料的 NPN 型和 PNP 型两种类型。按制作工艺分为平面型、合金型、扩散型；按功率分为小功率、中功率和大功率晶体三极管；按工作频率分为低频、高频和超高频三种类型等。

（三）场效应晶体管

　　场效应晶体管简称场效应管。场效应管是通过控制输入回路的电场效应来控制输出回路电流的一种半导体器件。按照构造分为结型场效应管和绝缘栅型场效应管两种类型，它具有放大信号、阻抗变换、可变电阻、恒流源、电子开关等作用。

（四）晶体闸流管

晶体闸流管简称晶闸管，又称**可控硅整流器**。晶闸管具有 PNPN 四层半导体结构，其三个极分别为：阴极、阳极和门极。晶闸管是一种大功率开关型半导体器件，具有硅整流器件的特性，可以在高电压、大电流条件下工作，并且其工作过程可控，被广泛应用于可控整流、交流调压、无触点电子开关、逆变及变频等电子电路中。晶闸管有多种分类方式，按照关断、导通及控制方式可分为普通单向晶闸管、双向晶闸管、逆导晶闸管、可关断晶闸管、温控晶闸管及光控晶闸管等。

二、半导体器件的导电特性

物质按照导电能力可以分为导体、半导体和绝缘体三大类。从电阻率的大小看，小于 $10^{-5}\Omega\cdot m$ 为导体，大于 $10^{7}\Omega\cdot m$ 的为绝缘体，电阻率介于导体和绝缘体之间的物质称为**半导体**。半导体的导电能力介于导体和绝缘体之间，硅、锗、大多数金属的氧化物和硫化物都是半导体。

半导体一般都呈现晶体结构，所以半导体也被称为**半导体晶体**（或**晶体**）。使用最多的半导体是硅和锗。如果向纯净的半导体中添加微量的某种杂质，其导电性能会大幅度提高，这是由其内部原子之间的结合方式和原子自身结构不同决定的。

（一）本征半导体

本征半导体是纯净并且具有晶体结构的半导体。例如硅和锗的单晶体。下面将以提纯后的硅的单晶体为例来说明半导体的导电机制。硅为四价元素，有四个价电子，每个原子的四个价电子分别与相邻的四个原子的价电子结合在一起组成共价键结构，这样每个原子在其最外层形成 8 个电子的相对稳定结构。

在绝对零度条件下，价电子处于稳定状态，纯净的硅半导体中因为没有自由电子，可看成是绝缘体。在常温条件下，由于热运动使少数价电子可以挣脱原子核的束缚成为自由电子，这样在价电子的原位置处留下一个空位，称为**空穴**。由于自由电子和空穴是成对出现，称为电子-空穴对。温度越高，产生自由电子数量就越多，电子-空穴对也就越多。在热和光的作用下本征半导体产生电子-空穴对的过程称为**本征激发**。自由电子和空穴都可以在半导体中自由移动，带有空穴的原子把相邻原子中的价电子吸引过来，填补空穴，与此同时相邻的原子会产生一个新的空穴，有空穴的原子因为缺少了一个价电子显示带正电，所以空穴的运动相当于正电荷的运动。如果有外电场的作用，自由电子和空穴都可以做定向运动，分别形成电子电流和空穴电流。自由电子在运动中填补空穴的现象称为**复合**。在一定温度下，自由电子和空穴总是成对地出现，又不断地复合，当两者达到动态平衡时，自由电子与空穴的数量保持为定值。由于空穴和自由电子都参与了导电，所以都被称为**载流子**。

在一定温度下，本征半导体的自由电子和空穴这两种的载流子数量极小，因而其导电能力较差。如果温度升高（或受光照），载流子数量增多，其导电能力也显著增强，由此可见温度对半导体器件导电性能影响很大。

（二）杂质半导体

如果在本征半导体中掺入微量的杂质，会使其导电能力大大增强，这种半导体称为**杂质半导体**。根据所掺入杂质的不同，杂质半导体分为两种类型：P 型半导体和 N 型半导体。

1. P 型半导体　如果在本征半导体硅（或锗）中掺入少量的三价元素硼（或其他三价元素），掺入的硼元素相对来说是微量的，整个晶体的结构基本不变，仅是在某些位置上的硅原子被硼原子所取代。硼是三价元素，其原子的最外层只有三个价电子，当它与相邻四个硅原子（或锗原子）相结合组成共价键结构时，必然会使其中一个共价键上缺少一个电子，出现一个空穴。相邻的硅（或锗）原子的价电子通过受热或光照获取足够的能量，有可能挣脱原子核的束缚填补这个空穴，并产生新的空穴。每个硼原子都有一个空穴，这样在掺了硼的半导体中就有了大量的空穴，由于空穴的数量大量增加，使得导电能力也大大增加。这种空穴数量较多，主要靠空穴导电的半导体，称为**空穴半导体**或者 **P 型半导体**。必须说明的是，在 P 型半导体中参与导电的除了数量较大的空穴之外，还有少量由于本征激发而产生的自由电子，因此在 P 型半导体中空穴是多数载流子（简称多子），自由电子是少数载流子（简称少子）。

2. N 型半导体　如在本征半导体硅（或锗）中掺入微量的五价元素磷（或其他五价元素），一个磷原子最外层的五个价电子与相邻四个硅原子组成共价键后，多余出来的第五个价电子受原子核的束缚很弱，很容易挣脱出来成为自由电子。由于每个磷原子都可以提供一个自由电子，从而使自由电子的数量大大增加，导电能力也随之剧增。半导体中自由电子数量较多，主要导电方式是自由电子导电的半导体，称为**电子半导体**或 **N 型半导体**。在 N 型半导体中空穴是少数载流子，自由电子是多数载流子。

必须说明的是，不管是 P 型半导体还是 N 型半导体，虽然都有自己的多数载流子，但对整块半导体来说是呈电中性。例如在 P 型半导体中，硼原子因少一个电子而多出的空穴被其他原子的价电子复合后，使硼原子本身成为负离子，但总体上来看，还是表现出电中性。

三、PN 结及其单向导电性

（一）PN 结的形成

采用特殊的掺杂工艺方法，可以在同一块半导体上制作出 P 型半导体和 N 型半导体。在 P 型半导体中空穴是多数载流子，自由电子是少数载流子，而在 N 型半导体中自由电子是多数载流子，空穴是少数载流子，使得在两者的分界面处出现自由电子和空穴的浓度差。由于空穴在 P 型半导体中的浓度高于 N 型半导体的浓度，自由电子在 N 型半导体中的浓度高于 P 型半导体的浓度，自由电子会从高浓度的 N 型半导体扩散到低浓度的 P 型半导体与空穴复合，高浓度的空穴从 P 型半导体向 N 型半导体中扩散，这种多数载流子从高浓度区向低浓度区的运动称为**多子的扩散运动**。在两种半导体交界处两侧形成的正、负离子的薄层，称为**空间电荷区**，该区域也称为 **PN 结**。空间电荷区随着

ER4-2　第四章 PN 结的单向导电性（微课）

扩散运动的进行而变厚。在正、负离子层之间存在的电场,称为**内电场**,用 E_i 表示,如图 4-1 所示,方向由 N 区指向 P 区。内电场的形成对双方的多数载流子的扩散运动起阻碍的作用,双方的少数载流子(即 P 区的自由电子和 N 区的空穴)在内电场的作用下产生漂移运动。当扩散运动和漂移运动达到动态平衡时,空间电荷区的厚度固定不变。空间电荷区的厚度约为 $0.5\mu m$。因为 PN 结的内电场对多数载流子扩散运动有阻碍作用,所以 PN 结又称为**阻挡层**。PN 结是晶体管最基本的结构,其电势差由半导体材料决定,硅半导体为 $0.5 \sim 0.7V$,锗半导体为 $0.2 \sim 0.3V$。

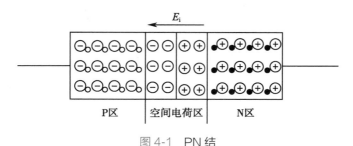

图 4-1　PN 结

PN 结的正、负离子层和平行板电容器带电时的情况相似,其电容称为**结电容**,结电容和外电压有关,电容值一般仅有几个皮法。

(二)PN 结的单向导电性

1. 在 PN 结两端加正向电压　如图 4-2 所示,P 区接电源的正极,N 区接电源的负极,称为 **PN 结加正向电压**,或**正向偏置**(简称**正偏**)。PN 结处于导通状态。如果用 E_o 表示外电场的场强,外电场的场强 E_o 与 PN 结的内电场 E_i 的方向相反,削弱了原有的内电场,使空间电荷区变窄,多数载流子的扩散运动加强,少数载流子的漂移运动减弱,形成了较大的扩散电流。多数载流子顺利地通过 PN 结形成较大的电流称为**正向电流**。正向偏置时,PN 结呈现的正向电阻值很小,PN 结处于导通状态。

2. 在 PN 结两端加反向电压　如图 4-3 所示,N 区接外电源的正极,P 区接电源的负极,称为 **PN 结加反向电压**,或**反向偏置**(简称**反偏**)。反向偏置时,外电场 E_o 与内电场 E_i 方向一致,使内电场进一步加强,空间电荷区变宽,多数载流子的扩散运动大大减弱,少数载流子的漂移运动加强,由于少数载流子的数量很小,形成很小的反向电流,PN 结呈现很高的反向电阻,PN 结处于截止状态。

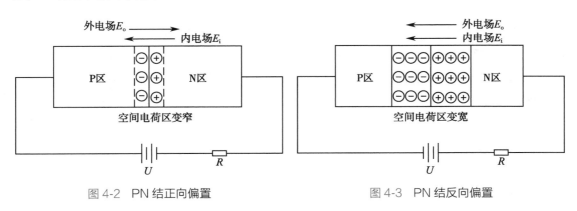

图 4-2　PN 结正向偏置　　　　　　图 4-3　PN 结反向偏置

PN 结反向偏置,少数载流子在外电场的作用下越过 PN 结,在电路中出现的微小的反向漂移电流称为**反向电流**。如果外加电压足够大,使全部少数载流子都参与了导电,再继续增加反向电压,反向电流不会再增大,即达到了饱和状态,这时的电流称为**反向饱和电流**。硅管的反向饱和电流一般约为 0.1μA。必须指出,少数载流子是由热运动产生的,温度越高少数载流子的数量越多,反向饱和电流会随温度升高而增大。

综上所述,当 PN 结处于正向偏置时,正向电阻值较小,正向电流较大,PN 结处于导通状态;当 PN 结反向偏置时,反向电阻值很高,反向电流很小(理想状态下可以忽略不计),PN 结处于截止状态。正向偏置时导通,反向偏置时截止的特性,就是 **PN 结的单向导电性**。

第二节　晶体二极管

一、晶体二极管的结构及其特性曲线

(一)晶体二极管的结构

晶体二极管简称二极管,是在 PN 结加上相应的电极引线和管壳制成的。二极管有两个电极,正极(或阳极)是由 P 型半导体端引出的电极,负极(或阴极)是由 N 型半导体上引出的电极。图 4-4(a)是二极管的符号,箭头方向表示正向导通方向,即为电流方向。

按照半导体二极管的管芯结构,可以把它分为点接触型、面接触型和平面型三种类型,图 4-4(b)为点接触型,图 4-4(c)为面接触型,图 4-4(d)为平面型结构示意图。

点接触式的二极管由一根金属触丝与半导体晶片形成点接触,PN 结面积小,结电容小,不能承受较大的正向电流和高的反向电压,一般适用于高频和小功率工作,也可以在数字电路中作开关元件使用;面接触式二极管由于 PN 结面积大,结电容大,所以可以通过较大的电流,其工作频率较低,一般适用于低频大电流工作条件;平面式二极管 PN 结面积可大可小,结面积小的用作开关二极管,大的用作大功率整流。

(二)晶体二极管的伏安特性曲线和方程

晶体二极管有一个 PN 结,PN 结具有单向导电性,所以二极管也具有单向导电性。二极管的性能通常用伏安特性曲线来表示,伏安特性曲线是指二极管两端的电压与流过二极管的电流之间的关系曲线,它反映了二极管的单向导电性。

二极管伏安特性曲线如图 4-5 所示,第一象限是正向特性曲线,二极管两端加正向电压。如果外加正向电压很小(硅管小于 0.5V,锗管小于 0.1V),外加电场还不能克服内电场对多数载流子扩散运动所造成的阻力,因此正向电流非常小,二极管呈现出较大的正向电阻。在这个区间虽然加的是正向电压,但正向电流几乎趋近于 0,该区间称为**死区**。当正向电压超过某一数值后,内电场被大大削弱,正向内阻很小,电流随着电压的增长而快速上升,这个数值的正向电压称为**死区电压**。硅管死区电压约为 0.5V,锗管的死区电压约为 0.1V。正向电压超过死区电压就进入了二极管的正常工作区间,在正常工作区的硅管管压降一般为 0.6~0.7V,锗管管压降为 0.2~0.3V。需要说明的是,同一种材料和同一种型号的每个二极管的管压降

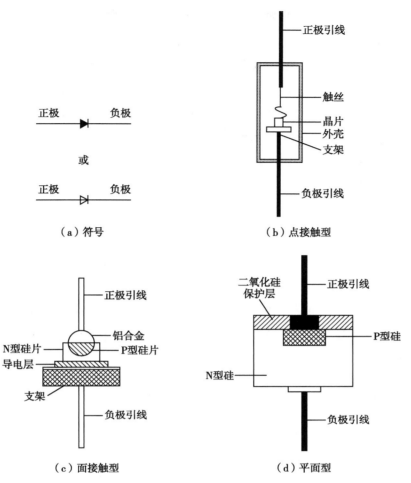

（a）符号　　　　　　　　　　　　　（b）点接触型

（c）面接触型　　　　　　　　　　　（d）平面型

图 4-4　晶体二极管符号和结构示意图

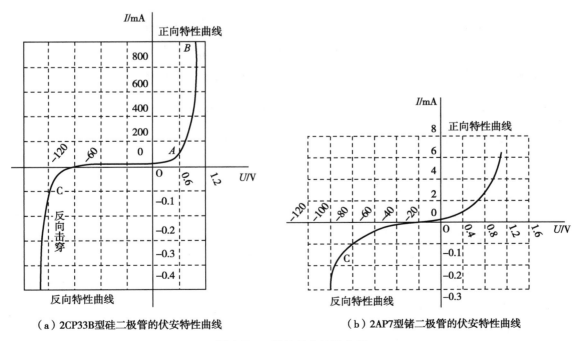

（a）2CP33B型硅二极管的伏安特性曲线　　　　　（b）2AP7型锗二极管的伏安特性曲线

图 4-5　二极管伏安特性曲线

不一定相等,这是因为半导体器件参数具有分散性。

第三象限是反向特性曲线,二极管两端加的是反向电压。若反向电压不超过一定的范围,二极管处于截止状态,只有微小的反向电流通过二极管,反向电流值基本不变,这个电流称为**反向饱和电流**。硅管的反向饱和电流一般在几十微安以下,锗管约为几百微安。当反向电压超过某一定值,过强的外电场将 PN 结中的束缚电子强行拉出,反向电流急剧增大,出现**反向击穿**现象,这个定值电压称为**反向击穿电压**,这时二极管失去了单向导电性,这种现象被称为**击穿**。所以二极管正常工作时,所加的反向电压不能超过反向击穿电压,否则将导致二极管性能永久性的损坏。

晶体二极管的伏安特性具有普遍意义,可以据此来说明二极管伏安特性方程。根据固体物理学中关于 PN 结的研究结论,通过晶体二极管的电流与其两端电压的关系如下

$$I=I_s\left(e^{\frac{qU}{kT}}-1\right) \qquad\qquad 式(4\text{-}1)$$

式中,q 为电子的电量,其数值为 1.6×10^{-19}C;$k=1.38\times10^{-23}$J/K,是玻尔兹曼常数;T 为绝对温度,单位为 K;I_s 是反向饱和电流,是与外加电压无关的常数。在 25℃(绝对温度 $T=298$K)的常温情况下,有

$$\frac{q}{kT}=\frac{1.6\times10^{-19}}{1.38\times10^{-23}\times298}=39\text{V}^{-1}$$

常温下的电压当量 $U_T=\dfrac{kT}{q}\approx\dfrac{1}{39}\text{V}\approx26\text{mV}$。代入式(4-1)得

$$I=I_s\left(e^{\frac{U}{U_T}}-1\right) \qquad\qquad 式(4\text{-}2)$$

二极管正向偏置时,U 为正值,假如 U 比 26mV 大得多,那么 $e^{\frac{U}{U_T}}\gg1$,$I\approx I_s e^{\frac{U}{U_T}}$,即通过二极管的电流与其两端电压成指数关系,如图 4-5 正向特性曲线的正常工作区,只要二极管两端的电压略有增加,电流就会急剧增大;二极管反向偏置时,U 为负数,U 的绝对值比 26mV 大得多,所以 $e^{\frac{U}{U_T}}\ll1$,$I\approx I_s$,电流约等于常数,即反向饱和电流与所加电压无关,如图 4-5 反向特性曲线的反向饱和电流区段。必须说明的是,式(4-2)无法描述二极管反向击穿区段。

二、晶体二极管的主要参数

(一)**最大平均整流电流 I_F**

最大平均整流电流是指二极管长期安全使用允许通过的最大正向平均电流。因为该参数是由 PN 结的面积大小及散热条件决定,所以在使用时要注意通过二极管的平均电流不得大于这个参数,同时还要满足散热条件,否则将导致二极管的损坏。

(二)**反向饱和电流 I_S**

反向饱和电流越小,说明二极管的单向导电性能越好,它对温度非常敏感,如果温度升

高,反向电流会显著增大。例如环境温度从25℃上升到140℃,硅二极管的反向饱和电流将增加 1 000 倍。

(三) 最高反向工作电压 U_R

加在二极管两端反向电压达到反向击穿电压时,反向电流剧增,二极管单向导电性被破坏。为保证二极管不被击穿而给出的最高反向工作电压称为**最高反向工作电压**。最高反向工作电压一般约为击穿电压值的一半。

(四) 最高工作频率 F_M

最高工作频率由二极管的结电容决定。如果频率较高,PN 结电容的容抗会变得非常小,反向电流无法忽略不计。由于结电容的存在会造成高频电流容易通过,使二极管失去单向导电性,所以各种二极管都被规定了最高工作频率。

三、稳压二极管

(一) 结构和伏安特性

稳压二极管简称稳压管,又称**齐纳二极管**,它是经过一种特殊工艺制成的晶体二极管,图 4-6 所示是稳压二极管的表示符号。与普通二极管不同,它工作在反向击穿区,为了保证 PN 结在被击穿后切断加在其两端的反向电压,PN 结的阻挡层仍然可以恢复,需要在外电路中采取限流措施。只要保证反向电流小于它的最大工作电流 I_{Zmax},管子就不会被烧毁。硅稳压二极管的伏安特性曲线如图 4-7 所示,可以看出稳压二极管的正向特性与普通二极管是完全一样的。其反向特性分两部分看:①在稳压二极管两端所加反向电压小于 M 点的反向击穿电压 U_{Zmin} 时,其反向特性仍与通常的二极管一样,通过稳压二极管的反向电流也很

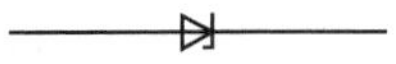

图 4-6　稳压二极管符号

小,以 I_{Zmin} 表示;②当反向电压大于 U_{Zmin} 时,反向电流随反向电压的变大而剧增。从图 4-7 上可以看到在此区间虽然反向电流变化范围很大,但稳压管两端的电压基本不变,这一特性是稳压管的**稳压作用**,稳压二极管工作在伏安特性曲线 MN 段上。稳压二极管由被击穿变为起稳压作用需要有前提保证及保护措施,首先在制作工艺上要保证,其次在外电路中要采取限制电流的措施,当流过稳压管的反向电流超过 N 点的最大工作电流 I_{Zmax},稳压管会因为过热而损坏。与最大工作电流 I_{Zmax} 相对应的电压 U_{Zmax} 是稳压管的最高工作电压。

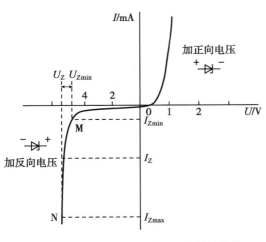

图 4-7　硅稳压二极管的伏安特性曲线

(二) 主要参数

1. 稳定电流 I_Z 稳压管在稳压工作状态下的参考电流值称为**稳定电流**,用 I_Z 表示。简单地说是指稳压效果较好的一段工作电流范围,如图 4-7 所示,变动范围在 I_{Zmin} 和 I_{Zmax} 之间。

在不大于稳压管额定功率的条件下,稳压管的电流值越大,稳压效果越好。半导体手册中给出的稳定电流值大多是推荐的使用值。

2. 稳定电压 U_Z 稳压管在正常工作情况下的稳定电压值称为**稳定电压**,用 U_Z 表示。由于稳压管的制作工艺及所处环境温度的差异,会使同一型号稳压管工作电压有分散性,像 2CW18 型稳压管的稳定电压范围在 $10\sim12V$,单个稳压管的稳定电压只有一个定值。

3. 温度系数 α 温度每增加 1℃时,稳压值所升高的百分数称为**温度系数**,用 α 表示,它是稳压值受温度变化影响的系数。例如 2CW18 稳压管的温度系数是 $+0.095\%/℃$,该系数说明温度每增加 1℃,其稳压值会升高 0.095%,假如 20℃时的稳压值是 11V,可以计算在 50℃时的稳压值是

$$11+11\times(50-20)\times0.095\%\approx11.3V$$

稳压值低于 6V 的稳压管,其电压温度系数为负值,即随着温度升高,稳压值降低;稳压值高于 6V 的稳压管,电压温度系数为正值;稳压值在 6V 左右的稳压管,稳压值受温度的影响较小。所以,在温度稳定性要求较高的情况下,一般常选用 6V 左右的稳压管。如果要求更高,可以用两个温度系数相反(一正一负)的管子串联做一个温度补偿。像 2DW7 这类型号的稳压管内部包含了一个硅稳压二极管和一个有温度补偿作用的硅二极管,电路如图 4-8 所示,A、B 两端可任意连接,在两者中间引出的 C 端是作为单独使用一个稳压管时用的。

4. 最大耗散功率 P_{ZM} 稳压管反向电流通过 PN 结产生功率损耗的允许值称为**最大耗散功率**,用 P_{ZM} 表示。一般约为几百毫瓦到几瓦,超过该功率 PN 结会因温度过高而损坏。

5. 动态电阻 r_Z 稳压管在稳压区工作,电压变化量 ΔU 与电流变化量 ΔI 的比值称为**动态电阻**,用 r_Z 表示,即

$$r_Z=\Delta U/\Delta I \qquad\qquad 式(4\text{-}3)$$

动态电阻可以衡量稳压管性能的好坏,由图 4-7 可以看出,动态电阻 r 越小,伏安特性曲线中的反向击穿区 MN 曲线段越陡,对应的稳压性就越好。

(三)简单的稳压电路

图 4-9 所示的是一个电路元件少,又因有一定的稳压效果而被比较广泛应用的最简单的稳压电路。图中 R 为限流电阻,D_W 为稳压管,稳压管是用来稳定负载电阻 R_L 两端的电压,所以将其与负载 R_L 并联,并且在稳压管两端加反向电压,使其工作在稳压区。稳压电路中的输入电流 I 等于负载电流 I_L 与稳压管的工作电流 I_W 的和,电路中的输入电压 U_i 等于限流电阻 R 两端电压 U_R 与输出电压 U_o 的和。

通常情况下,导致输出直流电压波动的主要原因首先是电网电压的波动;其次为负载电流的变化。

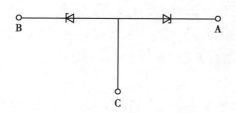

图 4-8 具有温度补偿特性的稳压管电路

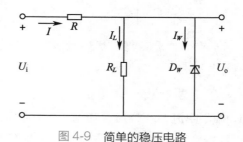

图 4-9 简单的稳压电路

如果由于电网电压的波动使得输入电压 U_i 升高,导致输出电压 U_o 上升,稳压管两端电压的微小增加会引起电流 I_W 的较大上升,因而总电流 I 有较大增加,限流电阻 R 的电压 U_R 也随之变大,这样就几乎可以克服 U_i 的升高,最终保持 U_o 基本不变。

如果是负载电流 I_L 在一定范围内发生变化,也可利用稳压管的电流来补偿。若负载电流 I_L 上升而引起 U_o 下降时,通过稳压管的电流 I_W 会相应减小来补偿 I_L 的增加,保证 $I=I_W+I_L$ 基本不变,从而保持 U_o 基本不变;反之 I_L 变小会使 I_W 变大,I 保持基本不变,使 U_o 也保持基本不变。

第三节　晶体三极管

晶体三极管是一种可以控制电流的半导体器件,有把微弱信号放大成幅度值较大的电信号和作无触点开关的作用,是重要的半导体器件之一。

一、晶体三极管的结构和符号

晶体三极管是通过一定的制作工艺,将两个背对背靠得很近的 PN 结组成半导体芯片。它一共分为三个区,在每个区各引出一个电极,然后加管壳封装而成。晶体三极管是由 NPN 或 PNP 三层半导体材料构成,所以将其分为 NPN 和 PNP 两种类型。无论是 PNP 型或是 NPN 型晶体三极管,都分为三个区:发射区、基区和集电区,依次从这三个区各引出一个电极,分别为发射极 E、基极 B 和集电极 C。晶体管有锗管与硅管之分,锗管多为 PNP 型,硅管多为 NPN 型。NPN 型与 PNP 型两种晶体三极管的结构示意图如图 4-10 所示,图 4-11 为这两种类型晶体管的符号。

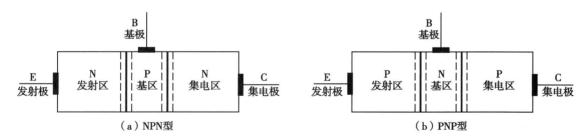

图 4-10　晶体三极管的结构示意图

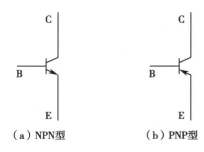

图 4-11　晶体三极管的符号

构成发射区和集电区的半导体材料是相同的,同为 P 型半导体或是 N 型半导体。发射区掺入的杂质浓度最大,以便发射足够多的载流子;集电区的面积最大,以便收集从发射区过来的载流子;基区宽度做得很窄,大约为几微米至几十微米,掺入杂质浓度也最低。

晶体三极管都有两个靠得很近的 PN 结,位于基区和发射区之间的 PN 结,称为**发射结**,基区和集电区之间的 PN

结称为**集电结**,这种结构使基极起着控制多数载流子流动的作用。如图 4-11 所示,晶体管符号中的箭头方向是用来表示发射结在正向偏置情况下的电流方向。需要说明的是,PNP 型和 NPN 型晶体管的工作原理基本相同,只是在使用时外加的电源极性接法相反。在电子线路图中通常用英文字母 BG 表示晶体管。

二、晶体三极管的放大作用

晶体三极管具有电流放大作用,是放大电路的主要元件。

(一)极间工作电压与电流分配

只有在晶体管各个电极加上正确的工作电压,才能实现晶体管的电流放大作用。以 NPN 型晶体管为例,如图 4-12 所示连接一个共射极放大电路,电路中晶体管基极和集电极电源极性如图,这种连接方式使**晶体管的发射结正向偏置,集电结反向偏置,是晶体管在电路中起放大作用的前提条件。**

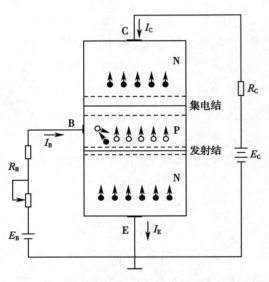

图 4-12 晶体管内部载流子的运动与电流分配

正向偏置的发射结处于正向导通状态,杂质浓度较高的发射区中的多数载流子(电子)能够大量扩散到基区,同时基区的多数载流子空穴也扩散发射区,两者共同构成发射极电流 I_E。由于基区很薄且掺入的杂质浓度低(即空穴浓度很低),空穴电流可以忽略不计,发射极的扩散电流 I_E 可以认为主要是由电子电流构成。发射区扩散的电子进入基区以后,使基区中发射结附近的电子浓度变大,相比之下集电结附近的电子浓度较低,由此形成了电子浓度梯度,使电子继续向集电结方向扩散,在很薄的基区中,电子很容易扩散到达集电结。由于集电结是反向偏置,加在其两端的反向电压较

大($E_C > E_B$),扩散到集电结的电子在反向电压的作用下,绝大部分漂移到集电区形成集电极电流 I_C。剩余的少量进入基区的电子(1%~10%)与基区的多数载流子空穴发生复合,电子在复合后无法再继续扩散。基区中的空穴与电子复合导致空穴数量减少,而基极电源 E_B 正极源源不断从基区拉走受到激发的价电子,使基区减少的空穴得到补充,形成基极电流 I_B。根据基尔霍夫第一定律,发射极电流 I_E、基极电流 I_B、集电极电流 I_C 三者的关系为

$$I_E = I_B + I_C \qquad\qquad 式(4-4)$$

(二)晶体三极管的电流放大作用

为了进一步了解晶体管的电流分配及电流的放大作用,用如图 4-13 所示的晶体管共射极

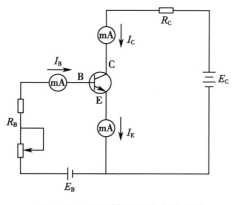

图 4-13　晶体管的电流实验电路

接法电路做一个实验。电路中的电阻 R_B 可以调节电流，称为**偏置电阻**。调节偏置电阻 R_B 的大小来改变偏置电路中的基极电流 I_B 的数值，对于不同的 I_B 值，可测得与之相对应的发射极电流 I_E 和集电极电流 I_C 的数值，实验数据如表 4-1 所示。表 4-2 所列的基极电流变化量 ΔI_B 和集电极电流变化量 ΔI_C 的数值，使用的是表 4-1 实验数据中各列的相邻两项相减所得（第一、二列除外）。

各极电流与放大系数值，见表 4-1。

表 4-1　晶体管各极电流测量数值与电流放大系数

各极电流与放大系数	各极电流值与电流放大系数值					
I_B/mA	−0.001	0	0.01	0.02	0.03	0.04	0.05
I_C/mA	0.001	0.01	0.56	1.14	1.74	2.33	2.91
I_E/mA	0	0.01	0.57	1.16	1.77	2.37	2.96
$\bar{\beta}=I_C/I_B$	—	—	56	57	58	58	58

表 4-2　晶体管各极电流的变化量与交流电流放大系数

电流的变化量与放大系数	各极电流与放大系数值			
ΔI_B/mA	0.01	0.01	0.01	0.01
ΔI_C/mA	0.58	0.60	0.59	0.58
$\beta=\Delta I_C/\Delta I_B$	58	60	59	58

根据表 4-1 和表 4-2 中的实验数据可以得出如下结论。

（1）电流的分配：表 4-1 中除第一列以外，各列 I_B、I_C、I_E 数值之间有 $I_E = I_B + I_C$，即发射极电流等于基极电流与集电极电流之和，符合基尔霍夫第一定律。其中 $I_B \ll I_C$，$I_B \ll I_E$，$I_E \approx I_C$。集电极电流 I_C 与基极电流 I_B 的比值称为**晶体管的直流电流放大系数**，用 $\bar{\beta}$ 来表示。单独一个晶体管的 I_C 与 I_B 的比值近似为一个常数。这是因为在制作晶体管时，基区的厚度和掺杂浓度已经是确定的，所以扩散与复合的载流子数量的比例关系也是固定的，使集电极电流 I_C 和基极电流 I_B 总保持一定的比例关系，从表 4-1 中可以看到直流电流放大系数 $\bar{\beta}$ 的数值几乎是基本不变的。

（2）集电极反向饱和电流 I_{CBO} 和穿透电流 I_{CEO}：当 $I_B = 0$ 或 $I_E = 0$ 时，集电极电流 I_C 不等于零。$I_E = 0$ 时，$I_C = -I_B$，式中的负号表示与图 4-13 中 I_B 方向相反，这时候的集电极电流称为**集电极反向饱和电流**，用 I_{CBO} 表示；当 $I_B = 0$ 时，$I_E = I_C$，此时的集电极电流称为**穿透电流**，用 I_{CEO} 表示。I_{CEO} 受温度影响较大，温度升高其数值会随之增大，可以用穿透电流 I_{CEO} 来衡量晶体管受温度影响的程度。

（3）晶体管电流的放大作用：从表4-1可以看出，I_C、I_E远远大于I_B，集电极电流I_C和基极电流I_B之间总保持有一定的比例关系，改变基极电流I_B的大小，可以控制集电极电流I_C的大小。实验数据表明，只要基极电流有微小变化ΔI_B，就可以引起集电极电流较大的变化ΔI_C，这就是**晶体管的电流放大作用**。集电极电流变化量ΔI_C与基极电流变化量ΔI_B的比值称为**晶体管的交流电流放大系数**，用β表示，即

$$\beta = \Delta I_C / \Delta I_B \qquad\qquad 式(4\text{-}5)$$

交流电流放大系数β标志着晶体管的电流放大能力。

如果对表4-1中直流电流放大系数$\bar{\beta}$和表4-2中的交流电流放大系数β的数值进行比较，可以发现两者数值较为接近，所以一般在实际应用中，通常会认为$\bar{\beta}\approx\beta$。

晶体管对电压也有放大作用。图4-13所示的电路，调节偏置电阻R的阻值，使基极电流发生ΔI_B的变化，晶体管基极和发射极之间的电压相应地发生ΔU_{BE}的改变。由晶体管的电流放大作用可知，基极电流的改变ΔI_B会引起集电极电流发生很大的变化，其变化量用ΔI_C表示，而集电极负载电阻R_C两端的电压变化值$\Delta U_{RC}=\Delta I_C R_C$，选择合适的$R_C$值，可以使$\Delta U_{RC}$比$\Delta U_{BE}$大很多倍，从而实现电压放大的目的。

三、晶体三极管的特性曲线

（一）晶体三极管三种不同的接法

晶体三极管的特性曲线是表示晶体管各极电流和电压之间相互关系的曲线。它可以反映晶体管的性能，是分析放大电路的重要依据。

晶体管的放大电路都有两个输入端和两个输出端，一共是四个端点。晶体管只有三个电极，因此只能将其中的一个电极作为公共端使用。选择不同的公共端，晶体管可以有不同的接法。如图4-14所示，一共有三种不同的接法：（a）为**共发射极接法**；（b）为**共基极接法**；（c）为**共集电极接法**。图4-14所示电路使用的是NPN型晶体管，如果使用PNP型晶体管，只需和NPN型晶体管电路接法作对比，将电源的正、负极反接即可。实际电子设备中，常会把输入端、输出端及电源的公共端与机壳相连接，以此作为零电位的参考点，也就是常说的接地。需要说明的是，晶体三极管的公共端接法不同，特性曲线也不同。晶体三极管的特性曲线可以用专业仪器（像晶体管特性图示仪）来显示，也可以通过自己连接实验电路来进行测试。

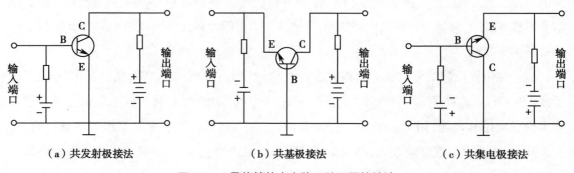

| （a）共发射极接法 | （b）共基极接法 | （c）共集电极接法 |

图4-14　晶体管放大电路三种不同的接法

以下将以应用最广泛的晶体管共发射极接法的放大电路为例,分析晶体三极管的特性曲线。

图4-15是共发射极接法的晶体管特性曲线实验测试电路,调节电位器RP_1,可以使晶体三极管的输入电压U_{BE}和基极I_B发生改变;调节RP_2可以改变输出电压U_{CE}和集电极I_C。通过调节上述电阻可测出反映各极电流与电压之间关系的实验数据,并通过逐点测绘的方式获得晶体管放大电路的输入与输出特性曲线。

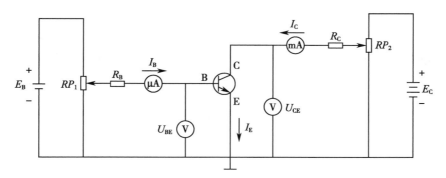

图 4-15　测量晶体三极管特性曲线的电路

（二）输入特性曲线

输入特性曲线是指当输出电压U_{CE}为常数时,晶体三极管的基极电流I_B与基极-发射极之间电压U_{BE}的函数关系曲线,即

$$I_B = f(U_{BE})$$

测得的输入特性曲线图如图4-16(a)所示,每一条I_B与U_{BE}的关系曲线和二极管正向伏安特性曲线的形状相似。具体分析如下:

当$U_{CE} = 0$时,相当于集电极与发射极之间短路,如图4-16(b)所示。此时的晶体管等效于把两个正向偏置的二极管并联起来。

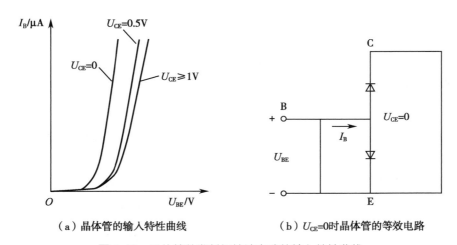

（a）晶体管的输入特性曲线　　　　（b）$U_{CE}=0$时晶体管的等效电路

图 4-16　晶体管共发射极接法电路的输入特性曲线

当$U_{BE} > 0$时,比较图4-16(a)中的三条曲线,可以发现$U_{CE} = 0.5V$、$U_{CE} \geq 1V$的曲线和$U_{CE} = 0$曲线相比,曲线整体向右移动,显然在相同U_{BE}的条件下,U_{CE}数值越大,I_B值越小。

U_{CE} 从 0 到 1V 曲线右移是明显的,当 $U_{CE} \geqslant 1V$ 时,所有曲线基本上重合,其原因是:只要 U_{BE} 保持不变,从发射区扩散到基区的自由电子数量是一定值,基区很薄,而集电结处于反向偏置,这个反向偏置的电压可以把扩散到基区的绝大部分自由电子中吸引到集电区,这时即便继续增加 U_{CE} 的数值,I_B 值也不会有明显的变化,所有的输入特性曲线的位置几乎是重叠在一起的。因此在半导体手册中给出的输入特性曲线,一般仅给出 $U_{CE} = 0$ 和 $U_{CE} > 1V$ 的两条输入特性曲线。

晶体管正常工作状态下,基极电压都比较小,硅管大约为 0.7V,锗管约为 0.3V。如果 U_{BE} 过大,基极电流 I_B 值会快速上升,进一步引发 I_C 变得很大,导致晶体管过热而烧毁。所以,通常在实际电路中,基极回路需要串联一个较大的偏置电阻 R_B,R_B 的作用是限制基极电流。

图 4-16(a)所示的晶体管的输入特性曲线是指数曲线,但在正常工作范围内的曲线可近似看作是直线,直线的斜率为 $K = \dfrac{\Delta I_B}{\Delta U_{BE}}$,斜率的倒数称为**晶体管基极与发射极之间的交流输入电阻**,用 r_{be} 表示,即

$$r_{be} = \frac{\Delta U_{BE}}{\Delta I_B} \qquad\qquad 式(4\text{-}6)$$

(三)输出特性曲线

输出特性曲线是在基极电流 I_B 为常数的条件下,晶体三极管的集电极电流 I_C 与集电极到发射极的电压 U_{CE} 之间的函数关系,即

$$I_C = f(U_{CE})$$

输出特性曲线可通过图 4-15 所示的电路测得。由图 4-17 可以看出基极电流 I_B 取不同的值,对应的输出特性曲线不同,所以输出特性曲线是一组曲线。图中各条曲线形状非常相像,每一条曲线代表着在基极电流 I_B 等于常数的条件下,集电极电流 I_C 与电压 U_{CE} 的函数关系。可以看出图中 I_B 数值越大,对应的 I_C 值也越大。

晶体三极管输出特性曲线分为截止区、放大区和饱和区三个区域。

(1)放大区:发射结正向偏置、集电结反向偏置的工作区域为**放大区**,如图 4-17 中所示的无阴影区。该区域内各条特性曲线近似水平,几乎平行于横轴。放大区内基极电流 I_B 有微小的变化,会引起集电极电流 I_C 较大的变化,I_C 主要受 I_B 的控制,不随 U_{CE} 变化,有 $\Delta I_C = \beta \Delta I_B$。晶体管只有工作在放大区才有放大作用。

(2)截止区:如图 4-17 所示,$I_B = 0$ 的特性曲线以下的阴影区域称为**截止区**。$I_B = 0$ 可以理解为基极断路,截止状态下,发射结和集电结均处于反向偏置,晶体管丧失

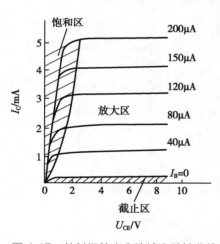

图 4-17 共射极放大电路输出特性曲线

放大作用。此时 $I_C = I_{CEO} \approx 0$,集电极-发射极穿透电流 I_{CEO} 为 0,相当于集电极 C 与发射极 E 之间有很大的阻抗,即使再增加集电极到发射极的电压 U_{CE},集电极电流 I_C 也基本不变,这种

状态称为**截止状态**。如果温度升高会引起 I_{CEO} 增加,使整个特性曲线向上移动,晶体管特性受到影响。截止工作状态下,晶体管相当处于一个开关断开的状态。

(3)饱和区:如图 4-17 所示的饱和区阴影区域,可以看到随着 U_{CE} 数值的减小,每一条曲线都是呈现出向下弯曲形状,当 U_{CE} 减小到一定程度时,不同的 I_B 对应的输出特性曲线重合在一起。特性输出曲线中 I_C 近似直线上升的左侧称为**饱和区**。在该区域内 I_B 的变化对 I_C 的影响较小,晶体三极管失去放大作用,这种工作状态称为**饱和状态**。晶体管处于饱和状态时,发射结和集电结均为正向偏置,U_{CE} 降到 0.5V 以下,$U_{BE} > U_{CE}$。饱和工作状态下的晶体管如同一个开关的接通状态。

综上所述,晶体管工作在放大区具有放大作用;晶体管工作在截止区如同开关断开状态,工作在饱和区如同开关接通状态,所以晶体管还有开关作用。

四、晶体三极管的主要参数

晶体三极管的参数是用来表征其性能及适用范围,它是设计电路的依据和选用晶体管的参考。晶体管的参数很多,以下将介绍几个主要的晶体三极管参数。

(一)电流放大系数

1. 直流电流放大系数 $\bar{\beta}$　三极管共发射极接法电路中,三极管处于静态(即无输入信号)时,集电极电流 I_C 与基极电流 I_B 的比值,称为**共发射极直流(或静态)电流放大系数**,用 $\bar{\beta}$ 表示,有

$$\bar{\beta} = \frac{I_C}{I_B} \qquad \text{式(4-7)}$$

2. 交流放大系数 β　三极管共发射极接法电路中,三极管处于动态(即有输入信号)时,集电极电流变化量 ΔI_C 与基极电流 ΔI_B 变化量的比值,称为**交流(或动态)电流放大系数**,用 β 表示,有

$$\beta = \frac{\Delta I_C}{\Delta I_B} \qquad \text{式(4-8)}$$

若基极电流变化量是正弦交流电流,则有

$$\beta = \frac{I_c}{I_b} \qquad \text{式(4-9)}$$

式中的集电极电流和基极电流是交流成分的有效值。

$\bar{\beta}$ 和 β 虽然是两个完全不同的定义,但是两者的数值非常接近,所以对电路参数作近似估算时,常用 $\bar{\beta}$ 来代替 β,常用的三极管的电流放大系数一般在十几至几百之间。

(二)极间反向电流 I_{CBO} 和 I_{CEO}

1. 集电极-基极反向饱和电流 I_{CBO}　发射极开路时,集电结反向偏置对应的集电极反向电流称为**集电极-基极反向饱和电流**,用 I_{CBO} 表示。I_{CBO} 数值很小,小功率锗管的 I_{CBO} 大概在 $10\mu A$,和锗管相比,硅管的 I_{CBO} 小很多,一般都低于 $1\mu A$。

另外，温度对 I_{CBO} 的数值影响较大。温度不变时，I_{CBO} 基本上是一个常量；如果温度升高，少数载流子数量就会增加，导致反向饱和电流 I_{CBO} 变大。I_{CBO} 是能够衡量晶体管温度稳定性的参数，标志着三极管集电结质量的好坏，I_{CBO} 值越小越好，相比之下硅管比锗管的稳定性要好。

2. 集电极-发射极反向电流 I_{CEO} 基极开路（$I_B = 0$）时，集电极到发射极之间的电流称为**集电极-发射极反向电流**，用 I_{CEO} 表示。该电流从集电区穿越基区，最后到达发射区，所以又被称为**集电极-发射极的穿透电流**。I_{CEO} 与 I_{CBO} 的数量关系如下

$$I_{CEO} = (1+\beta)I_{CBO} \qquad 式(4-10)$$

由于 $\beta \gg 1$，由式（4-10）可知 $I_{CEO} \gg I_{CBO}$，而 I_{CBO} 受温度影响很大，加之电流的放大作用，导致 I_{CEO} 对温度更加敏感，直接影响到三极管电路的温度稳定性。集电极-发射极反向电流 I_{CEO} 也是衡量三极管重要指标之一，一般来说 I_{CEO} 越小越好。在室温条件下，小功率锗管的穿透电流 I_{CEO} 为几十微安到几百微安，硅管约为几微安。

（三）共发射极三极管的截止频率 f_β 和特征频率 f_T

频率特性参数反映的是三极管的电流放大能力和工作频率之间的关系。

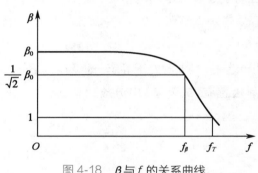

图 4-18　β 与 f 的关系曲线

如图 4-18 所示在频率较低时，三极管的电流放大系数 β 不变，$\beta = \beta_0$，几乎与频率无关。如果频率升高的一定数值后，β 随着频率 f 的增加而显著地减小。当频率 f 增高，β 下降到 $\frac{1}{\sqrt{2}}\beta_0$ 时所对应的频率值称为**三极管的共发射极截止频率**，用 f_β 表示；当频率 f 继续升高，β 下降为 1 时对应的工作频率称为**三极管的特征频率**，用 f_T 表示。三极管的 β 值与频率之间的关系可以近似地表示为

$$\beta = \frac{\beta_0}{\sqrt{1+\left(\dfrac{f}{f_\beta}\right)^2}} \qquad 式(4-11)$$

由式（4-11）可得：当 $f \ll f_\beta$ 时，$\beta \approx \beta_0$；当 $f \gg f_\beta$ 时，则有

$$\beta = \frac{f_\beta \beta_0}{f} \qquad 式(4-12)$$

或可以写作

$$\beta f = f_\beta \beta_0$$

即电流放大系数 β 与频率 f 的乘积不变。

若 $f = f_T$，此时 $\beta = 1$，代入上式可得

$$f_T = \beta_0 f_\beta \qquad 式(4-13)$$

（四）三极管的输入电阻

三极管基极与发射极两端电压的增量 ΔU_{BE} 与基极电流的增量 ΔI_B 之比，称为**三极管的**

输入电阻,用 r_{be} 表示,即

$$r_{be} = \frac{\Delta U_{BE}}{\Delta I_B} \qquad \qquad 式(4\text{-}14)$$

输入电阻 r_{be} 的值可以由已知的输入特性曲线求得。如图 4-19 所示,曲线上 Q 点代表三极管的工作状态,利用过 Q 点作切线得到的如图所示的直角三角形,求出 ΔI_B 和与之对应的 ΔU_{BE},代入式(4-14)即可求得 r_{be}。小功率低频管的 r_{be} 可按式(4-15)进行估算。

$$r_{be} \approx 300\Omega + \beta\frac{26(\text{mA})}{I_C(\text{mA})} \qquad 式(4\text{-}15)$$

式中,I_C 的值通常取 $1\sim2\text{mA}$,r_{be} 单位为 Ω。

(五)三极管的输出电阻

基极电流 I_B 保持不变时,集电极与发射极两端电压的增量 ΔU_{CE} 与集电极电流的增量 ΔI_C 之比,称为**三极管的输出电阻**,用 r_{ce} 表示。有

$$r_{ce} = \frac{\Delta U_{CE}}{\Delta I_C} \qquad \qquad 式(4\text{-}16)$$

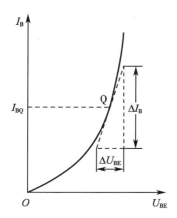

图 4-19 利用输入特性曲线求 r_{be}

r_{ce} 可以由已知的三极管输出特性曲线求得,如图 4-20 所示。三极管工作在图中 Q 点的附近,在放大区中输出特性曲线是近似与横轴平行,所以输出特性曲线是斜率非常小的直线,由式(4-16)可知 r_{ce} 是其斜率的倒数。斜率很小,所以 r_{ce} 很高,一般为几十千欧到几百千欧。

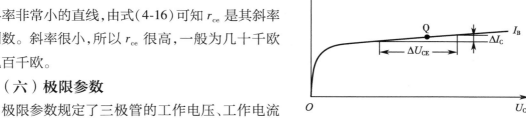

图 4-20 利用输出特性曲线求 r_{ce}

(六)极限参数

极限参数规定了三极管的工作电压、工作电流及耗散功率等要在安全的极限范围内使用,以防止晶体三极管无法正常工作,甚至导致管子的损毁。主要的极限参数有以下几个。

(1)集电极最大允许电流 I_{CM}:由于集电极电流 I_C 增大而导致晶体三极管的电流放大系数 β 下降,β 值下降到额定值 2/3 时所对应的集电极电流,称为**集电极最大允许电流**,用 I_{CM} 表示。

(2)发射极-基极击穿电压 BU_{EBO}:集电极开路时,发射结的反向击穿电压称为**发射极-基极击穿电压**,用 BU_{EBO} 表示。它是发射结所允许的最大反向电压,超出这个极限值电压值时,会导致发射结被击穿。BU_{EBO} 通常约为几伏,一些高频管甚至不超过 1V。晶体三极管工作在截止状态,反向电压一般不能达到或超过这个数值。

(3)集电极-发射极反向击穿电压 BU_{CEO}:当基极开路时,集电极到发射极的反向击穿电压,称为**集电极-发射极反向击穿电压**,用 BU_{CEO} 表示。一般来说,加在集电极和发射极之间的电压 U_{CE},是使集电结处于反向偏置,发射结处于正向偏置,晶体三极管处于放大的工作状态。但是如果 $U_{CE}>BU_{CEO}$,则会导致集电结被击穿,使晶体三极管损毁。BU_{CEO} 代表了晶体三极管

的耐压性。

（4）集电极最大耗散功率 P_{CM}：集电结处于反向偏置，阻挡层的电压降会增大，而电流通过晶体三极管的集电结时产生的热量会使晶体三极管的结温度升高并引起管子的参数发生改变。当温度升高到晶体三极管的最高允许温度时，在集电极上耗散的功率值，称为**集电极最大耗散功率**，用 P_{CM} 表示。晶体三极管的耗散功率 P_C 与集电极电流 I_C 和集电结-发射结两端的电压 U_{CE} 之间的关系为

$$P_C = I_C U_{CE}$$

如果 $P_C > P_{CM}$，管子散热太慢而使温度升高可以导致三极管烧毁。

P_{CM} 取决于三极管的温度。一般硅管最高使用温度大约为 $150℃$，锗管约为 $70℃$。晶体三极管工作时的温度与散热情况有关，工作环境温度较高时要减少耗散功率，P_{CM} 大于 $1W$ 的三极管，使用时一般要加散热片用来提高最大耗散功率 P_{CM} 值。

第四节　场效应管

场效应晶体管（field effect transistor，FET）简称场效应管，它是一种输出回路的电流受输入回路电场效应控制的半导体器件，并以此命名。与双极型晶体管的导电原理不同的是，它仅靠半导体中的多数载流子导电，所以被称为**单极型晶体管**。它属于电压控制型半导体器件，不仅具备双极型晶体管体积小、重量轻、寿命长等优点，而且具有输入电阻高（$10^7 \sim 10^{15}\Omega$）、噪声小、功耗低、动态范围大、易于集成、没有二次击穿现象、安全工作区域宽等优点，因而自 20 世纪 60 年代诞生以来广泛应用于各种电子电路中。

场效应管分为结型场效应管（JFET）和绝缘栅型场效应管（IGFET）两大类。按其导电类型，结型场效应管可分为 N 沟道（电子导电）和 P 沟道（空穴导电）两种。本节将重点介绍 N 沟道结型场效应管的工作原理、特性曲线及主要参数。N 沟道结型场效应管的结构示意图如图 4-21（a）所示，其图形符号如图 4-21（b）所示。

在同一块 N 型半导体上制作两个掺杂浓度较高的 P 区，将它们连接在一起，所引出的电极称为**栅极**（gate，G），N 型半导体的两端引出的两个电极分别称为**源极**（source，S）和**漏极**

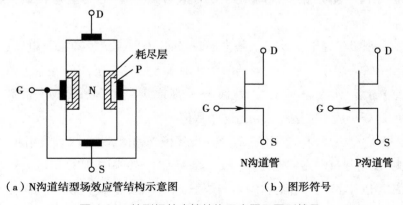

（a）N沟道结型场效应管结构示意图　　　（b）图形符号

图 4-21　结型场效应管结构示意图及图形符号

（drain，D）。P 区和 N 区的交界面形成空间电荷区，源极和漏极之间的非空间电荷区域称为**导电沟道**。

一、结型场效应管的工作原理

以 N 沟道结型场效应管为例，为使该管能够正常工作应在其栅极和源极之间加反向电压（即 $u_{GS}<0$），这样既可保证栅-源之间的高内阻特性，又可实现 u_{GS} 对沟道电流的控制；同时在漏极和源极之间加正向电压 u_{DS}（即 $u_{DS}>0$），以形成漏极电流 i_D。

下面以 N 沟道结型场效应管为例，通过分析栅-源电压 u_{GS} 和漏-源电压 u_{DS} 对导电沟道的影响来说明其工作原理。

1. 当 $u_{DS}=0$（即源-漏极之间短路）时，u_{GS} 对导电沟道的控制作用   当 $u_{DS}=0$ 且 $u_{GS}=0$ 时，空间电荷区很窄而导电沟道很宽，如图 4-22（a）所示。

当 $|u_{GS}|$ 增大时，空间电荷区变宽，导电沟道变窄，如图 4-22（b）所示，沟道电阻增大。当 $|u_{GS}|$ 增大到某一数值时，空间电荷区闭合，导电沟道消失，如图 4-22（c）所示，沟道电阻趋向无穷大，此时的 u_{GS} 的值称为**夹断电压 $U_{GS(off)}$**。

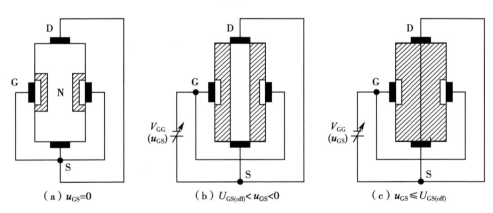

（a）$u_{GS}=0$ （b）$U_{GS(off)}<u_{GS}<0$ （c）$u_{GS}\leqslant U_{GS(off)}$

图 4-22 $u_{DS}=0$ 时 u_{GS} 对导电沟道的控制作用

2. 当 u_{GS} 为 $U_{GS(off)}\sim 0$ 中的某一固定值时，u_{DS} 对漏极电流 i_D 的影响

（1）若 $u_{DS}=0$，此时虽然存在一定宽度的导电沟道（由 u_{GS} 确定），但由于栅-源间电压为 0，多数载流子不会产生定向移动，使得漏极电流 i_D 为 0。

（2）若 $u_{DS}>0$，此时电流 i_D 从漏极流向源极，使得沟道中各点与栅极间的电压不再相等，而是沿着沟道从源极到漏极逐渐增大，从而造成靠近漏极一侧的空间电荷区比靠近源极一侧的宽（即靠近漏极一侧的导电沟道比靠近源极一侧的窄），如图 4-23（a）所示。

由于栅-漏电压 $u_{GD}=u_{GS}-u_{DS}$，使得当 u_{DS} 从 0 逐渐增大时，u_{GD} 逐渐减小，靠近漏极一侧的导电沟道也将随之变窄。在栅-源间不出现夹断的情况下，漏极电流 i_D 将随 u_{DS} 的增大而线性增大。而当 u_{DS} 增大到 $U_{GS(off)}$ 时，漏极一侧的空间电荷区将会被夹断，如图 4-23（b）所示，此时称 $u_{GD}=U_{GS(off)}$ 为预夹断。若 u_{DS} 继续增大（即 $u_{GD}<U_{GS(off)}$），则空间电荷区闭合部分将沿沟道方向延伸，此时夹断区加长，如图 4-23（c）所示。这会使得一方面自由电子从漏极向源极定向

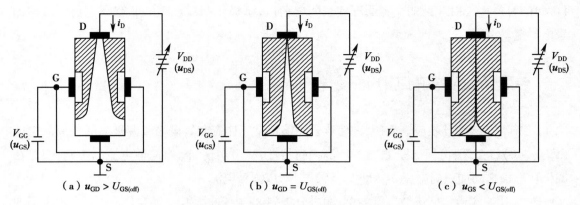

$$\text{（a）} u_{GD} > U_{GS(off)} \qquad \text{（b）} u_{GD} = U_{GS(off)} \qquad \text{（c）} u_{GS} < U_{GS(off)}$$

图 4-23　$U_{GS(off)} < u_{GS} < 0$ 且 $u_{DS} > 0$ 的情况

移动所受阻力增加,导致 i_D 减小;另一方面随着 u_{DS} 的增加,栅-源间的纵向电场增强,必然导致 i_D 增大。事实证明,上述 i_D 的两种变化趋势基本相互抵消,u_{DS} 的增加几乎全部降落在夹断区,用于克服夹断区对 i_D 形成的阻力。因此,当 u_{GS} 为 $U_{GS(off)} \sim 0$ 中的某一固定值时,随着 u_{DS} 的增加漏极电流 i_D 基本不变,表现出恒流特性。

　　3. 当 $u_{GD} < U_{GS(off)}$ 时, u_{GS} 对漏极电流 i_D 的控制作用　　当 $u_{GD} < U_{GS(off)}$（即 $u_{DS} > u_{GS} - U_{GS(off)}$）时,当 u_{DS} 为常量时,对应于确定的 u_{GS} 就会有确定的 i_D。此时,可以通过改变 u_{GS} 来控制 i_D 的大小。由于漏极电流 i_D 受栅-源电压 u_{GS} 的控制,故称场效应管为电压控制元件。对于场效应管而言,经常用低频跨导 g_m 来表征动态的栅-源电压对漏极电流的控制作用,其表达式为

$$g_m = \frac{\Delta i_D}{\Delta u_{GS}} \bigg|_{U_{DS}=常量}$$

由上述分析可知:

（1）在 $u_{GD} = u_{GS} - u_{DS} > U_{GS(off)}$ 的情况下,对应不同的 u_{GS},栅-源间等效成不同阻值的电阻。

（2）当 u_{DS} 的取值使得 $u_{GD} = U_{GS(off)}$ 时,栅-源间预夹断。

（3）当 u_{DS} 的取值使得 $u_{GD} < U_{GS(off)}$ 时,漏极电流 i_D 基本仅仅取决于 u_{GS} 而与 u_{DS} 无关。

（4）当 $u_{GS} < U_{GS(off)}$ 时,管子处于截止状态,此时漏极电流 $i_D = 0$。

二、结型场效应管的特性曲线

　　1. 输出特性曲线　　输出特性曲线是指当栅-源电压 u_{GS} 为常量时,漏极电流 i_D 与漏-源电压 u_{DS} 之间的函数关系,即

$$i_D = f(u_{DS}) \big|_{U_{GS}=常数}$$

对于结型场效应管而言,不同的栅-源电压 u_{GS} 对应不同的输出特性曲线,因此其输出特性为一族曲线,如图 4-24 所示。

结型场效应管有三个工作区域。

（1）可变电阻区:如图 4-24 所示,经过原点的虚线为预夹断轨迹,它是图中各条曲线上使

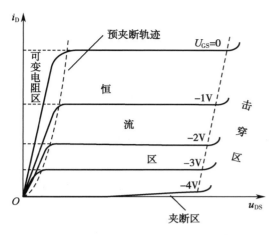

图 4-24 场相应管的输出特性曲线

$u_{DS} = u_{GS} - u_{GS(off)}$ 的点连接而成。u_{GS} 越大,预夹断时的 u_{DS} 值也越大。预夹断轨迹的左边区域称为**可变电阻区**,该区域中的各曲线可近似看作不同斜率的直线。当 u_{GS} 确定时,直线的斜率也随之确定,其值的倒数即为漏-源间的等效电阻。在此区域中,可以通过改变 u_{GS} 的大小来改变漏-源间等效电阻的阻值,因此又称**非饱和区**。

(2)恒流区:如图 4-24 所示,预夹断轨迹的右边区域为恒流区。当 $u_{DS} > u_{GS} - u_{GS(off)}$ 时,各曲线可近似为一族横轴的平行线。当 u_{DS} 增大时,漏极电流 i_D 略有增大。因而可将 i_D 近似视为受电压 u_{GS} 控制的电流源,该区域又称饱和区。利用场效应管作放大管时,应使其工作在该区域。

(3)夹断区:当 $u_{GS} < u_{GS(off)}$ 时,导电沟道被夹断,此时 $i_D \approx 0$,即图 4-24 中靠近横轴的部分,又称**截止区**。一般将使 i_D 等于某一很小电流(如 5μA)时的 u_{GS} 定义为夹断电压 $U_{GS(off)}$。

此外,当 u_{DS} 增大到一定程度时,漏极电流 i_D 会骤然增大,管子将被击穿。这种击穿是因为栅-源间耗尽层被破坏造成的,当 u_{GS} 增大时,漏-源击穿电压也将增大,如图 4-24 所示。

2. 转移特性曲线 转移特性曲线是指当漏-源电压 u_{DS} 为常量时,漏极电流 i_D 与栅-源电压 u_{GS} 之间的函数关系,即

$$i_D = f(u_{GS}) \big|_{U_{DS}=常数}$$

当场效应管工作在恒流区时,由于输出特性曲线可近似为横轴的一组平行线,因而可以用一条转移特性曲线代替恒流区的所有曲线。所谓转移特性曲线是指在输出特性曲线的恒流区中作横轴的垂线,得到垂线与各曲线交点的坐标值,在 i_D 与 u_{GS} 坐标系中将上述各交点连接所得的曲线,如图 4-25 所示。

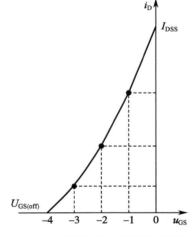

图 4-25 场相应管的转移特性曲线

由此可见,场效应管的转移特性曲线与输出特性曲线有严格的对应关系,根据半导体物理中对场效应管内部载流子工作原理的分析可以得到恒流区中 i_D 的近似表达式为

$$i_D = I_{DSS}\left(1 - \frac{u_{GS}}{U_{GS(off)}}\right)^2 \quad (0 < u_{GS} < U_{GS(off)})$$

式中,I_{DSS} 为饱和漏极电流。

此外,为保证结型场效应管栅-源间的耗尽层加反向电压,对于 N 沟道管应使 $u_{GS} \leq 0$,对于 P 沟道管则为 $u_{GS} \geq 0$。

三、场效应管的主要参数

1. 直流参数

（1）开启电压 $U_{GS(th)}$：$U_{GS(th)}$ 是增强型 MOS（metal oxide semiconductor）管的参数，是指在 U_{DS} 为一常量时，使 i_D 大于 0 所需的最小 $|u_{GS}|$ 值。

（2）夹断电压 $U_{GS(off)}$：$U_{GS(off)}$ 是结型场效应管和耗尽型 MOS 管的参数，是指在 u_{DS} 为常量的情况下 i_D 为规定的微小电流（如 5μA）时的 u_{GS}。

（3）饱和漏极电流 I_{DSS}：对于结型场效应管而言，I_{DSS} 是指在 $u_{GS}=0$ 情况下产生预夹断时的漏极电流。

（4）直流输入电阻 $R_{GS(DC)}$：$R_{GS(DC)}$ 为栅-源电压与栅极电流之比，结型场效应管的 $R_{GS(DC)}$ 大于 $10^7\Omega$，而 MOS 管的 $R_{GS(DC)}$ 大于 $10^9\Omega$。

2. 交流参数

（1）低频跨导的 g_m：在场效应管工作在恒流区且 u_{DS} 为常量的条件下，漏极电流的微小变化量 Δi_D 与引起它变化的 Δu_{GS} 之比称为**低频跨导**，即

$$g_m = \frac{\Delta i_D}{\Delta u_{GS}}\bigg|_{U_{DS}=常量}$$

g_m 数值的大小表征 u_{GS} 对 i_D 控制作用的强弱，单位是 S（西门子）。

（2）极间电容：场效应管的三个极之间均存在极间电容。通常栅-源电容 C_{GS} 和栅-漏电容 C_{GD} 为 1~3pF，而漏-源电容 C_{DS} 为 0.1~1pF。在分析高频电路时，一般应考虑极间电容的影响。

（3）极限参数。

1）最大漏极电流 I_{DM}：I_{DM} 是场效应管正常工作时漏极电流的上限值。

2）击穿电压：管子进入恒流区后，使 i_D 骤然增大的 u_{DS} 称为**漏-源击穿电压** $U_{(BR)DS}$，u_{DS} 超过此值会使管子损坏。

对于结型场效应管，使栅极与沟道间 PN 结反向击穿的 u_{GS} 为栅-源击穿电压 $U_{(BR)GS}$，对于绝缘栅型场效应管，使绝缘层击穿的 u_{GS} 为栅-源击穿电压 $U_{(BR)GS}$。

3）最大耗散功率 P_{DM}：P_{DM} 决定于场效应管允许的温升。P_{DM} 确定后，便可在管子的输出特性上画出临界最大功耗线；再根据 I_{DM} 和 $U_{(BR)DS}$，便可得到管子的安全工作区。

对于 MOS 管而言，栅-衬之间的电容容量很小，只要有少量的感应电荷就可产生很高的电压。而由于 $R_{GS(DC)}$ 很大，感应电荷难以释放，以至于感应电荷所产生的高压会使很薄的绝缘层击穿，造成管子的损坏。因此，无论是存放还是在工作电路中，都应为栅-源之间提供直流通路，避免栅极悬空；同时在焊接时，要将电烙铁良好接地。

四、绝缘栅型场效应管

绝缘栅型场效应管的漏极与栅极、源极与栅极之间均采用二氧化硅绝缘层隔离，故而得

名。因其栅极为金属铝,故又称为 MOS(metal oxide semiconductor)管。与结型场效应管相比,它具有更大的栅-源间电阻(可达 $10^{10}\,\Omega$ 以上)、更好的温度稳定性及更为简便的集成化工艺,因而被广泛应用于大规模和超大规模集成电路领域。

绝缘栅型场效应管有四种类型:N 沟道增强型管、N 沟道耗尽型管、P 沟道增强型管、P 沟道耗尽型管。若栅-源电压 u_{GS} 为 0 时漏极电流 i_D 不为 0 的管子属于耗尽型管,若栅-源电压 u_{GS} 为 0 时漏极电流 i_D 也为 0 的管子则属于增强型管。

(一)N 沟道增强型 MOS 管

1. 基本结构 N 沟道增强型 MOS 管结构示意图如图 4-26(a)所示。它以一块掺杂浓度较低的 P 型硅片作为衬底,在其上面扩散两个相距很近且掺杂浓度很高的 N⁺区,并由此引出两个电极,分别称为**源极**和**漏极**。P 型硅片的覆盖一层极薄的二氧化硅绝缘层,在源极和漏极的绝缘层上制作一层金属铝并引出电极,称为**栅极**。通常情况下,该管的衬底和源极连接在一起使用。由于栅极和衬底相当于极板,中间是绝缘层,从而形成电容。当栅-源电压变化时,衬底靠近绝缘层处的感应电荷量将被改变,从而能够改变漏极电流的大小。由此可见,MOS 管与结型场效应管的导电机制及漏极电流的控制原理大相径庭。

N 沟道和 P 沟道两种增强型 MOS 管的图形符号如图 4-26(b)所示。

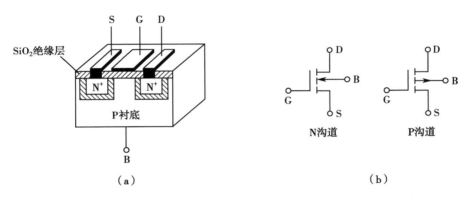

（a）　　　　　　　　　　　　　　　　（b）

图 4-26　N 沟道增强型 MOS 管结构示意图及增强型 MOS 管的图形符号

2. 工作原理 对于 N 沟道增强型 MOS 管而言,当栅-源之间不加电压时,漏-源之间是两只背向的 PN 结,不存在导电沟道,因此即使栅-源之间外加电压,也不存在漏极电流。

(1) 当 $u_{DS}=0$ 且 $u_{GS}>0$ 时,由于绝缘层的存在使得栅极电流为 0。此时,栅极金属层将聚集正电荷,它们对 P 型衬底靠近绝缘层一侧的空穴进行排斥,使之剩下不能移动的负离子区,从而形成如图 4-27(a)所示的耗尽层。随着 u_{GS} 的增大,一方面耗尽层变宽,另一方面将衬底的自由电子吸引到耗尽层与绝缘层之间,从而形成一个如图 4-27(b)所示的 N 型薄层,称为**反型层**。该反型层构成了漏-源之间的导电沟道,使沟道刚刚形成的栅-源电压称为**开启电压** $U_{GS(th)}$。u_{GS} 越大,则反型层越厚,导电沟道的电阻也越小。

(2) 当 u_{GS} 为大于 $U_{GS(th)}$ 的某一确定值时,若在漏-源之间外加正向电压,则会产生一定的漏极电流。此时,u_{DS} 的变化对导电沟道的影响与结型场效应管类似。即当 u_{DS} 较小时,u_{DS} 的增加使得漏极电流 i_D 线性增加,导电沟道沿漏-源方向会逐渐变窄,如图 4-28(a)所示;当 u_{DS} 增加到 $u_{DS}=u_{GS}-U_{GS(th)}$（即 $u_{GD}=U_{GS(th)}$）时,导电沟道在漏极一侧会出现如图 4-28(b)所示的

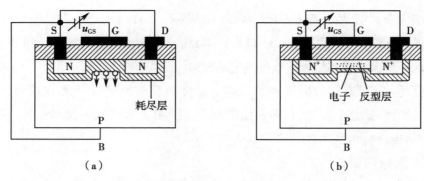

（a）   （b）

图 4-27 $u_{DS}=0$ 时 u_{GS} 对导电沟道的影响

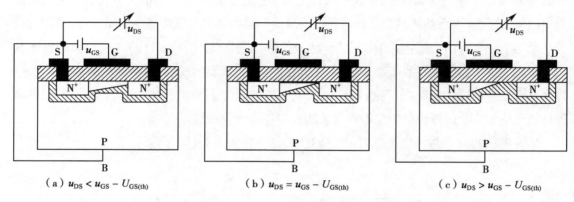

（a）$u_{DS} < u_{GS} - U_{GS(th)}$ （b）$u_{DS} = u_{GS} - U_{GS(th)}$ （c）$u_{DS} > u_{GS} - U_{GS(th)}$

图 4-28 u_{GS} 为大于 $U_{GS(th)}$ 的某一确定值时 u_{DS} 对 i_D 的影响

夹断点，称为**预夹断**；当 u_{DS} 继续增大，夹断区会随之延伸，如图 4-28（c）所示。由此可看出，当管子进入恒流区时，u_{DS} 的增大部分几乎全部用于克服夹断区对漏极电流的阻力，漏极电流 i_D 基本仅取决于 u_{GS}，此时可将 i_D 视为栅-源电压 u_{GS} 控制的电流源。

    3. 特性曲线与电流方程　　N 沟道增强型 MOS 管的转移特性曲线和输出特性曲线如图 4-29（a）、图 4-29（b）所示，它们之间的关系见图中标注。与结型场效应管一样，MOS 管也有三个工作区域：可变电阻区、恒流区及夹断区。

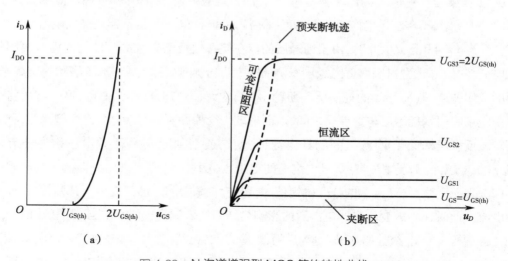

（a）   （b）

图 4-29   N 沟道增强型 MOS 管的特性曲线

与结型场效应管相类似,i_D 与 u_{GS} 的近似关系式为

$$i_D = I_{DO} \left(\frac{u_{GS}}{U_{GS(th)}} - 1 \right)^2$$

式中,I_{DO} 是 $u_{GS} = 2U_{GS(th)}$ 时的 i_D。

(二)N 沟道耗尽型 MOS 管

如果在制造 MOS 管时,在绝缘层中掺入大量正离子,那么即便在 $u_{GS} = 0$ 的情况下 P 型衬底表层也存在反型层,即漏-源之间存在导电沟道。只要在漏-源之间外加正向电压,就会产生漏极电流,如图 4-30(a)所示。u_{GS} 为负值时,反型层变窄,沟道电阻变大,漏极电流减小;反之,u_{GS} 为正值时,反型层变宽,沟道电阻变小,漏极电流增大。若 u_{GS} 从 0 减小到一定值时,反型层消失,漏-源间的导电沟道消失,此时漏极电流 i_D 为 0,所对应的 u_{GS} 称为**夹断电压** $U_{GS(off)}$。与 N 沟道结型场效应管相同,N 沟道耗尽型 MOS 管的夹断电压也为负值;不同的是,前者只能在 $u_{GS} < 0$ 的情况下工作,而后者的 u_{GS} 可以在其正、负值处于一定的范围内实现对漏极电流 i_D 的控制,且仍保持栅-源间有非常大的绝缘电阻。

N 沟道和 P 沟道耗尽型 MOS 管的图形符号如图 4-30(b)所示。

与 N 沟道 MOS 管相对应,P 沟道增强型 MOS 管的开启电压 $U_{GS(th)} < 0$,当 $u_{GS} < U_{GS(th)}$ 时管子才会导通,漏-源之间应加负电压;P 沟道耗尽型 MOS 管的夹断电压 $U_{GS(off)} > 0$,在处于一定的正负值范围内 u_{GS} 可实现对漏极电流 i_D 控制,其漏-源之间也应外加负电压。

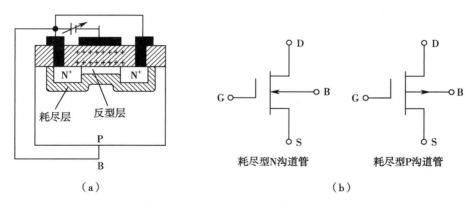

图 4-30 N 沟道耗尽型 MOS 管结构示意图及图形符号

【例 4-1】 已知某管子的输出特性曲线如图 4-31 所示,试分析该管是什么类型的场效应管(结型还是绝缘栅型,N 沟道还是 P 沟道,增强型还是耗尽型)?

解:从给定的输出特性曲线中开启电压 $U_{GS(th)} = 4V > 0$ 可知,该管为增强型 MOS 管;从漏极电流 i_D 与 u_{GS}、u_{DS} 的极性可知,该管为 N 沟道管,所以该管为 N 沟道增强型 MOS 管。

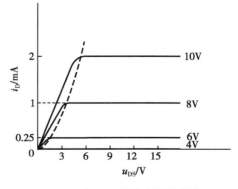

图 4-31 例 4-1 的输出特性曲线

【例 4-2】 电路如图 4-32 所示,其中管子 T 的输出特性曲线如图 4-31 所示。试分析输入电压 u_I 为 0、8V 和 10V 三种情况下,输出电压 u_O 分别为多少?

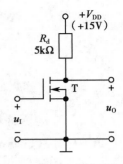

图 4-32　例 4-1 的电路图

解: ①根据图 4-32 可知,$u_I = u_{GS} = 0$,该 N 沟道增强型 MOS 管处于夹断状态,由此可知漏极电流 $i_D = 0$,所以 $u_O = u_{DS} = V_{DD} - i_D R_d = 15V$。②当 $u_I = u_{GS} = 8V$ 时,假定该管工作在恒流区,则由图 4-31 所示的输出特性曲线可知漏极电流 $i_D = 1\text{mA}$,所以 $u_O = u_{DS} = V_{DD} - i_D R_d = (15 - 1 \times 5)V = 10V$。由于 $u_{DS} = 10V > u_{GS} - U_{GS(th)}$,说明假定成立,该管确实工作在恒流区。③当 $u_I = u_{GS} = 10V$ 时,假定该管仍然工作在恒流区,则由图 4-31 所示的输出特性曲线可知漏极电流 i_D 约为 2.2mA,所以 $u_O = u_{DS} = V_{DD} - i_D R_d = (15 - 2.2 \times 5)V = 4V$。由于 $u_{GS} = 10V$ 时的预夹断电压为 $u_{DS} = u_{GS} - U_{GS(th)} = (10 - 4)V = 6V$,大于输出电压 u_O,说明此时管子不可能工作在恒流区,而是工作在可变电阻区。从图 4-31 可推知 $u_{GS} = 10V$ 时,漏-源间的等效电阻为

$$R_{DS} = \frac{U_{DS}}{I_D} \approx \left(\frac{3}{1 \times 10^{-3}} \right) \Omega = 3\text{k}\Omega$$

所以当 $u_I = 10V$ 时,输出电压为

$$u_O = \frac{R_{DS}}{R_d + R_{DS}} V_{CC} = \left(\frac{3}{5 + 3} \times 15 \right) \approx 5.6V$$

将场效应管与晶体管对比可知,场效应管栅极 G、源极 S、漏极 D 的作用对应于晶体管的基极 B、发射极 E、集电极 C,它们之间存在如下的区别。

(1) 场效应管用栅-源电压 u_{GS} 控制漏极电流 i_D,栅极基本不取电流;而晶体管工作时基极总要索取一定的电流。因此,要求输入电阻高的电路应选用场效应管;而若信号源可以提供一定的电流,则可选用晶体管。

(2) 场效应管只有多子参与导电,而晶体管内多子和少子均参与导电。由于少子数量受温度、辐射等因素影响较大,因而场效应管比晶体管温度稳定性好、抗辐射能力强。在环境条件变化很大的情况下应选用场效应管。

(3) 场效应管的噪声系数很小,因此低噪声放大器的输入级及要求信噪比较高的电路应选用场效应管(也可选用特制的低噪声晶体管)。

(4) 场效应管的源极和漏极可以互换使用,互换后特性变化不大;而晶体管的发射极和集电极互换后特性差异很大,因此只在某些特殊需要时才互换,呈倒置状态(如在集成逻辑电路中)。

(5) 场效应管比晶体管的种类多,特别是耗尽型 MOS 管,栅-源电压 u_{GS} 可为正值、负值或 0,均能控制漏极电流 i_D,因而在组成电路时场效应管比晶体管更为灵活。

(6) 场效应管和晶体管均可用于放大电路或开关电路等,从而构成了品种繁多、功能各异的集成电路。但由于场效应管集成工艺更为简单,且具有功耗小、工作电源电压范围宽等优点,因此场效应管越来越多地应用于大规模和超大规模集成电路中。

第五节　晶闸管

晶闸管(thyristor)全称晶体闸流管,是一种大功率半导体器件,自从 1957 年问世以来,晶闸管器件的制造与应用技术迅猛发展。除器件的性能与电压、电流容量不断提高外,还派生出快速晶闸管、可关断晶闸管、逆导晶闸管、光控晶闸管及双向晶闸管等一系列产品。

目前,晶闸管在各个领域得到了广泛的应用,大致可以分为以下四类。

(1)整流:将交流电转变为大小可调的直流电。

(2)逆变:将直流电变换为交流电或将交流电转换为另一种频率的交流电。

(3)交流开关:用于交流回路开关或交流调压。

(4)直流开关:用于直流回路开关或直流调压。

本节主要介绍晶闸管的结构、工作原理及特性曲线等。

一、晶闸管的结构

晶闸管内部的基本结构如图 4-33(a)所示。它是一种功率四层半导体($P_1N_1P_2N_2$)器件,由于相邻的不同材料半导体的交界面能够形成 PN 结,因此晶闸管含有三个 PN 结 J_1、J_2、J_3。此外,晶闸管还有三个电极:P_1 区引出阳极 A、P_2 区引出门极(控制端)G、N_2 区引出阴极 K,晶闸管的图形符号如图 4-33(b)所示。从外部结构来看,晶闸管有塑封式、螺栓式、平板式等,目前部分半导体厂商将多个晶闸管集成在一个模块内形成模块化结构。对于大功率晶闸管而言,使用时必须安装散热器,其冷却方式有自冷、风冷、水冷等。

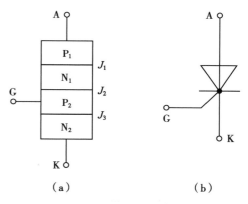

图 4-33　普通晶闸管的内部结构及图形符号

二、晶闸管的工作原理

与二极管相同,晶闸管也具有单向导电性,电流只能从阳极 A 流向阴极 K;与二极管不同的是晶闸管具有正向阻断特性,即在晶闸管的阳极与阴极之间加上正向电压,管子不能正向导通,必须在门极和阴极之间加上门极电压,有足够的门极电流流入后才能使晶闸管正向导通。因此晶闸管具有可控单向导电性,是一种以电流控制导通的电流控制型功率器件。

晶闸管承受正向电压的同时门极流入足够的电流 i_G 使其导通的过程称为**触发导通**,管子一旦被触发导通后门极就失去了控制作用,无法通过门极的控制使晶闸管关断,这种门极可触发导通但无法使其关断的器件称为**半控型器件**。

要使导通的晶闸管恢复为阻断状态,可降低阳极的电源电压或增加阳极回路的电阻,使流过管子的阳极电流 i_A 减小,当阳极电流 i_A 减小到一定数值(一般为几毫安)时,阳极电流 i_A

会突然降到 0,之后即使再调高阳极电压或减小阳极回路的电阻,阳极电流 i_A 也不会增加,说明管子已恢复正向阻断。当门极断开时,能维持晶闸管导通所需的最小阳极电流称为**维持电流 I_H**,因此晶闸管关断的条件为 $i_A < I_H$。

晶闸管的这种工作特性可用如图 4-34 所示的等效电路来分析。将晶闸管的四层半导体等效为两个晶体管 $VT_1(P_1\text{-}N_1\text{-}P_2)$ 和 $VT_2(N_1\text{-}P_2\text{-}N_2)$ 互联。当外加电源电压通过负载 R_L 使晶闸管的阳极与阴极间承受正向电压时,要使晶闸管正向导通关键在于使 $J_2(N_1\text{-}P_2)$ 这个承受反向电压的 PN 结失去阻挡作用,从晶闸管的等效电路可以看出晶体管 VT_1、VT_2 的集电极电流互为对方的基极电流。当有足够的门极电流流入时就形成强烈的正反馈,即

$$i_G \rightarrow i_{B2}\uparrow \rightarrow i_{C2}(=i_{B1})\uparrow \rightarrow i_{C1}\uparrow \rightarrow i_A$$

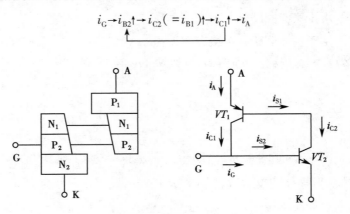

图 4-34　晶闸管的等效电路

这样两个晶体管 VT_1 和均饱和导通。导通后 i_A 与 i_G 无关,此时 i_A 的值由阳极外加电源电压和负载电阻决定。由于晶闸管导通后 i_G 就失去了控制作用,正向阻断时如果没有 i_G 的作用就无法形成强烈的正反馈;如果晶闸管的阳极、阴极之间承受反向电压,此时晶体管 VT_1 和均处于反向电压下,无论有无门极电流,晶闸管都不可能正常导通。所以,晶闸管导通必须具备以下两个基本条件。

(1)在晶闸管的阳极和阴极之间外加一定大小的正向电压 U_{AK}。

(2)在晶闸管的门极和阴极之间外加一定的正向触发电压 U_{GK}。

如果使晶闸管处于关断状态,则需使阳极电流小于维持电流(即 $i_A < I_H$)或在晶闸管的阳极、阴极之间外加反向电压。

三、晶闸管的特性曲线及主要参数

1. 晶闸管的阳极伏安特性　晶闸管的阳极伏安特性是指阳极与阴极之间电压和阳极电流的关系,它由正向伏安特性曲线和反向伏安特性曲线两部分组成,如图 4-35 所示。

正向伏安特性曲线如图 4-35 第一象限所示,当 $I_g = 0$ 且晶闸管的正向阳极电压未达到正向转折电压 U_{BO} 时,晶闸管处于正向阻断状态,其正向漏电电流 i_a 随阳极电压 u_a 的增加而逐渐增大,当 u_a 增大到转折电压 U_{BO} 时,晶闸管就被"硬导通",导通后的阳极伏安特性与整流二极管的正向伏安特性相似,$I_g = 0$ 时的这条特性曲线称为**晶闸管的自然伏安特性曲线**。晶闸

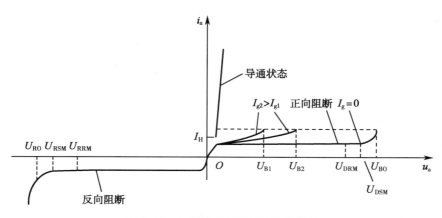

图 4-35　晶闸管的阳极伏安特性曲线

管在自然特性下的硬导通是不可控的,多次这样的硬导通会损坏管子。正常的导通是给门极输入足够的触发电流,则转折电压将明显减小,使管子触发导通,如图 4-35 中当门极电流 $i_{G2} > i_{G1} > i_G$ 时,相应的正向转折电压 $U_{B2} < U_{B1} < U_{BO}$,同样晶闸管被触发导通后其阳极伏安特性与整流二极管的正向伏安特性也类似。

反向伏安特性曲线如图 4-35 第三象限所示,它与整流二极管的反向伏安特性相似。若反向电压增加到反向击穿电压 U_{RO} 时,晶闸管将永久性损坏。因此在使用晶闸管时,其两端可能承受的最大峰值电压都必须小于管子正、反方向的击穿电压。

2. 晶闸管的主要参数

(1)额定电压 U_{Tn}:当 $I_g = 0$、晶闸管处于额定结温时,使阳极漏电流显著增加的阳极电压 U_{DSM} 称为**正向不重复峰值电压**,同理 U_{RSM} 为反向不重复峰值电压。这两个电压分别乘以 0.9 所得到的电压定义为正向重复峰值电压 U_{DRM} 和反向重复峰值电压 U_{RRM}。晶闸管的额定电压 U_{Tn} 即为 U_{DRM} 与 U_{RRM} 中较小值在靠近标准电压等级所对应的电压值。

考虑到晶闸管工作中结温可能会升高等因素,为防止各种不可避免的瞬时过电压而造成晶闸管损坏,选择管子的额定电压时,应比管子在电路中实际承受的最大瞬时电压 U_{TM} 大 2～3 倍,即

$$U_{Tn} \geq (2 \sim 3) U_{TM}$$

(2)额定电流 $I_{T(AV)}$:晶闸管的额定电流也称为**额定通态平均电流**,是指在室温 40℃ 和规定的冷却条件下,晶闸管在电阻负载流过正弦半波电流(导通角不小于 170°)电路中,结温不超过规定结温时,所允许的最大通态平均电流值,将此值取相应的电流等级即为晶闸管的额定电流 $I_{T(AV)}$。

假设流过晶闸管半波正弦电流的峰值为 I_m,则依据上述定义可推知

$$I_{T(AV)} = \frac{1}{2\pi} \int_0^\pi I_m \sin\omega t \, \mathrm{d}(\omega t) = \frac{I_m}{\pi}$$

(3)通态平均电压 $U_{T(AV)}$:通态平均电压 $U_{T(AV)}$ 又称管压降,是指在规定的环境温度和标准散热条件下,当晶闸管正向通过正弦半波额定电流时,元件阳极、阴极两端的电压降在一个周期内的平均值,一般在 0.6～1.2V。

（4）维持电流 I_H（holding current）：维持电流 I_H 是指在室温且门极断开时，晶闸管由通态到断态的最小阳极电流。

（5）门极最大触发电压 U_{GT}（gate trigger voltage）和门极最大触发电流 I_{GT}（gate trigger current）：在规定的环境温度下，在阳极、阴极之间外加一定的正向电压（一般为 6V），晶闸管就会从阻断状态转变为导通状态，此时门极所需的最大直流触发电压称为**门极最大触发电压 U_{GT}**，对应门极所需最大直流触发电流称为**门极最大触发电流 I_{GT}**。

3. 晶闸管测试时的注意事项

（1）测试时注意不要使用万用表的 $R\times10k\Omega$ 挡进行测量。

（2）用 $R\times1k\Omega$ 挡测量晶闸管的阳极与阴极、阳极与控制极间的正反电阻，若阻值在数百千欧以上，说明管子的阳极与阴极、阳极与控制极间是好的；如果阻值不大或为 0，说明元件性能不好或内部短路。

（3）用 $R\times1k\Omega$ 挡测量晶闸管阴极与控制极间的电阻，正常情况下一般其正向电阻为几十欧姆到十几千欧，反向电阻略大于正向电阻；若其正反向电阻阻值为 0 或无穷大，说明阴极与控制极已经短路或断路。

（4）将万用表置于 $R\times1k\Omega$ 挡，黑表笔接晶闸管的阳极而使红表笔接其阴极，此时指示值应为几百千欧；若人为将控制极与阳极短路，万用表的指示值应变小，且阳极与控制极之间的短路消除后，指示值不变，说明控制极正常。

第六节　其他新型电子器件

一、集成门极换流晶闸管

集成门极换流晶闸管（integrated gate-commutated thyristor，IGCT）是 20 世纪 90 年代后期出现的一种新型电子器件，它不仅与可关断晶闸管（gate turn-off thyristor，GTO）有相同的高阻断能力和低通态压降，而且有与绝缘栅双极型晶体管（insulated gate bipolar transistor，IGBT）相似的开关性能，但因为是电流控制型器件，门极驱动电路相对复杂。集成门极换流晶闸管（IGCT）是将门极换流晶闸管（gate-commutated thyristor，GCT）与其门极电路集成于一体形成的器件，所以其工作原理主要取决于 GCT 的工作过程。本节主要介绍 GCT 的结构、工作原理及 IGCT 的基本特点。

（一）GCT 的结构及工作原理

GCT 的结构示意图及电气符号分别如图 4-36（a）（c）所示，其中左边部分为 GCT，右边部分为反并联二极管，也就是所谓的逆导结构。GCT 采用逆导结构的原因是其通常仅用于需要续流的大功率电力电子电路中。目前，各种功率开关器件均有逆导型（如 SCR、IGBT、MOSFET 等），通常所说的全控型功率器件也是指逆导型器件。因此，若功率开关器件用于不需要反并联二极管的电路时，尤其是功率器件需要承受反压时，应注意选择相应的器件。

与 GTO 相似，GCT 也是四层三端器件。GCT 内部由上千个小 GCT 元组成，其中各小 GCT

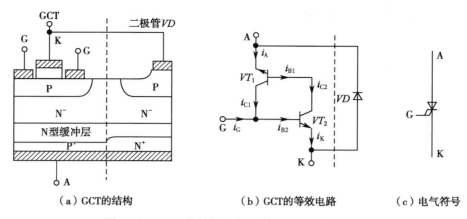

（a）GCT的结构　　　　　　（b）GCT的等效电路　　　　（c）电气符号

图4-36　GCT的结构示意图、等效电路及电气符号

元的阳极和门极分别直接从相应的半导体层引出,而阴极分别引出后再并联在一起。与GTO的主要区别在于,GCT阳极内侧P^+与N^-型半导体之间多了N型缓冲层,同时阳极是由电子易于通过的较薄P型半导体构成,该阳极称为**透明阳极**。如果忽略N^+与N^-型半导体间的差异,则GCT与GTO结构相同,可用如图4-36(b)所示的双晶体管模型电路等效。因此,GCT正向偏置时从门极注入电流可使其导通,而从门极抽取足够多的电流可使GCT关断。需要指出的是,虽然GCT导通机制与GTO相同,但由于GCT具有透明阳极和N型缓冲层,其关断过程与GTO有所不同。在GCT关断过程中,采用"硬驱动"可以快速将阴极电流转换到门极,从而使VT_2首先关断,此后GCT相当于一个基极断开的PNP管与驱动电路串联。因为此时等效PNP晶体管基极开路,因而将很快关断,同时能承受很大的阳极电压变化率。GTO关断过程中必须经过两个等效晶体管电流同时减小的正反馈过程,为了防止关断时过高的阳极电压变化率使两个等效晶体管重新进入电流增加的正反馈过程而使GTO导通,GTO需要很大的吸收电路来抑制关断时阳极电压的变化率。

所谓"硬驱动"是指在GCT开关过程中,短时间内给其门极加以幅值及上升率都很大的驱动电流信号。采用"硬驱动"一方面使关断时间绝对值和离散性大大减小,有利于GCT的高压串联应用;另一方面,VT_2先于VT_1关断使GCT能承受很高的阳极电压变化率,从而使原先在关断瞬间用来抑制过电压的吸收电路得以简化,甚至可以去掉。

（二）GCT的驱动技术

由于GCT关断时需将阴极电流全部转移到门极,因此关断时门极抽取的电流与阳极电流相同。此外,要求门极驱动电路能迅速转移所有阴极电流,因此GCT驱动电路设计的关键在于采用等效电感非常小的门极驱动电路,以实现"硬驱动"。

GCT门极驱动电路通常由通信电路、逻辑控制电路、开通电路、关断电路及电源电路5个部分组成,各部分的主要功能如下。

（1）通信电路:负责GCT与逻辑控制电路的指令传输。

（2）逻辑控制电路:接收通信电路传输的指令并控制开通电路和关断电路的开关器件,完成对GCT的操作,同时对控制和状态信号进行逻辑处理和故障保护处理等。

（3）开通电路:负责开通GCT。

（4）关断电路：负责关断 GCT。

（5）电源电路：提供各部分电路的工作电源。

（三）IGCT 的特点

IGCT 采用"硬驱动"技术，并且 GCT 通过 PCB 板与门极驱动电路直接相连，可使门极电路的电感进一步减小有利于"硬驱动"的实现，同时可降低门极驱动电路的元件数、热耗散、电应力和内部热应力，从而可降低门极驱动电路的成本和失效率。

"硬驱动"是 IGCT 成为新器件的关键，它不仅使得 IGCT 的开通和存储时间大大减少，工作区域能均匀一致地开通和关断，而且无需缓冲器，易于串并联，矩形安全工作区几乎达硅片的雪崩极限。"硬驱动"连同缓冲层透明阳极还可使门极关断电压锐减，门极驱动功率骤降，门极单元尺寸也缩为 GTO 的一半，从而给集成电路的设计和使用带来了极大的便利。

自 1997 年商品化以来，IGCT 已成功应用于工业和牵引传动、电力传动等大功率应用领域，是一种较为理想的兆瓦级、中压功率开关器件。

二、静电感应晶体管

静电感应晶体管（static induction transistor，SIT），具有输出功率大、失真小、输入阻抗高、开关特性好、热稳定性好、抗辐射能力强等一系列优点，因此常被用作高压大功率器件。

每个 SIT 由几百或几千个单胞并联而成，是一种非饱和输出特性的多子导电器件，SIT 的图形符号如图 4-37 所示，它有三个电极：栅极 G、漏极 D、源极 S。SIT 分为 N 沟道和 P 沟道两种，图中箭头表示栅-源结为正偏时栅极电流的方向。

N 沟道 SIT 的伏安特性曲线如图 4-38 所示。当栅-源电压 u_{GS} 为 0 时，SIT 处于导通状态，在电路中相当于接触器的"常闭"触点，随着栅-源电压 u_{GS} 在负值方向上的增加，有不同的伏安特性曲线与之对应。

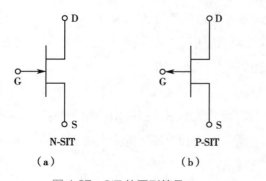

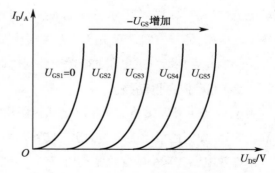

图 4-37　SIT 的图形符号　　　　　　图 4-38　N 沟道 SIT 的伏安特性曲线

当漏-源电压 u_{DS} 一定时，对应于漏极电流 i_D 为 0 的栅-源电压 u_{GS} 称为 **SIT 的夹断电压** u_P，不同的漏-源电压 u_{DS} 对应着不同的夹断电压 u_P。

当栅-源电压 u_{GS} 一定时，随着漏-源电压 u_{DS} 的增加，漏极电流 i_D 也线性增加，其大小由 SIT 的通态电阻决定。

综上所述，SIT 不仅是开关器件，而且也是一个特性良好的放大器件。目前 SIT 的制造水平已达到截止频率 30 ~ 50MHz、电压 1 500V、电流 300A、耗散功率 3kW,并且已有 100kHz、200kW 的 SIT 式高频感应加热电源投产。

三、静电感应晶闸管

静电感应晶闸管(static induction thyristor,SITH),具有通态电阻小、通态压降低、开关速度快、开关损耗小、正向电压阻断增益高、开通和关断的电流增益大、di/dt 及 du/dt 的耐量高等特点。

SITH 是四层三端半导体器件,其图形符号如图 4-39 所示。SITH 有三个电极:门极 G、阳极 A、阴极 K。一个 SITH 由几百、几千乃至上万个单胞并联于直径为十几毫米或几十毫米的芯片中构成。根据结构的不同,SITH 分为常开型和常关型器件,目前常开型器件发展速度较快;按 SITH 能否承受反压的特点,可分为反向阻断型和阳极发射极短路型两种。

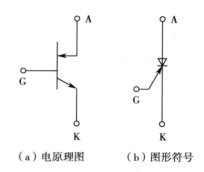

(a)电原理图 (b)图形符号

图 4-39 SITH 的电原理图与图形符号

常开型 SITH 的导通和关断原理可用图 4-40 进行阐述:对于图 4-40(a)而言,当开关 S 打开时门极处于开路状态,若阳极与阴极之间外加正向电压时,SITH 即有电流 I_A 从阳极流入阴极。其导通特性与二极管特性相似,常开型 SITH 的伏安特性曲线如图 4-41 所示。对于图 4-40(b)而言,当开关 S 闭合时,若门极外加负电压则会使门极-阴极结处于反向偏置状态,阳极和阴极之间的电流被夹断。门极外加的负电压越大,可夹断的阳极电流也越大,被阻断的阳极电压也越高。

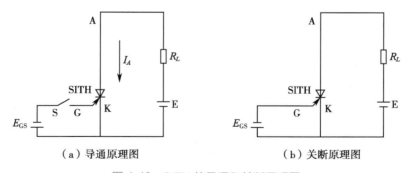

(a)导通原理图 (b)关断原理图

图 4-40 SITH 的导通和关断原理图

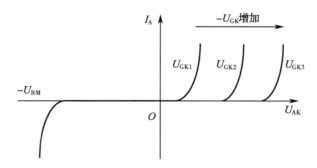

图 4-41 常开型 SITH 的伏安特性曲线

目前,SITH 产品的容量已达到 1 000A/2 500V、2 200A/450V、400A/4 500V,工作频率可达到 100kHz 以上,主要应用于高频感应加热电源中。

四、智能功率模块

20 世纪 80 年代中后期,电力电子器件开始出现模块化结构。将控制电路、保护电路、传感器和功率器件集成在一起并制作成模块,构成了智能功率模块(intelligent power module,IPM)。IPM 除了具有功率器件能处理功率的能力外,还具有控制、接口及保护功能:当 IPM 实现控制功能时,它能自动检测某些外部变量并调整功率器件的运行状态,以弥补外部参量的偏移;当 IPM 实现接口功能时,它能接收并传递控制信号;IPM 的保护功能是指当出现过载、短路、过压、欠压、过热等非正常运行状态时,它能测取相关信号并能进行调整保护,使得功率器件始终工作于安全区范围内。这种智能功率模块特别适应于电力电子技术高频化发展方向的需要,由于高度集成化、结构紧凑,避免了由于分布参数、保护延时等带来的一系列技术难题。IPM 具有"智能""灵巧"等特色,目前已广泛应用于中、小容量变频器中。

(一)IPM 的结构

IPM 内部多采用 IGBT 作为功率器件。根据功率电路配置的不同,IPM 内部可集成多个 IGBT 单元。小功率的 IPM 为多层环氧绝缘系统,中大功率的 IPM 使用陶瓷绝缘。

典型的 IPM 功能框图如图 4-42 所示。IPM 内置驱动和保护电路,隔离接口电路需用户自己设计。如果选用 6 或 7 个 IGBT 的 IPM,用户除了设计隔离接口以外,根据生产厂家的不同还要外加多路隔离驱动电源的自举电路、电流采样电阻以及信号的滤波电路等(如 IPM PS21564)。

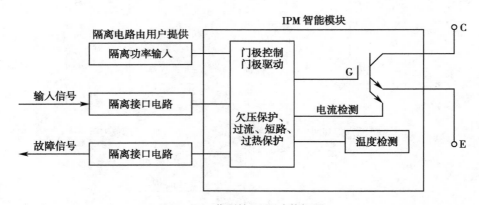

图 4-42 典型的 IPM 功能框图

(二)IPM 的内置功能

IPM 内置有驱动和保护电路。驱动电路与功率器件可以很好地匹配,这使得功率器件工作可靠性强。保护电路可以实现控制电压欠压保护、过热保护及过流保护等,具体功能如下。

(1)控制电压欠压保护:IPM 使用单一电源供电,若供电电压低于规定值且时间超过设定值,则发生欠压保护,封锁门极驱动电路,输出故障信号。

（2）过热保护：在靠近 IGBT 芯片的绝缘基板上安装了一个温度传感器。当 IPM 的温度传感器测出其基板的温度超过规定温度值时，发生过热保护，此时封锁门极驱动电路并输出故障信号。

（3）过流保护：若流过 IGBT 的电流值超过规定过流动作电流值达规定时间，则发生过流保护，此时封锁门极驱动电路并输出故障信号。

IPM 内置的驱动和保护电路使系统硬件电路简单、可靠，在缩短系统研发时间的同时也提高了故障下的自保护能力。与普通的 IGBT 模块相比，IPM 在系统性能和可靠性方面都有进一步的提高。

本章小结

1. 纯净且具有晶体结构的半导体称为**本征半导体**。

2. 在本征半导体中掺入微量的杂质，使其导电能力大大增强，这种半导体称为**杂质半导体**。杂质半导体分为 P 型半导体和 N 型半导体。

3. 空穴和自由电子都称为**载流子**。

4. PN 结的单向导电性　PN 结正向偏置时，正向电阻值较小，正向电流较大，PN 结处于导通状态；PN 结反向偏置时，反向电阻值很高，反向电流很小，PN 结处于截止状态。即正向偏置时导通，反向偏置时截止的特性。

5. 晶体二极管有一个 PN 结，具备单向导电性。二极管的性能通常用伏安特性曲线来表示。晶体二极管的主要参数有最大平均整流电流、反向饱和电流、最高反向工作电压、最高工作频率。

6. 稳压二极管是一种特殊的二极管，与普通二极管不同的是它工作在反向击穿区，稳压管的作用是使与其并联的负载电压稳定。

7. 晶体三极管是由集电结和发射结两个 PN 结组成的半导体器件，分为 NPN 和 PNP 两种类型。无论哪种类型都分三个区：发射区、基区和集电区，从这三个区各引出一个电极，三个电极分别为发射极 E、基极 B 和集电极 C。

8. 晶体管的电流放大作用表现为基极电流有微小变化，就可以引起集电极电流较大的变化，这就是晶体管的电流放大作用。发射极、基极与集电极电流关系为：$I_E = I_B + I_C$，其中 $I_B \ll I_C$，$I_B \ll I_E$，$I_E \approx I_C$，晶体管的直流电流放大系数 $\bar{\beta} = I_C / I_B$，晶体管的交流电流放大系数 $\beta = \Delta I_C / \Delta I_B$，晶体管对电压也有放大作用。

9. 晶体三极管的特性曲线是表示晶体管各极电流和电压之间相互关系的曲线，分为输入特性曲线和输出特性曲线两部分，输出特性曲线分为饱和区、放大区和截止区三个区。

10. 晶体三极管的主要参数有电流放大系数、极间反向电流 I_{CBO} 和 I_{CEO}、截止频率 f_β 和特征频率 f_T、输入电阻、输出电阻及一些极限参数。

11. 对场效应管、晶闸管和常见新型电子管件的结构和工作原理进行了介绍。

4-1 杂质半导体是如何定义和分类的？每种类型的主要导电方式是什么？

4-2 PN 结是如何形成的？

4-3 简述 PN 结的单向导电性。

4-4 简述二极管伏安特性曲线的特点。

4-5 晶体二极管的主要参数有哪些？

4-6 已知如图 4-43 所示的电路，问：

（1）二极管处于导通还是截止状态？

（2）求出 ab 两点间的电势差 U_{ab}。

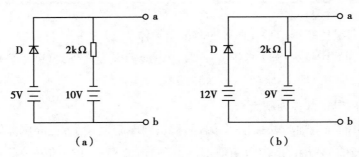

图 4-43　习题 4-6 图

4-7 为什么不能将两个晶体二极管背靠背连接成晶体三极管使用？

4-8 晶体三极管有几种工作状态？每种工作状态下三极管的偏置条件是什么？

4-9 晶体三极管的各个电极的电位如图 4-44 所示，每个晶体三极管处于什么工作状态？为什么？

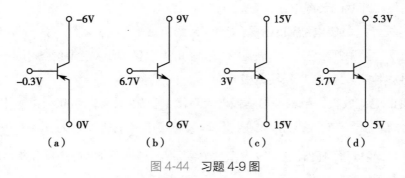

图 4-44　习题 4-9 图

4-10 什么是晶体三极管的输入特性曲线和输出特性曲线？晶体三极管的主要参数有哪些？

4-11 晶体管放大电路中，三个电极的电位分别为：-7V、-3V、-3.3V，晶体三极管是 PNP 型还是 NPN 型？是硅管还是锗管？三个电极是什么？

4-12 三极管接在电路中，测得它的三个管脚对地电位分别为：管脚 1 为 9V，管脚 2 为 2.7V，管脚 3 为 2V。试判断：

（1）三个管脚分别是什么电极？

（2）三极管是 NPN 型还是 PNP 型？

（3）三极管工作在什么区间？

（4）三极管的电流放大系数 $\beta = 100$，基极电流为 $60\mu A$，集电极和发射极的电流各为多少？

4-13　在晶体三极管实验电路中，测得基极电流 $I_B = 80\mu A$ 和集电极电流 $I_C = 2mA$，试求：

（1）发射极电流 I_E。

（2）晶体管的电流放大系数。

（3）如果反向饱和电流 $I_{CBO} = 2\mu A$，求穿透电流 I_{CEO}。

4-14　有一个晶体三极管继电器电路，继电器连接在集电极回路中。如果三极管的直流电流放大系数 $\beta = 50$，继电器的动作电流为 $6mA$，需要多大的基极电流才会使继电器开始动作？

4-15　为使结型场效应管工作在恒流区，为什么其栅-源之间必须外加反向电压？

4-16　为什么耗尽型 MOS 管的栅-源电压可正、可负、可为 0？

4-17　为使六种场效应管均工作在恒流区，应分别在它们的栅-源之间和漏-源之间外加什么样的电压？

4-18　已知放大电路中一只 N 沟道场效应管三个极①②③的电位分别为 4V、8V、12V，管子工作在恒流区。试判断它可能是哪种管子（结型管还是 MOS 管，若是 MOS 管还需进一步判断是增强型还是耗尽型），并说明①②③与 G、D、S 的对应关系。

4-19　晶闸管导通的条件是什么？怎样才能使晶闸管由导通变为截止？

4-20　何谓智能功率模块？举例说明其特点及应用。

4-21　根据结构的不同，SITH 可分为哪几种类型？根据能否承受反压的特点，SITH 又可分为哪几种类型？

4-22　GCT 门极驱动电路通常由哪几部分组成？简述各部分的功能。

（李　光　金　力）

第五章　交流放大器

放大电路也称**放大器**，它是利用晶体管的放大作用，将微弱的电信号进行有限的放大。晶体管放大电路是构成各种电子线路的基本单元，广泛应用于各种电子设备中，如视听设备、精密测量仪器、自动控制系统等。

本章以共发射极单管放大电路为基础，讨论由双极型三极管构成的交流放大电路的基本概念、组成方式、工作原理及分析方法，同时对多级放大电路、场效应管放大电路和功率放大电路进行分析，为后续章节的学习打好基础。

第一节　单管低频放大器

单管放大电路一般是指由一个晶体三极管或场效应管组成的放大电路，它是最基本的放大电路，虽然实际使用较少，但其分析方法具有普遍意义。

所谓"放大"，是指将一个微弱的电信号，通过某种装置，得到一个波形与该微弱信号相同、但幅值却大很多的信号输出。这个装置就是晶体管放大电路。"放大"作用的实质是电路对电流、电压或能量的控制作用。

如图 5-1 所示为扩音机放大电路的组成示意图。图中放大电路的输入信号是由话筒送入的微弱信号，放大电路将输入信号放大后驱动扬声器负载工作。幅度得到增强的输出信号，其能量是由电路中的直流电源提供的。放大电路的放大作用，实质是把直流电源的能量转移给输出信号。输入信号的作用则是控制这种转移，使放大电路输出信号的变化重复或反映输入信号的变化。

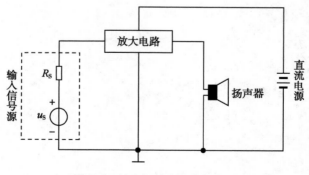

图 5-1　扩音机放大电路的组成

一、单管低频放大器电路组成

（一）晶体管放大电路的三种组态

放大电路的核心元件是晶体管,晶体管放大电路一般有三种组态:共射极放大电路、共集电极放大电路和共基极放大电路,如图5-2所示。

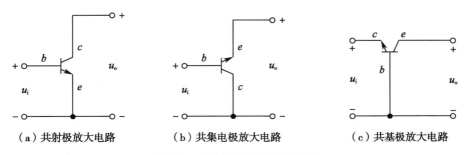

（a）共射极放大电路　　　（b）共集电极放大电路　　　（c）共基极放大电路

图 5-2　晶体管放大电路的组态

无论放大电路的组态如何,其目的都是让输入的微弱小信号通过放大电路后,输出时其信号幅度显著增强。必须清楚:幅度得到增强的输出信号,其能量并非来自晶体管,而是由放大电路中的直流电源提供,晶体管只是实现了对能量的控制。

（二）放大电路的组成原则

放大电路若要实现对输入小信号的放大作用,必须首先保证晶体管工作在放大区,因此,放大电路的组成原则如下。

（1）晶体管必须发射结正偏,集电结反偏。

（2）输入回路的设置应使输入信号耦合到晶体管输入电路,以保证晶体管的以小控大作用。

（3）输出回路的设置应保证晶体管放大后的电流信号能够转换成负载需要的电压形式。

（4）不允许被传输的小信号放大后出现失真。

（三）基本共射极放大电路的组成

共射极放大电路是电子技术中应用最为广泛的放大电路形式,其电路组成形式如图5-3所示,图中的"⊥"符号为电路的公共端,通常作为电路的参考点。图5-3（a）为双电源组成的NPN型单管共射极放大电路;实际应用中,共射极放大电路通常采用单电源供电,如图5-3（b）所示。

由图5-3可知,基本共射极放大电路由如下各部分组成。

（1）晶体管 VT:在放大电路中起以小控大的能量控制作用,实现电流放大。

（2）集电极电源 U_{CC}:向放大电路提供能量,并保证晶体管工作在放大区。

（3）基极偏置电阻 R_B:为放大电路提供合适的静态工作点。

（4）集电极电阻 R_C:将放大的集电极电流转换成晶体管的输出电压。

（5）耦合电容 C_1 和 C_2:隔断直流,让交流信号顺利通过。C_1 和 C_2 一般选择容量较大的有极性电解电容,在使用时极性不能接反。

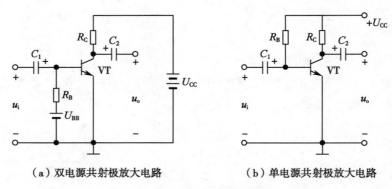

（a）双电源共射极放大电路   （b）单电源共射极放大电路

图 5-3　基本共射极放大电路

（四）基本共射极放大电路的工作原理

基本共射极放大电路的工作原理如图 5-4 所示。

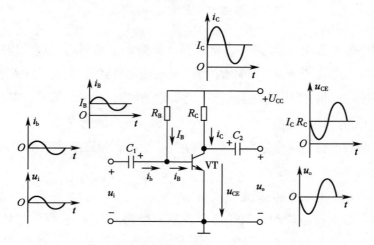

图 5-4　共射极放大电路的工作原理

放大电路内部各电压、电流都是交直流共存的。其直流分量及其注脚均采用大写英文字母；交流分量及其注脚均采用小写英文字母；叠加后的总量用英文小写字母，但其注脚采用大写英文字母。例如：基极电流的直流分量用 I_B 表示；交流分量用 i_b 表示；总量用 i_B 表示。

需放大的信号源电压 u_i 通过 C_1 转换为放大电路的输入电流 i_b，与基极偏置电流 I_B 叠加后加到晶体管的基极，基极电流 i_B 的变化通过晶体管的以小控大作用引起集电极电流 i_C 变化；i_C 通过 R_C 使电流的变化转换为电压的变化，即 $u_{CE}=U_{CC}-i_C R_C$。当 i_C 增大时，u_{CE} 减小，所以 u_{CE} 的变化正好与 i_C 相反，即 u_{CE} 与 i_C 反相。u_{CE} 经过 C_2 滤掉了直流成分，耦合到输出端的交流成分即为输出电压 u_o。若电路参数选取适当，u_o 的幅度将比 u_i 幅度大很多，即输入的微弱小信号 u_i 被放大了。

二、单管低频放大器静态分析

放大电路在输入信号 $u_i=0$、只有直流电源 U_{CC} 作用下的状态称为**"静态"**。

静态下,放大电路中各处的电压和电流是不变的直流量,静态直流量的大小直接影响放大电路的性能,在电路中可以通过调整电路参数加以改变。静态分析就是要求计算出静态直流量的大小。

晶体管的静态直流量用 I_{BQ}、I_{CQ}、U_{BEQ} 和 U_{CEQ} 表示,在晶体管的输入特性及输出特性曲线上对应一个点,这个点称为**静态工作点**,用"Q"表示,因此,静态工作点也称为"**Q点**"。

(一)基本共射极放大电路的静态分析

常用的确定静态工作点的方法有估算法和图解法。

1. 估算法确定静态工作点 静态时,$u_i = 0$,耦合电容C_1、C_2相当于开路,基本共射极放大电路的直流通路如图5-5所示。

对基极回路,由 KVL 可得

$$I_{BQ} = \frac{U_{CC} - U_{BEQ}}{R_B} \approx \frac{U_{CC}}{R_B} \qquad 式(5\text{-}1)$$

式中,发射结的正向偏置电压 U_{BEQ} 近似为常数,硅管约为 0.7V,锗管约为 0.3V,当 U_{CC} 较大时,U_{BEQ} 可忽略。

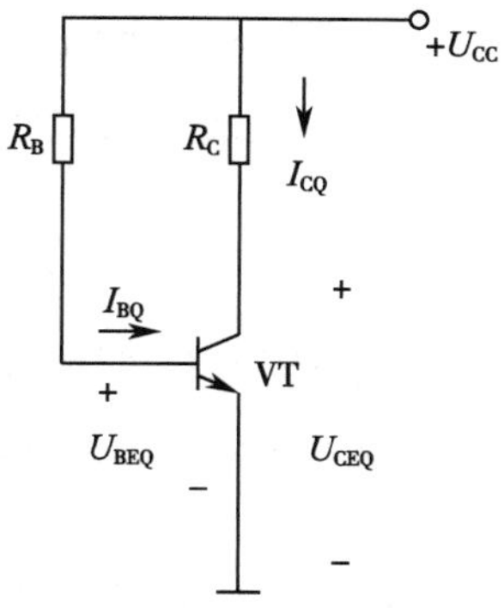

图 5-5 基本共射极放大电路的直流通路

由晶体管的特性可得

$$I_{CQ} = \beta I_{BQ} \qquad 式(5\text{-}2)$$

对集电极回路,由 KVL 可得

$$U_{CEQ} = U_{CC} - I_{CQ}R_C \qquad 式(5\text{-}3)$$

式中,$I_{CQ}R_C$ 前面的负号表示输出电压与集电极电流 I_{CQ} 反相。

【例 5-1】 已知图 5-2(b)所示共射极放大电路中,$U_{CC} = 10V$,$R_B = 250k\Omega$,$R_C = 2k\Omega$,$\beta = 60$,试求该放大电路的静态工作点 Q。

解:电路的直流通路如图 5-5 所示。

$$I_{BQ} = \frac{U_{CC} - U_{BEQ}}{R_B} \approx \frac{U_{CC}}{R_B} = \frac{10}{250 \times 10^3} = 40\mu A$$

$$I_{CQ} = \beta I_{BQ} = 60 \times 40 \times 10^{-6} = 2.4mA$$

$$U_{CEQ} = U_{CC} - I_{CQ}R_C = 10 - 2.4 \times 2 = 5.2V$$

2. 图解法确定静态工作点 利用晶体管的输入、输出特性曲线求解静态工作点的方法称为**图解法**。其分析步骤如下。

(1)绘制晶体管的特性曲线:按已选好的晶体管型号在手册中查找,或从晶体管图示仪上描绘出管子的输出特性曲线。

(2)用估算法求出基极电流 I_{BQ}。

(3)画出直流负载线:在晶体管的输出特性曲线上画直流负载线。所谓直流负载线,就是方程 $U_{CEQ} = U_{CC} - I_{CQ}R_C$ 所对应的直线。

(4)确定静态工作点 Q:直流负载线与晶体管输出特性曲线上 $i_B = I_{BQ}$ 的交点即为放大电路的静态工作点 Q,如图 5-6 所示。

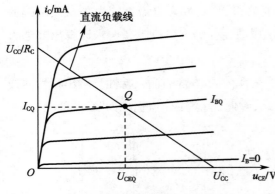

图 5-6　图解法确定静态工作点

由上述分析可知,静态基极电流 I_{BQ} 确定了直流负载线上静态工作点 Q 的位置,通常将 I_{BQ} 称为**偏置电流**,改变 I_{BQ} 的大小,Q 点的位置也随之变化。对于如图 5-3 所示的基本共射极放大电路,当 U_{CC} 和 R_B 确定后,偏置电流 I_{BQ} 就固定了,因此该放大电路常称为**固定偏置的共射极放大电路**。

3. 静态工作点对放大电路的影响　不允许被传输的小信号放大后出现失真是对放大电路的基本要求之一。导致放大电路产生失真的原因很多,其中的主要原因是晶体管是非线性器件,在放大电路中要求晶体管工作在线性放大区,否则会引起非线性失真。在放大电路中设置静态工作点的目的是避免非线性失真。

（1）静态工作点的必要性:如图 5-7 所示,晶体管的输入特性曲线是非线性的,如果不设置静态工作点,输入信号 u_i 小于死区的部分将无法得到传输,只有大于死区的部分才能转换成电流 i_b 通过晶体管。由于输入信号大部分无法通过晶体管,i_b 电流波形与 u_i 波形完全不一样了,造成传输信号失真。因此,为保证传输信号不失真地输入放大器中得到放大,必须在放大电路中设置静态工作点。

ER5-2　第五章放大电路中的静态工作点（微课）

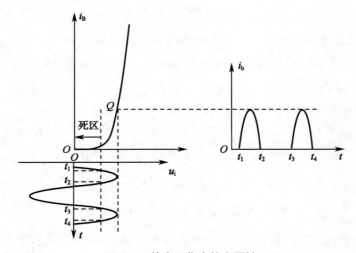

图 5-7　静态工作点的必要性

（2）静态工作点对波形失真的影响:如果设置的静态工作点不合适,放大电路就会产生非线性失真。

若 I_{BQ} 较大,放大电路的静态工作点比较高,如图 5-8 所示的 Q_1 点,在输入信号的正半周,晶体管进入饱和区,集电极电流呈上削波,放大电路的输出电压产生饱和失真。由于共射极放大电路输入与输出反相,因此输出电压呈下削波。此时,可以改变电路参数,以减小 I_{BQ},消除饱和失真。

若 I_{BQ} 较小,放大电路的静态工作点比较低,如图 5-8 所示的 Q_2 点,在输入信号的负半周,

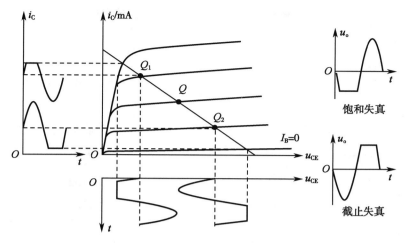

图 5-8 静态工作点对波形失真的影响

晶体管进入截止区,使 i_B 及 i_C 近似为零,集电极电流呈下削波,放大电路的输出电压产生截止失真,输出电压呈上削波。此时,可以改变电路参数,以增大 I_{BQ},使晶体管脱离截止区,消除截止失真。

由上述分析可知,交流放大电路中如果不设置静态工作点,输入的交流信号就无法全部通过放大电路,造成传输过程中信号的严重失真;若静态工作点设置不合适,同样会发生传输过程中的饱和失真和截止失真。

(3)静态工作点的稳定:设置合适的静态工作点显然是放大电路保证信号传输质量的必要条件,其设置的原则是保证输入信号不失真地输出,同时还要保证静态工作点的相对稳定。

影响静态工作点稳定的原因较多,其中环境温度的变化是影响静态工作点稳定的主要因素。当环境温度变化时,放大电路中的各参量将随之发生变化。当温度升高时,晶体管内部载流子运动加剧,造成输出特性曲线上移,静态工作点 Q 随之上移,放大电路会发生饱和失真。

固定偏置的放大电路存在很大的不足。其基极电位基本恒定,当环境温度升高时,Q 点上移,I_C 增大,U_{CE} 减小导致集电极电位 V_C 降低,如果 $V_C < V_B$,则集电结就会由反偏变为正偏,电路出现饱和失真。

稳定静态工作点是设法使静态集电极电流 I_C 保持恒定。为此可以从电路结构入手,对固定偏置的共射极放大电路进行改造,以达到稳定静态工作点的目的。通常采用的是基极分压式偏置共射极放大电路。

(二)分压式偏置共射极放大电路

分压式偏置共射极放大电路如图 5-9(a)所示,图 5-9(b)为其直流通路。

1. 电路的特点 与固定偏置的共射极放大电路相比,分压式偏置共射极放大电路采用了两个基极分压电阻 R_{B1} 和 R_{B2} 构成偏置电路,可获得一个恰当的基极电位 V_B,以确保在信号传输的过程中晶体管始终工作在放大区,保证放大电路正常工作。电路中的反馈电阻 R_E 则起稳定工作点的作用,抑制由于温度变化对放大电路产生的影响。

(1)对电路参数的要求:电路需满足 $I_1 \approx I_2 \gg I_B$ 的小信号条件。在小信号条件下,I_B 可近

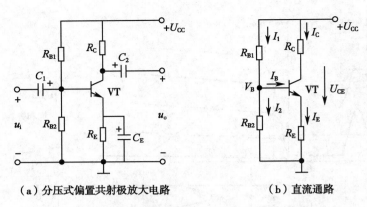

（a）分压式偏置共射极放大电路　　　　**（b）直流通路**

图 5-9　分压式偏置共射极放大电路及其直流通路

似视为 0 值，R_{B1} 和 R_{B2} 可以对 U_{CC} 进行分压。基极电位 V_B 为

$$V_B = \frac{R_{B2}}{R_{B1}+R_{B2}} U_{CC} \qquad\qquad 式（5-4）$$

由式（5-4）可知，V_B 的大小与晶体管的参数无关，不会受温度变化的影响。

（2）对工作点的稳定：电路中加入了射极反馈电阻 R_E，当温度升高时，具有自调节能力。

设放大电路环境温度升高，由图 5-9（b）可知

$$T\uparrow \rightarrow I_C\uparrow \rightarrow I_E\uparrow \rightarrow V_E\uparrow \rightarrow V_{BE}\downarrow \rightarrow I_B\downarrow \rightarrow I_C\downarrow$$

因此温度变化时，I_C 基本不受影响，由于电路具有对温度变化的自调节能力，因此集电极电流基本恒定，即

$$I_C \approx I_E = \frac{V_B-U_{BE}}{R_E} \approx \frac{V_B}{R_E} \qquad\qquad 式（5-5）$$

式中，U_{BE} 很小，$V_B \gg U_{BE}$，只要基极电位 V_B 和射极反馈电阻 R_E 不变，集电极电流基本不变。

（3）对电路放大能力的影响：输入交流信号时，射极旁路电容 C_E 将反馈电阻 R_E 短路，使放大电路的放大能力不受影响。

2. 分压式偏置共射极放大电路的静态分析　根据图 5-9（b）所示的分压式偏置共射极放大电路的直流通路。可用估算法求得静态工作点。

由式（5-4）有

$$V_B = \frac{R_{B2}}{R_{B1}+R_{B2}} U_{CC}$$

$$I_{CQ} \approx I_{EQ} = \frac{U_E}{R_E} = \frac{V_B-U_{BEQ}}{R_E}$$

式中，对硅管 U_{BEQ} 约为 0.7V，锗管约为 0.3V。

对集电极输出回路，由 KVL 可得

$$U_{CEQ} = U_{CC} - I_{CQ}R_C - I_{EQ}R_E \approx U_{CC} - I_{CQ}(R_C+R_E)$$

设置合适的静态工作点是对放大电路的基本要求。在分压式偏置的共射极放大电路中，基极电位 V_B 选择偏高或偏低时，静态工作点 Q 随之上移或下行，会使放大电路产生失

真。通过选择合适的分压电阻 R_{B1} 和 R_{B2}，可获得一个恰当的基极电位 V_B 值，使放大电路正常工作。

三、单管低频放大器动态分析

交流放大电路放大的对象是交流信号，放大电路加入交流输入信号的工作状态称为**动态**。动态时，放大电路输入的是交流微弱小信号；电路内部各电压、电流都是交直流共存的叠加量；放大电路输出的则是被放大的输入信号。求解放大电路的动态指标的过程称为**动态分析**，分析方法有图解法和微变等效电路法。下面以分压式偏置共射极放大电路为例，介绍单管低频放大器动态分析的微变等效电路法。

（一）分压式偏置共射极放大电路的交流通路

动态分析的对象是交流量，因此用交流通路进行分析。

所谓交流通路是指放大电路中只有交流输入信号作用的电路。此时直流电源 U_{CC} 为 0，可视为"接地"，R_{B1} 相当于接在基极与"地"之间，R_C 相当于接于集电极与"地"之间；电路中的电容交流短路。设信号源电压为 u_s，内阻为 R_s，外接负载为 R_L，可画出如图 5-10 所示的分压式偏置共射极放大电路的交流通路。

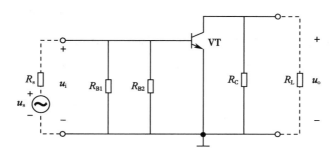

图 5-10　分压式偏置共射极放大电路的交流通路

（二）微变等效电路法

微变等效电路法是在满足小信号条件下，将晶体管等效为一个线性元件，这样就可以把放大电路等效为一个近似的线性电路，然后应用线性电路的分析方法来计算放大电路的性能指标。一般情况下，由高、低频小功率管构成的放大电路都符合小信号条件。因此其输入、输出特性在小范围内均可视为线性。

（1）晶体管的小信号电路模型：如图 5-11（a）所示，晶体管为共射极接法。

对晶体管输入回路，静态工作点 Q 在晶体管的输入特性曲线上的位置如图 5-11（b）所示，由图中可见，当在工作点附近叠加上一个交流中信号时，输入端电压的变化 Δu_{BE} 与电流的变化 Δi_B 呈线性关系，因此可以用一个等效的交流动态电阻 r_{be} 来等效，称为**晶体管的输入电阻**。对于低频小功率晶体管，其输入电阻 r_{be} 常用下述经验公式估算：

$$r_{be} = 300 + (\beta+1)\frac{26\text{mV}}{I_{EQ}(\text{mA})} \qquad \text{式(5-6)}$$

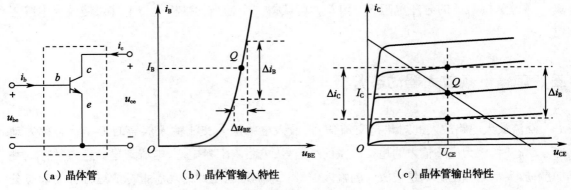

| （a）晶体管 | （b）晶体管输入特性 | （c）晶体管输出特性 |

图 5-11　晶体管小信号电路模型分析

对晶体管的输出回路，静态工作点 Q 在晶体管的输出特性曲线上的位置如图 5-11（c）所示，晶体管工作在放大区。输出特性曲线在放大区域内可认为呈水平线。当 U_{CE} 为常数时有 $\beta = \Delta i_C / \Delta i_B = i_c / i_b$，因此集电极和发射极之间可等效为一个受 i_b 控制的电流源 βi_c。

由上面的分析，可得到如图 5-12 所示的晶体管的小信号电路模型。

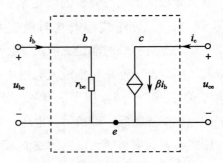

图 5-12　晶体管的小信号电路模型

（2）分压式偏置共射放大电路的微变等效电路：对图 5-10 所示的分压式偏置共射极放大电路的交流通路，将其中的晶体管用其小信号电路模型代替，就可得到分压式偏置共射极放大电路的微变等效电路，如图 5-13 所示。

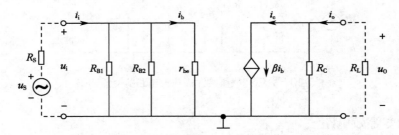

图 5-13　分压式偏置共射极放大电路的微变等效电路

（3）放大电路的电压放大倍数：放大电路的放大倍数是用来表征放大电路对微弱信号放大能力的参量，它是输出信号比输入信号增大的倍数，又称为**增益**。电压放大倍数，又称为**电压增益**，其定义为

$$\dot{A}_u = \frac{\dot{U}_o}{\dot{U}_i}$$ 式（5-7）

在放大电路的中频段，电压放大倍数可用式（5-8）求得

$$A_u = \frac{U_o}{U_i} = \frac{u_o}{u_i}$$ 式（5-8）

由图 5-13，根据式（5-8），可求得分压式偏置的共射极放大电路的放大倍数为

$$A_u = \frac{u_o}{u_i} = \frac{-\beta i_b R'_L}{r_{be} i_b} = -\beta \frac{R'_L}{r_{be}} \qquad \text{式}(5\text{-}9)$$

式中，$R'_L = R_C // R_L$，负号表示输出电压与输入电压反相。

共射极放大电路的电压放大倍数随负载增大而下降很多，说明这种放大电路的带负载能力不强。

放大电路空载时，电压放大倍数为

$$A_u = -\beta \frac{R_C}{r_{be}} \qquad \text{式}(5\text{-}10)$$

如果分压式偏置的共射极放大电路中不接旁路电容 C_E，交流通路中反馈电阻 R_E 仍起作用，放大电路的微变等效电路如图 5-14 所示。

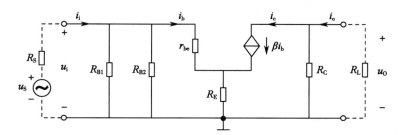

图 5-14　无 C_E 放大电路的微变等效电路

此时，放大电路的电压放大倍数为

$$A_u = \frac{u_o}{u_i} = \frac{-\beta i_b R'_L}{r_{be} i_b + (1+\beta) i_b R_E} = -\frac{\beta R'_L}{r_{be} + (1+\beta) R_E} \qquad \text{式}(5\text{-}11)$$

可见，如果去掉射极旁路电容 C_E，在负载不变情况下，电压放大倍数 A_u 降低。

（4）放大电路的输入电阻：从放大电路的输入端看进去的动态等效电阻，用 r_i 表示，即

$$r_i = \frac{u_i}{i_i} \qquad \text{式}(5\text{-}12)$$

由图 5-13，根据式（5-11），可求得分压式偏置的共射极放大电路的输入电阻为

$$r_i = R_{B1} // R_{B2} // r_{be}$$

由于 $R_{B1} // R_{B2} \gg r_{be}$，因此有

$$r_i = R_{B1} // R_{B2} // r_{be} \approx r_{be} \qquad \text{式}(5\text{-}13)$$

放大电路的输入电阻 r_i 反映了放大电路对信号源的衰减程度。对于信号源，放大电路相当于一个电阻值为 r_i 的负载，输入电阻 r_i 的大小决定了放大电路从信号源吸取电流的大小。r_i 越大，放大电路从信号源索取的电流越小，加到放大电路输入端的信号 u_i 越接近信号源电压 u_s。在共射极放大电路中，r_i 近似等于 r_{be}，一般只有几百至几千欧姆。

（5）放大电路的输出电阻：放大电路输出端的戴维宁动态等效电阻，用 r_o 表示，即

$$r_o = \left. \frac{u_o}{i_o} \right|_{u_s = 0, R_L = \infty} \qquad \text{式}(5\text{-}14)$$

由图 5-13,根据式(5-14),可求得分压式偏置的共射极放大电路的输出电阻为

$$r_o = R_C \qquad\qquad\qquad 式(5-15)$$

输出电阻 r_o 的大小,反映了放大电路带负载能力的强弱。放大电路的输出电阻 r_o 越小,负载电阻 R_L 的变化对输出电压的影响就越小,带负载能力越强。共射极放大电路的输出电阻 r_o 通常为几千欧至几十千欧。

【例 5-2】 如图 5-9(a)所示共射极放大电路中,已知: $U_{CC} = 12V$, $R_{B1} = 20k\Omega$, $R_{B2} = 12k\Omega$, $R_C = 3k\Omega$, $R_E = 2k\Omega$, $R_L = 3k\Omega$, $\beta = 40$ 。试估算静态工作点,并求电压放大倍数、输入电阻和输出电阻。

解: 放大电路的直流通路如图 5-9(b)所示。

$$V_B = \frac{R_{B2}}{R_{B1}+R_{B2}} U_{CC} = \frac{10}{20+10} \times 12 = 4V$$

$$I_{CQ} \approx I_{EQ} = \frac{V_B - U_{BEQ}}{R_E} = \frac{4-0.7}{2} = 1.65mA$$

$$I_{BQ} = \frac{I_{CQ}}{\beta} = \frac{1.65}{40} mA \approx 41\mu A$$

$$U_{CEQ} \approx U_{CC} - I_{CQ}(R_C + R_E) = 12 - 1.65 \times (3+2) = 3.75V$$

放大电路的交流通路如图 5-10 所示,将晶体管用小信号电路模型代替,可得到该放大电路的微变等效电路如图 5-13 所示。其中

$$r_{be} = 300 + (\beta+1)\frac{26mV}{I_{EQ}(mA)} = 300 + (40+1) \times \frac{26}{1.65} \approx 0.95k\Omega$$

$$A_u = \frac{u_o}{u_i} = \frac{-\beta R_C /\!/ R_L}{r_{be}} = -\frac{40 \times 1.5}{0.95} \approx -63$$

$$r_i = R_{B1} /\!/ R_{B2} /\!/ r_{be} = 24 /\!/ 12 /\!/ 0.95 \approx 0.85k\Omega$$

$$r_o = R_C = 3k\Omega$$

共射极放大电路的主要任务是对输入的小信号进行电压放大,具有较高的电压放大倍数,其输入电阻较低但输出电阻较高,较广泛地应用于放大电路的输入级、中间级和输出级。

上述对共射极放大电路的分析方法也适用于分析其他形式的放大电路。

第二节　多级阻容耦合放大器

单管放大电路的放大倍数一般为几倍至几十倍。而在实际应用的电子设备中,这样的放大倍数往往是不够用的。为此,需要把若干单级放大电路串接起来,组成多级放大电路,前一级的输出加到后一级的输入,使信号逐渐放大到所需的数值。多级放大电路的组成框图如图 5-15 所示。

多级放大电路的级与级之间、信号源与放大电路之间、放大电路与负载之间的连接均称

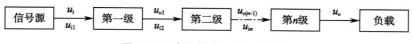

图 5-15　多级放大电路组成框图

为**耦合**。常用的耦合方式有直接耦合、阻容耦合及变压器耦合等。本节只讨论阻容耦合放大器。

一、多级阻容耦合放大器电路组成

在多级放大电路中,级与级之间通过耦合电容与下级输入电阻连接的耦合方式称为**阻容耦合**。如图 5-16 所示,为两级阻容耦合放大电路。

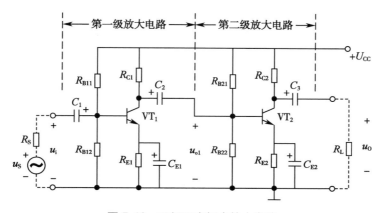

图 5-16　两级阻容耦合放大电路

图 5-16 中,两级放大电路均为分压式偏置的共射极放大电路,电容 C_1 将输入信号耦合到第一级放大电路的晶体管 VT_1 的基极;电容 C_2 将 VT_1 的输出信号耦合到第二级放大电路的晶体管 VT_2 的基极;电容 C_3 将 VT_2 的输出信号耦合到外接负载 R_L。

二、多级阻容耦合放大器工作原理

1. 静态分析　由于多级阻容耦合放大电路前后级是通过电容相连的,在直流通路上求解静态工作点时,电容相当于开路,所以各级的静态工作点相互独立,不相互影响。对于每一级放大电路,可以画出各自的直流通路,分别计算各级的静态工作点。

2. 动态分析　多级放大电路的动态分析可使用微变等效电路法。

在对多级放大电路进行动态分析时,各级之间是互相联系的:前一级放大电路的输出电压是后一级放大电路的输入电压;后一级放大电路可视为前一级放大电路的负载,其输入电阻是前一级放大电路的交流负载电阻。下面以图 5-16 所示的两级放大电路为例,讨论多级阻容耦合放大电路的动态指标。

图 5-16 所示的两级阻容耦合放大电路的微变等效电路,如图 5-17 所示。

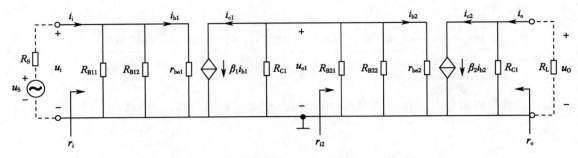

图 5-17　两级阻容耦合放大电路的微变等效电路

（1）输入电阻和输出电阻：图 5-17 中 r_i 为多级放大电路的输入电阻，r_o 为多级放大电路的输出电阻。

由图 5-17 中可以看出，多级放大电路的输入电阻 r_i 即为第一级放大电路的输入电阻，而多级放大电路的输出电阻 r_o 为最后一级的输出电阻。

（2）电压增益：图 5-17 中，第一级放大电路和第二级放大电路的电压增益分别为

$$A_{u1} = \frac{u_{o1}}{u_i}$$

$$A_{u2} = \frac{u_o}{u_{i2}}$$

由图 5-17 可知，$u_{i2} = u_{o1}$，因此两级放大电路总的电压增益为

$$A_u = \frac{u_o}{u_i} = \frac{u_{o1}}{u_i} \frac{u_o}{u_{i2}} = A_{u1}A_{u2} \qquad\qquad 式（5-16）$$

式（5-16）可推广应用于 n 级放大电路，即

$$A_u = A_{u1}A_{u2} \cdots A_{un} \qquad\qquad 式（5-17）$$

多级放大电路的放大倍数为各级电压放大倍数的乘积。

需要强调的是，在计算每一级的电压放大倍数时，要把后一级的输入电阻视为它的负载电阻。

阻容耦合的优点：前级和后级直流通路彼此隔开，每一级的静态工件点相互独立，互不影响，便于分析、设计和调试电路；只要电容选得足够大，在一定频率范围内的信号可以几乎不衰减地传送到下一级，实现逐级放大。因此，阻容耦合在多级交流放大电路中得到了广泛应用。

阻容耦合的缺点：①对直流信号及变化缓慢（频率较低）的信号很难传输；②大容量电容在集成电路中难以制造，不利于集成化。所以，阻容耦合适用于分立元件组成的电路。

【例 5-3】 如图 5-16 所示两级阻容耦合放大电路中，已知：$U_{CC} = 15V$，$R_{B11} = 100k\Omega$，$R_{B12} = 15k\Omega$，$R_{C1} = 5k\Omega$，$R_{E1} = 0.85k\Omega$，$R_{B21} = 100k\Omega$，$R_{B22} = 22k\Omega$，$R_{E2} = 1k\Omega$，$R_{C2} = 3k\Omega$，$R_L = 1k\Omega$，晶体管的电流放大倍数 $\beta_1 = \beta_2 = 50$。试求：

（1）电路的静态工作点。

（2）电压放大倍数、输入电阻和输出电阻。

解:（1）图 5-16 所示放大电路,第一级、第二级都是分压式偏置的共射极放大电路,阻容耦合,所以各级静态工作点可单独计算。

第一级:

$$V_{B1} = \frac{R_{B12}}{R_{B11}+R_{B12}}U_{CC} = \frac{15}{100+15} \times 15 \approx 1.96V$$

$$I_{CQ1} \approx I_{EQ1} = \frac{V_{B1}-U_{BEQ1}}{R_{E1}} = \frac{1.96-0.7}{0.85} \approx 1.48mA$$

$$I_{BQ1} = \frac{I_{CQ1}}{\beta_1} = \frac{1.48}{50}mA \approx 29.6\mu A$$

$$U_{CEQ1} \approx U_{CC} - I_{CQ1}(R_{C1}+R_{E1}) = 15 - 1.48 \times (5+0.85) = 6.34V$$

第二级:

$$V_{B2} = \frac{R_{B22}}{R_{B21}+R_{B22}}U_{CC} = \frac{22}{100+22} \times 15 \approx 2.7V$$

$$I_{CQ2} \approx I_{EQ2} = \frac{V_{B2}-U_{BEQ2}}{R_{E2}} = \frac{2.7-0.7}{1} \approx 2mA$$

$$I_{BQ2} = \frac{I_{CQ2}}{\beta_2} = \frac{2}{50}mA \approx 40\mu A$$

$$U_{CEQ2} \approx U_{CC} - I_{CQ2}(R_{C2}+R_{E2}) = 15 - 2 \times (3+1) = 7V$$

（2）电压放大倍数、输入电阻和输出电阻:利用图 5-17 所示电路,可求得电压放大倍数、输入电阻和输出电阻。图中:

$$r_{be1} = 300 + (\beta_1+1)\frac{26mV}{I_{EQ1}(mA)} = 300 + (50+1) \times \frac{26}{1.48} \approx 1.2k\Omega$$

$$r_{be2} = 300 + (\beta_2+1)\frac{26mV}{I_{EQ2}(mA)} = 300 + (50+1) \times \frac{26}{2} \approx 0.96k\Omega$$

在计算第一级电路的放大倍数时,第二级的输入电阻视为负载,第二级的输入电阻为

$$r_{i2} = R_{B21}/\!/R_{B22}/\!/r_{be2} = 100/\!/22/\!/0.96 \approx 0.96k\Omega$$

则第一级电压放大倍数为

$$A_{u1} = \frac{-\beta_1 R_{C1}/\!/r_{i2}}{r_{be1}} = -\frac{50 \times 5/\!/0.96}{1.2} \approx -33.5$$

第二级电压放大倍数为

$$A_{u2} = \frac{-\beta_2 R_{C2}/\!/R_L}{r_{be2}} = -\frac{50 \times 3/\!/1}{0.96} \approx -39.1$$

由式（5-17）可得总的电压放大倍数为

$$A_u = A_{u1}A_{u2} = -33.5 \times (-39.1) \approx 1\,310$$

电压放大倍数为正值,表示图 5-16 所示两级放大电路的输出电压与输入电压同相。

放大电路的输入电阻为

$$r_i = r_{i1} = R_{B11} /\!/ R_{B12} /\!/ r_{be1} = 100 /\!/ 15 /\!/ 1.2 \approx 1.2 \text{k}\Omega$$

放大电路的输入电阻为

$$r_o = r_{o2} = R_{C2} = 3 \text{k}\Omega$$

第三节　负反馈放大器

电子设备对所应用的放大器的质量要求很高,为了提高放大器的质量,常常在放大器上加一负反馈网络,构成负反馈放大器。由于负反馈是实现高质量放大器的一种重要措施,因而负反馈放大器在电子电路中应用非常广泛。

一、负反馈的定义

在前面讨论放大器的静态工作点稳定问题时已接触过反馈现象。与图 5-3 所示的基本共射极放大电路相比,图 5-9(a)所示的分压式偏置共射极放大电路中增加了射极电阻 R_E 这一反馈环节,反馈电阻 R_E 在电路中起到了稳定工作点的作用,抑制了由于温度变化对放大电路产生的影响。

1. **反馈的定义**　将放大器输出信号的一部分或全部,通过反馈网络(如 R_E)送到电路输入端,并对输入信号进行调整的过程称为**反馈**。具有反馈的放大器称为**反馈放大器**。

2. **反馈放大器的组成**　反馈放大电路由基本放大电路和反馈网络两部分组成,图 5-18 为反馈放大电路的组成框图,其中反馈网络并没有放大作用,常由电阻及电容元件构成。

图 5-18 中,x_i、x_f、x_{id} 和 x_o 分别表示放大电路的输入量、反馈量、净输入量和输出量,它们既可以是电压,也可以是电流。箭头表示信号的传输方向。$\otimes$ 表示比较环节,将输入量 x_i 与反馈量 x_f 进行比较,比较的结果即为送往基本放大电路的净输入量 x_{id},经放大后得到输出量 x_o。

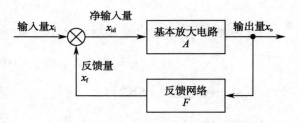

图 5-18　反馈放大器的组成框图

3. **反馈的分类**

(1)正反馈和负反馈:根据反馈极性的不同,可将反馈分为正反馈和负反馈。

1)负反馈:反馈信号使输入信号削弱,即净输入信号小于输入信号。

2)正反馈:反馈信号使输入信号增强,即净输入信号大于输入信号。

判别正反馈和负反馈可采用瞬时极性法:先假设输入信号为某一个瞬时极性,然后逐级判断电路中与反馈相关各点瞬时信号极性,最后判断反馈到输入端信号的瞬时极性,若反馈信号削弱原输入信号,则为负反馈。反之,为正反馈。

利用瞬时极性法判别正负反馈时，一般可使用下述判断原则：①如果反馈量与输入量在输入回路的不同端点时，极性相同为负反馈，反之，为正反馈；②如果反馈量与输入量在输入回路的同一端点时，极性相同为正反馈，反之，为负反馈。

由于正反馈使放大器工作不稳定，多用于振荡器中。

负反馈具有自动调整作用，例如由于某种原因使负反馈放大器的输出量 x_o 变大，由图 5-18 可知

$$x_o \uparrow \rightarrow x_f \uparrow \rightarrow x_{id} \downarrow \rightarrow x_o \downarrow$$

因此，当输出量发生变化时，负反馈可以保证输出量基本恒定。由此或见，负反馈可改善放大器的性能，所以放大电路中常引入负反馈。

（2）直流反馈和交流反馈：根据反馈信号本身的交直流性质，可将反馈分为交流反馈和直流反馈。

1）直流反馈：反馈信号为直流信号，即只在直流通路中存在的反馈。

2）交流反馈：反馈信号为交流信号，即只在交流通路中存在的反馈。

在很多放大电路中，常常是既有交流反馈，又有直流反馈。

判别直流反馈和交流反馈可采用电容观察法：①如果在反馈网络中串联隔直电容，则反馈网络隔断直流，此时反馈只对交流起作用，为交流反馈；②如果在起反馈作用的电阻两端并联旁路电容，则反馈网络只对直流起作用，为直流反馈；③如果反馈网络中没有电容，就是交直流反馈。

【例 5-4】 如图 5-19 所示放大电路，试判断电路有无反馈？是正反馈还是负反馈？是直流反馈还是交流反馈？

解： 电路中 R_E 既属于输入又属于输出回路，所以该放大电路有反馈。

如图 5-19 所示，设输入信号 u_i 瞬时为"+"极性，可推出 R_E 对地为"+"极性，反馈使 u_{id} 减小，所以为负反馈。

反馈电阻 R_E 既没有串联隔直电容也没有并联旁路电容，所以为交直流反馈。

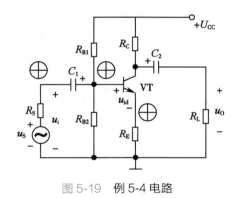

图 5-19　例 5-4 电路

二、负反馈放大器的分类

根据反馈网络在基本放大电路输出端取样信号的不同，反馈可分为电压反馈和电流反馈。根据反馈网络在输入端连接方式的不同，反馈可分为串联反馈和并联反馈。

从输出看，反馈网络与基本放大器并联，反馈信号取自输出电压信号的反馈称为**电压反馈**；而反馈网络与基本放大器串联，反馈信号取自输出电流信号的反馈称为**电流反馈**。

假设将输出端交流短路($u_o=0$),如果反馈信号为0,则说明是电压反馈;若反馈量不等于0,则说明是电流反馈。

由于负反馈具有自动调整作用,所以电压负反馈可以稳定输出电压,电流负反馈可以稳定输出电流。

从输入端看,反馈网络与基本放大器串联,反馈信号与输入信号在输入回路中以电压的形式进行比较的反馈称为**串联反馈**;而反馈网络与基本放大器并联,反馈信号与输入信号在输入回路中以电流的形式进行比较的反馈称为**并联反馈**。

若反馈量与输入量在输入回路中的不同端点,对应的是电压求和,说明是串联反馈;反馈量与输入量在输入回路中的同一端点,对应的是电流求和,说明是并联反馈。

由上述分析可知,负反馈放大器可分为四种类型:电压串联负反馈、电压并联负反馈、电流串联负反馈和电流并联负反馈。

1. 电压串联负反馈 电压串联负反馈的结构框图如图 5-20(a)所示。由图中可以看出:在输出端,反馈网络与基本放大电路并联,反馈信号取自输出电压 u_o;在输入端,反馈网络与基本放大电路串联,反馈信号电压 u_f 与输入信号 u_i 进行比较;反馈信号削弱了原输入信号,即

$$u_{id} = u_i - u_f \qquad\qquad 式(5\text{-}18)$$

根据上述分析可知,反馈类型为电压串联负反馈。

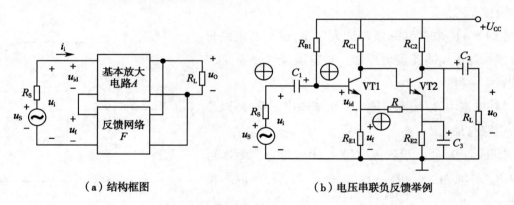

（a）结构框图　　　　　　　　　　（b）电压串联负反馈举例

图 5-20　电压串联负反馈

图 5-20(b)为电压串联负反馈的例子。由图中可以看出:u_o 经 R 与 R_{E1} 分压反馈到输入回路,故有反馈。反馈使净输入电压 u_{id} 减小,为负反馈。在输出端,反馈信号 u_f 与输出电压 u_o 成比例,若 $u_o=0$,则 $u_f=0$,因此为电压反馈;在输入回路中,反馈信号与输入信号接在不同端点,反馈电压 u_f 与输入信号 u_i 进行比较,为串联反馈。综上所述,该反馈为电压串联负反馈。

2. 电压并联负反馈 电压并联负反馈的结构框图如图 5-21(a)所示。由图中可以看出:在输出端,反馈网络与基本放大电路并联,反馈信号取自输出电压 u_o;在输入端,反馈网络与基本放大电路并联,反馈电流 i_f 与输入电流 i_i 进行比较;反馈信号削弱了原输入信号,即

$$i_{id} = i_i - i_f \qquad\qquad 式(5\text{-}19)$$

根据上述分析可知,反馈类型为电压并联负反馈。

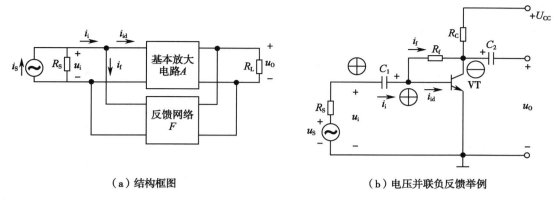

（a）结构框图　　　　　　　　　　　　　（b）电压并联负反馈举例

图 5-21　电压并联负反馈

图 5-21（b）为电压并联负反馈的例子。由图中可以看出:R_f 为输入回路和输出回路的公共电阻,故有反馈。反馈使净输入电流 i_{id} 减小,为负反馈。在输出端,反馈电流 i_f 为

$$i_f = \frac{u_i - u_o}{R_f} \approx -\frac{u_o}{R_f}$$

即反馈信号与输出电压 u_o 成比例,为电压反馈;在输入回路中,反馈信号与输入信号接在同一端点,反馈电流 i_f 与输入电流 i_i 进行比较,为并联反馈。综上所述,该反馈为电压并联负反馈。

3. 电流串联负反馈　电流串联负反馈的结构框图如图 5-22（a）所示。由图中可以看出:在输出端,反馈网络与基本放大电路串联,反馈信号取自输出电流 i_o;在输入端,反馈网络与基本放大电路串联,反馈信号电压 u_f 与输入电压 u_i 进行比较;反馈信号削弱了原输入信号。反馈类型为电流串联负反馈。

图 5-22（b）为电流串联负反馈的例子。由图中可以看出:R_f 为输入回路和输出回路的公共电阻,故有反馈。反馈使净输入电压 u_{id} 减小,为负反馈。在输出端,$u_o = 0$,反馈存在,故为电流反馈。在输入回路中,反馈信号与输入信号接在不同端点,反馈电压 u_f 与输入信号 u_i 进行比较,为串联反馈。综上所述,该反馈为电流串联负反馈。

4. 电流并联负反馈　电流并联负反馈的结构框图如图 5-23（a）所示。由图中可以看出:

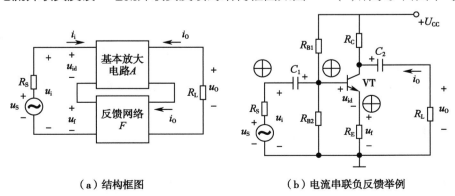

（a）结构框图　　　　　　　　　　　　　（b）电流串联负反馈举例

图 5-22　电流串联负反馈

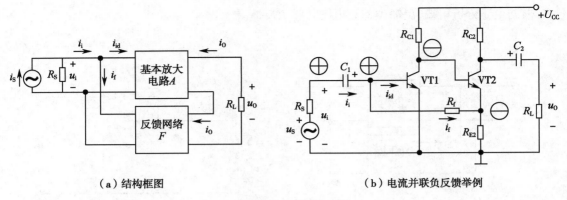

（a）结构框图　　　　　　　　　　　（b）电流并联负反馈举例

图 5-23　电流并联负反馈

在输出端，反馈网络与基本放大电路串联，反馈信号取自输出电流 i_o；在输入端，反馈网络与基本放大电路并联，反馈电流 i_f 与输入电流 i_i 进行比较；反馈信号削弱了原输入信号。反馈类型为电流并联负反馈。

图 5-23（b）为电流并联负反馈的例子。由图中可以看出：R_f 为输入回路和输出回路的公共电阻，故有反馈。反馈使净输入电流 i_{id} 减小，为负反馈。在输出端，$u_o = 0$，反馈存在，故为电流反馈。在输入回路中，反馈信号与输入信号接在同一端点，反馈电流 i_f 与输入电流 i_i 进行比较，为并联反馈。综上所述，该反馈为电流串联负反馈。

三、负反馈对放大器工作性能的影响

在放大电路中，直流负反馈能稳定静态工作点，而对于放大电路的动态参数没有影响；而交流负反馈对放大电路的动态参数会产生不同的影响，是改善电路技术指标的主要措施，也是下面要讨论的主要内容。

（一）负反馈对放大电路增益的影响

负反馈对放大电路动态指标的改善是以降低放大电路的增益为代价的。

1. **降低放大电路增益**　在放大电路中，信号的传输是从输入端到输出端，这个方向称为**正向传输**。而反馈信号从输出端到输入端，是反向传输。

无反馈的基本放大电路称为**开环放大电路**，信号正向传输，其放大倍数 A 也称为**开环放大倍数**。

$$A = \frac{x_o}{x_{id}}$$ 式（5-20）

反馈系数：反馈网络的输出信号与输入信号之比，也称为**反馈网络的传输系数**，用 F 表示。即

$$F = \frac{x_f}{x_o}$$ 式（5-21）

由图 5-18 可以看出，引入负反馈的基本放大电路与反馈网络构成了一个闭环系统，所以引入负反馈的放大电路称为**闭环放大电路**，其放大倍数称为**闭环放大倍数**，用 A_f 表示。由图

5-18 有

$$x_{id} = x_i - x_f \qquad \text{式（5-22）}$$

$$A_f = \frac{x_o}{x_i} = \frac{x_o}{x_{id} + x_f} = \frac{A}{1+AF} \qquad \text{式（5-23）}$$

式（5-23）中，$(1+AF)$ 称为**反馈深度**，反馈深度反映了反馈的强弱。

当 $AF \gg 1$ 时，称为**深度负反馈**，此时

$$A_f \approx \frac{1}{F} \qquad \text{式（5-24）}$$

由式（5-23）可知，负反馈放大电路的闭环放大倍数 A_f 是开环电压放大倍数 A 的 $1/(1+AF)$，因此负反馈使放大倍数下降。

2. **提高增益的稳定性** 将式（5-23）对 A 求导可得

$$\frac{dA_f}{dA} = \frac{1}{(1+AF)^2}$$

即

$$\frac{dA_f}{A_f} = \frac{1}{1+AF} \cdot \frac{dA}{A} \qquad \text{式（5-25）}$$

由式（5-25）可知，闭环增益相对变化量比开环减小了 $1+AF$ 倍，即有负反馈时增益的稳定性比无反馈时提高了 $(1+AF)$ 倍。

由式（5-24）可知，在深度负反馈条件下，闭环增益只取决于反馈网络。当反馈网络由稳定的线性元件组成时，闭环增益将有很高的稳定性。负反馈以牺牲放大倍数，换取了放大倍数稳定性的提高。

（二）负反馈对非线性失真的影响

通过前面的讨论可知，由于晶体管为非线性器件，因此在放大电路中容易产生非线性失真，特别是当输入信号幅度比较大时，非线性失真会更加严重。引入负反馈后，则可以减小非线性失真。

如图 5-24 所示为负反馈对非线性失真的影响。

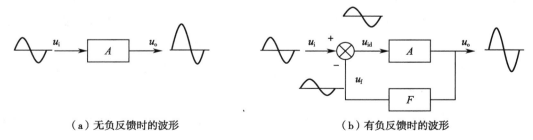

（a）无负反馈时的波形 （b）有负反馈时的波形

图 5-24　负反馈改善非线性失真

图 5-24（a）为未加负反馈，输入 u_i 为正弦波信号，输出波形 u_o 正半周大负半周小，产生了失真。引入负反馈后，这一失真的信号被送往反馈网络，由于反馈网络由线性元件构成，所以

反馈输出 u_{f} 的波形也是正半周大负半周小。由于引入的是负反馈，u_{i} 与 u_{f} 在输入端相减得到的净输入信号 u_{id} 的波形为正半周小而负半周大，经过基本放大器放大后，输出信号波形近似为正弦波，如图 5-24（b）所示。因此，负反馈能够减小放大电路的非线性失真。

需要注意的是，负反馈只能改善反馈环内产生的非线性失真，无法改善输入信号本身产生的失真。

（三）负反馈对输入电阻的影响

负反馈对输入电阻的影响与反馈在输入端接入的方式有关，即与串联或并联反馈有关。

1. **串联负反馈使输入电阻增加**　图 5-20 与图 5-22 中，从输入端看均为串联负反馈，负反馈放大电路的输入电阻为

$$r_{\mathrm{if}}=\frac{u_{\mathrm{i}}}{i_{\mathrm{i}}}=\frac{u_{\mathrm{id}}+u_{\mathrm{f}}}{i_{\mathrm{i}}}=\frac{u_{\mathrm{id}}+Fu_{\mathrm{o}}}{i_{\mathrm{i}}}=\frac{u_{\mathrm{id}}+AFu_{\mathrm{id}}}{i_{\mathrm{i}}}=(1+AF)\frac{u_{\mathrm{id}}}{i_{\mathrm{i}}}$$

式中，$u_{\mathrm{id}}/i_{\mathrm{i}}$ 为开环输入电阻，即基本放大电路的输入电阻 r_{i}，因此有

$$r_{\mathrm{if}}=(1+AF)r_{\mathrm{i}} \qquad\qquad 式（5\text{-}26）$$

引入串联负反馈，相当于在输入回路中串联了一个电阻，故输入电阻增加。深度串联负反馈的输入电阻趋近于 ∞。

2. **并联负反馈使输入电阻减小**　图 5-21 与图 5-23 中，从输入端看均为并联负反馈，负反馈放大电路的输入电阻为

$$r_{\mathrm{if}}=\frac{u_{\mathrm{i}}}{i_{\mathrm{i}}}=\frac{u_{\mathrm{id}}}{i_{\mathrm{id}}+i_{\mathrm{if}}}=\frac{u_{\mathrm{id}}}{i_{\mathrm{id}}+Fi_{\mathrm{o}}}=\frac{u_{\mathrm{id}}}{i_{\mathrm{id}}+AFi_{\mathrm{id}}}=\frac{1}{1+AF}\frac{u_{\mathrm{id}}}{i_{\mathrm{i}}}$$

即

$$r_{\mathrm{if}}=\frac{r_{\mathrm{i}}}{1+AF} \qquad\qquad 式（5\text{-}27）$$

引入并联负反馈，相当于在输入回路中并联了一条支路，故输入电阻减小。深度并联负反馈的输入电阻趋近于 0。

（四）负反馈对输出电阻的影响

负反馈对输出电阻的影响与反馈在输出端的取样信号有关，即与电压或电流反馈有关。

1. **电压负反馈使输出电阻减小**　根据输出电阻的物理意义可知，输出电阻越小，负载电阻的变化对输出电压影响越小，输出电压就越稳定，反之亦然。

电压负反馈可以稳定输出电压，即电压负反馈能减小放大电路的输出电阻。深度电压负反馈条件下，其输出电阻趋近于 0。

2. **电流负反馈使输出电阻增大**　输出电阻越大，负载电阻的变化对输出电流影响越小，输出电流就越稳定，反之亦然。

电流负反馈可以稳定输出电流，即电流负反馈能提高放大电路的输出阻抗。深度电流负反馈条件下，其输出电阻趋近于 ∞。

放大电路中加入负反馈，不仅可以提高放大电路的稳定性，减小非线性失真，改变输入电

阻和输出电阻,还可以改善放大电路的频率特性等。在实际应用中,可以根据不同的需要,引入不同形式的负反馈。

四、射极输出器

(一)电路结构

射极输出器是负反馈放大器的一个非常重要特例,电路如图 5-25 所示。

图 5-25 中,晶体管的集电极直接与直流电源 U_{CC} 相接,负载接在发射极电阻两端。电路的输入级为基极,输出级为发射极,故称为**射极输出器**。

由图 5-25 可见,电路中电阻 R_E 为输入回路和输出回路的公共电阻,且在交直流通路中都存在,故电路中有反馈;在输出回路中,输出电压 u_o 经电阻 R_E 全部反馈回输入回路;在输入回路中,反馈信号与输入信号接在不同端点,反馈电压 u_f 与输入信号 u_i 进行比较,使净输入电压 u_{id} 减小。所以射极输出器为电压串联负反馈电路。

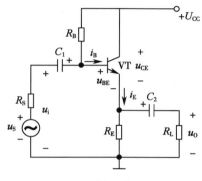

图 5-25　射极输出器

(二)射极输出器的特点

射极输出器的交流通路及微变等效电路,如图 5-26 所示。由图 5-26(a)可以看出,晶体管的集电极是输入与输出回路的共同端点,所以射极输出器实际是一个共集电极电路。

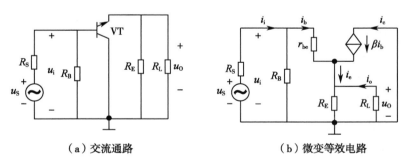

（a）交流通路　　　　（b）微变等效电路

图 5-26　射极输出器的交流通路及微变等效电路

1. 电压放大倍数　由图 5-26(b)可求得

$$u_o = i_e R'_L = (1+\beta) i_b R'_L$$
$$u_i = i_b r_{be} + i_e R'_L = i_b r_{be} + (1+\beta) i_b R'_L$$

式中,$R'_L = R_E /\!/ R_L$。

电压放大倍数为

$$A_u = \frac{u_o}{u_i} = \frac{(1+\beta) R'_L}{r_{be} + (1+\beta) R'_L} \qquad\qquad 式(5-28)$$

在实际应用中通常有 $(1+\beta) R'_L \gg r_{be}$,由式(5-28)可知,射极输出器的电压放大倍数略小于 1 但接近于 1,即 u_o 与 u_i 近似相等,这表明射极输出器是一个深度负反馈电路,不具备电压放大作用。但是它的发射极电流 $i_e=(1+\beta)i_b$，因此电路仍然具有电流放大和功率放大作用。

由上述分析可知，射极输出器的输出电压与输入电压同相且大小近似相等，即输出电压具有跟随输入电压变化，故称为**射极跟随器**。

2. 输入电阻 由图 5-26(b)可求得

$$r_i = R_B /\!/ r'$$

$$r' = \frac{u_i}{i_b} = r_{be}+(1+\beta)R'_L$$

则射极输出器的输入电阻为

$$r_i = R_B /\!/ \left[r_{be}+(1+\beta)R'_L\right] \qquad\qquad 式(5-29)$$

在实际应用中，R_B 很大，一般为几百千欧，而$(1+\beta)R'_L$一般为几十千欧到几百千欧，因此射极输出器的输入电阻一般为几十千欧到几百千欧，比共射极放大电路的输入电阻要大得多。

3. 输出电阻 根据输出电阻的定义，将图 5-26(b)中的负载 R_L 开路，电压源 u_S 短路，可求得

$$r_o = R_E /\!/ \frac{R_S /\!/ R_B + r_{be}}{1+\beta}$$

在实际应用中，通常满足 $R_E \gg \dfrac{R_S /\!/ R_B + r_{be}}{1+\beta}$，故有

$$r_o \approx \frac{R_S /\!/ R_B + r_{be}}{1+\beta} \qquad\qquad 式(5-30)$$

由式(5-30)可见，射极输出器的输出电阻很低，一般为几十到几百欧，比共射极放大电路的输出电阻要小得多。

综上所述，射极输出器具有以下特点：①输入电阻高；②输出电阻非常低；③电压放大倍数小于 1，但又接近于 1，输出电压跟随输入电压的变化。

4. 射极输出器的应用 由于射极输出器所具有的特点，使其在电子电路中得到了广泛的应用。

（1）作为在放大电路及测量仪表的输入级：由于射极输出器的输入电阻高，将其作为放大电路的输入级，可减小放大电路从信号源取用的电流，减小信号损失。在测量电路中，用射极输出器作为测量仪表的输入级，可减小测量仪表对被测电路的影响，提高测量的准确度。

（2）作为放大电路的输出级：由于射极输出器的输出电阻低，将其作为放大电路的输出级，可使放大器具有恒压源的特性，减小负载的变化对放大倍数的影响，提高放大电路带负载的能力。

（3）作为放大电路的中间级：射极输出器可以接在两放大电路中间起阻抗变换作用。多级放大电路中，一般为了获得大的电压放大倍数，常采用共射极电压放大电路，但其输出阻抗一般比较高，如果它的后一级的输入阻抗比较低，那么信号会有很大的损耗，因此，可用射极输出器实现阻抗匹配。

第四节　场效应管放大器

在上一章介绍了场效应管,与双极型晶体三极管一样,场效应管也能实现对信号的控制,具有放大作用,因此,可以用场效应管作为核心器件构成放大电路。

一、场效应管放大器电路组成

由场效应管组成的基本放大电路与晶体三极管组成的放大电路类似。场效应管的源极、栅极和漏极分别对应于晶体管的发射极、基极和集电极。从工作原理上看,晶体三极管是通过基极电流 I_b 来控制集电极电流 I_c,场效应管则通过栅-源电压 U_{GS} 控制漏极电流 I_d。

(一)场效应管放大电路的三种组态

由场效应管组成的基本放大电路同样有三种组态,分别是共源极、共漏极和共栅极。

共源极放大电路(对应共射电路):栅极是输入端,漏极是输出端,源极是输入输出的公共电极。

共漏极放大电路(对应共集电路):栅极是输入端,源极是输出端,漏极是输入输出的公共电极。

共栅极放大电路(对应共基电路):源极是输入端,漏极是输出端,栅极是输入输出的公共电极。

本节主要介绍常用的共源极放大电路。

(二)场效应管放大电路的组成原则

利用场效应管的源极、栅极和漏极分别对应于晶体管的发射极、基极和集电极的对应关系,可由晶体管的基本共射极放大电路得到由 N 沟道增强型 MOSFET 构成的基本共源极放大电路,如图 5-27 所示。

晶体管是电流控制器件,组成放大电路时,需要给晶体管设置合适的偏置电流。而场效应管是电压控制器件,组成放大电路时,需要给场效应管设置合适的偏置电压,保证放大电路具有合适的工作点。

由于场效应管种类较多,故采用的偏置电路,其电压极性必须考虑。以 N 沟道为例,为了保证栅极不取用电流,N 沟道的 JFET 只能工作在 $U_{GS}<0$ 的区域。MOSFET 又分为耗尽型和增强型,增强型工作在 $U_{GS}>0$,而耗尽型工作在 $U_{GS}<0$。

为了使场效应管具有良好的放大作用,场效应管应工作在恒流区。

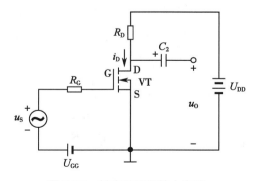

图 5-27　基本共源极放大电路

二、场效应管放大器工作原理

（一）静态工作点的设置

与晶体管放大器类似，静态工作点的设置对放大器的性能至关重要。常用的场效应管放大电路的偏置方式有两种：自给偏压电路和分压式偏置电路。

1. 自给偏压电路　在场效应管放大器中，由于 JFET 与耗尽型 MOS 场效应管的 $u_{GS}=0$ 时，$i_D \neq 0$，故可以采用自给偏压方式。图 5-28 为 JFET 自给偏压式共源极放大电路及其直流通路。

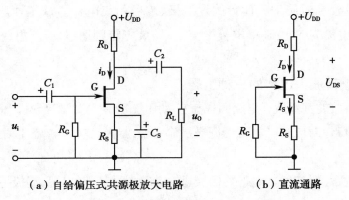

（a）自给偏压式共源极放大电路　　（b）直流通路

图 5-28　JFET 自给偏压式共源极放大电路及其直流通路

如图 5-28（b）所示，在静态时，场效应管栅极电流为零，因此栅极电压 $U_G=0$；而漏极电流不为零，必然在源极电阻 R_S 上产生压降，经栅极电阻 R_G 加至栅极，此时栅-源电压为

$$U_{GS} = U_G - U_S = -I_D R_S \qquad 式（5-31）$$

可见该电路的直流偏压是靠电路自身的源极电阻 R_S 上的压降设置的，故名自给偏压式电路。由式（5-31）可知，该电路产生负的栅-源电压，所以只能用于需要负栅-源电压的电路。

图 5-28（a）中，漏极电阻 R_G 可将漏极电流转换成漏极电压；源极旁路电容 C_S 对 R_S 起交流旁路作用，消除 R_S 对交流信号的衰减。

由图 5-28（b），可用估算法求得静态工作点

$$I_D = I_{DSS}\left(1 - \frac{U_{GS}}{U_P}\right)^2 \qquad 式（5-32）$$

式（5-31）与式（5-32）联立求解，即可求得图 5-28（a）所示电路的静态工作点的 I_D 与 U_{GS}。对输出回路应用 KVL，可求得

$$U_{DS} = U_{DD} - I_D(R_D + R_S) \qquad 式（5-33）$$

2. 分压式偏置电路　对于增强型 MOSFET，由于 $u_{GS}=0$ 时，$i_D=0$，因此需要采用分压式偏置或混合式偏置方式。图 5-29 为分压-自偏压式的共源极放大电路及其直流通路。

如图 5-29（b）所示，电源电压 U_{DD} 经 R_{G1}、R_{G2} 分压后，经 R_G 提供栅极电压，同时漏极电流 I_D 在源极电阻 R_S 上也产生直流压降。因此，场效应管的栅-源电压为

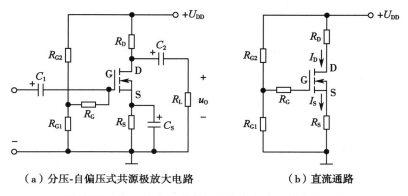

（a）分压-自偏压式共源极放大电路　　　　（b）直流通路

图 5-29　分压-自偏压式共源极放大电路及其直流通路

$$U_{GS} = U_G - U_S = \frac{R_{G2}}{R_{G1} + R_{G2}} U_{DD} - I_D R_S \qquad 式（5-34）$$

由式（5-34）可知，该电路产生的栅-源电压可正可负，所以适用于所有的场效应管电路。

图 5-29（a）中，漏极电阻 R_G 可提高放大电路的输入电阻。

由图 5-29（b），可用估算法求得静态工作点

$$I_D = I_{DO} \left(\frac{U_{GS}}{U_T} - 1 \right)^2 \qquad 式（5-35）$$

式（5-34）与式（5-35）联立求解，即可求得图 5-29（a）所示电路的静态工作点的 I_D 与 U_{GS}。静态时的 U_{DS}，可利用式（5-33）求得。

（二）场效应管放大电路的动态分析

场效应管放大电路的分析方法与晶体管放大电路的分析方法基本相同，可以用图解法和微变等效电路法。

1. 场效应管的交流小信号等效电路　与双极型晶体管一样，场效应管也是一种非线性器件，而在低频小信号的情况下，也可以由它的线性等效电路——交流小信号模型来代替。

场效应管的低频交流小信号等效电路如图 5-30 所示。

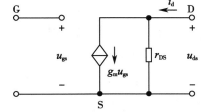

图 5-30　场效应管交流小信号等效电路

图 5-30 中，$g_m u_{gs}$ 是压控电流源，它体现了场效应管的输入电压对输出电流的控制作用。g_m 称为**场效应管的低频跨导**，r_{DS} 称为**场效应管的漏极输出电阻**，它们的定义为

$$g_m = \frac{\partial i_D}{\partial u_{GS}} \bigg|_{U_{DS}} \qquad 式（5-36）$$

$$r_{DS} = \frac{\partial i_D}{\partial u_{DS}} \bigg|_{U_{GS}} \qquad 式（5-37）$$

在低频小信号条件下，场效应管在 Q 点附近小的范围内，可认为特性曲线为线性，g_m 及 r_{DS} 为常数。通常，r_{DS} 很大，约为几百千欧，可以忽略。

2. 场效应管放大电路的动态分析 比较场效应管共源极和晶体管共射极放大电路，它们只是在偏置电路和受控源的类型上有所不同。只要将微变等效电路画出，就是一个解电路的问题了。下面用微变等效电路法对图 5-29（a）所示的共源极放大电路进行动态分析。

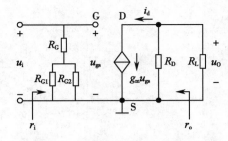

图 5-31 共源极放大电路的微变等效电路

（1）场效应管放大电路的微变等效电路：忽略 r_{DS}，图 5-29（a）所示的共源极放大电路的微变等效电路如图 5-31 所示。

（2）动态参数：由图 5-31 可求得共源极放大电路的电压放大倍数、输入电阻和输出电阻。

电压放大倍数

$$A_u = \frac{u_o}{u_i} = \frac{-i_d R_D /\!/ R_L}{u_{gs}} = \frac{-g_m u_{gs} R_D /\!/ R_L}{u_{gs}} = -g_m R_L' \qquad 式（5-38）$$

式中，负号表示输出电压与输入电压反相；$R_L' = R_D /\!/ R_L$。

由于场效应管的低频跨导较小，所以场效应管放大电路的电压放大倍数一般比晶体管放大电路要小。

输入电阻

$$r_i = R_G + R_{G1} /\!/ R_{G2} \qquad 式（5-39）$$

与晶体管共射极放大电路相比，场效应管共源极放大电路的输入电阻很大。

输出电阻

$$r_o \approx R_D \qquad 式（5-40）$$

第五节　功率放大器

功率放大器，简称**"功放"**，是一种以输出足够大的功率为目的的放大电路。功率放大电路通常作为放大电路的输出级，去推动负载工作。

一、功率放大器概述

功率放大器和电压放大电路本质上没有区别，无论哪种放大电路，在负载上都同时存在输出电压、电流和功率，从能量控制的观点来看，放大电路实质上都是能量转换电路。

虽然功率放大器和电压放大电路本质相同，但两者要完成的任务是不同的。电压放大电路在小信号状态下工作，主要用于增强电压幅度，使负载得到不失真的电压信号，输出的功率并不一定大。功率放大电路在大信号状态下工作，主要任务是获得不失真（或失真较小）的较大的输出功率。

由于电路目的不同，衡量功率放大器和电压放大电路的指标也有所不同。电压放大电路的主要指标是电压放大系数、输入和输出电阻；功率放大器的主要指标是功率、效率及非线性失真。功率放大器的组成和分析方法都与小信号电压放大电路有着明显的差异，一般采用图解法。

（一）对功率放大器的要求

功率放大器是多级放大电路的输出级，对功率放大器的基本要求有以下几点。

1. 输出功率尽可能大　要求功率放大器同时输出较大的电压和电流，管子工作在接近极限状态，但不得超过晶体管的极限参数，即 I_{CM}、$U_{(BR)CEO}$ 和 P_{CM}。

2. 效率要高　功率放大器的效率为负载得到的有用信号功率 P_o 与电源提供的直流功率 P_E 之比，用 η 表示

$$\eta = \frac{P_o}{P_E} \times 100\% \tag{式(5-41)}$$

放大电路输出给负载的功率是由直流电源提供的，电源提供的能量应尽可能多地转换给负载，尽量减少晶体管及线路上的损失。若效率不高，晶体管及线路上的损失能量大，管子温度升高，会缩短管子的寿命。

3. 非线性失真要小　由于功率放大器在大信号状态下工作，电流、电压信号比较大，接近晶体管的截止区和饱和区，容易产生非线性失真。

输出功率与非线性失真是功率放大器的一对主要矛盾，功率放大器输出功率应在基本不失真的条件下，获得最大的输出功率。

4. 功放管的散热性要好　功率放大器的电压、电流比较大，有相当大的功率会消耗在管子上，引起温升，因此需要注意功放管的散热及保护，以免管子因过热而烧坏。

（二）功率放大器的分类

根据放大电路静态工作点设置的不同，功率放大器主要分为甲类功率放大器、乙类功率放大器、甲乙类功率放大器三种，如图 5-32 所示。

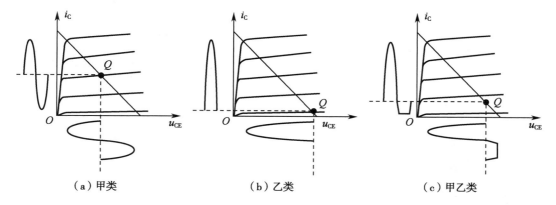

（a）甲类　　　　　　　（b）乙类　　　　　　　（c）甲乙类

图 5-32　功率放大器工作状态的分类

1. 甲类功率放大器　如图 5-32（a）所示，静态工作点 Q 在放大区，在输入信号的整个周期内晶体管都导通。甲类功率放大器的特点是非线性失真小，但由于静态电流较大，晶体管管耗大，电路的效率低，甲类功率放大器的效率理论上不超过 50%。

2. 乙类功率放大器　如图 5-32（b）所示，静态工作点 Q 在截止区，在输入信号的一个周

期内,晶体管只有半个周期导通。乙类功率放大器的特点是静态电流 I_C 为零,晶体管管耗小,电路的效率高,但输出出现了严重的失真。

3. **甲乙类功率放大器**　如图 5-32(c)所示,静态工作点 Q 在放大区接近截止区,在输入信号的一个周期内,晶体管有半个周期以上是导通的。与乙类功率放大器相比,甲乙类功率放大器增大了静态工作电流 I_C,管耗要大一些,效率要低一些,但非线性失真有所改善。

电压放大电路晶体管工作在甲类状态,乙类状态和甲乙类状态主要用于功率放大器。

为了提高功率放大器的效率,一方面要增大功放的输出功率,另一方面要减少静态损耗。

输出功率小的原因主要是负载小。为了使负载与放大电路匹配从而获得最大的输出功率,可以利用变压器作为晶体管与负载的耦合元件进行阻抗变换。

为了减小晶体管的损耗,可以采用甲乙类放大和乙类放大,最好是静态工作电流的乙类放大。乙类放大虽然降低了静态工作电流 I_C,但又产生了失真问题。如果不能解决乙类状态下的失真问题,乙类工作状态在功率放大器中就不能采用。推挽电路或互补对称电路较好地解决了乙类工作状态下的失真问题。

推挽电路或互补对称电路是采用两个特性相同的晶体管构成一级放大电路,两个晶体管在输入信号的正、负半周轮流导通,在负载上得到一个完整周期的输出信号。

二、变压器耦合功率放大器

1. **电路结构**　图 5-33 为变压器耦合的乙类推挽功率放大器。

图中 T1 为输入变压器,T2 为输出变压器;VT1 和 VT2 为两个特性相同的晶体管。

2. **工作原理**　图 5-33 中,晶体管 VT1 和 VT2 工作在乙类放大状态。输入变压器 T1 将输入信号 u_i 变换为两个大小相等、方向相反的电压。当 u_i 为正半周时,VT1 导通,VT2 截止;当 u_i 为负半周时,VT1 截止,VT2 导通;由于 VT1 和 VT2 特性相同,两者轮流导通时产生的集电极 i_{c1}、i_{c2} 大小相等方向相反,在两管的集电极合成一个完整的正弦波,再经输出变压器 T2 耦合到负载 R_L 上。

图 5-33 所示的乙类推挽功率放大器由于采用了变压器耦合,可方便实现阻抗匹配,获得最佳负载。但缺点是体积大,效率低,频率

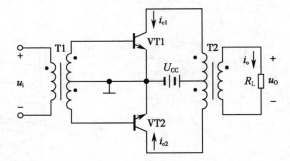

图 5-33　变压器耦合的乙类推挽功率放大器

特性差,且不易集成。常用于要求输出较大功率的情况。集成功率放大器的输出级一般采用无变压器功率放大器。

三、无变压器功率放大器

互补对称的功率放大器不使用变压器,电路中用 NPN 和 PNP 型晶体管的互补特性构成互补对称电路。当互补对称电路通过大容量电容与负载耦合时,称为**无输出变压器**(output transformer less)电路,简称 **OTL 电路**。当互补对称电路直接与负载相连时,称为**无输出电容**(output capacitor less)电路,简称 **OCL 电路**。OTL 电路采用单电源供电,OCL 电路采用双电源供电。下面以 OCL 电路为例分析互补对称放大电路的原理。

（一）OCL 乙类互补对称功率放大器

1. 工作原理　图 5-34 为 OCL 乙类互补对称功率放大器。VT1 和 VT2 分别为 NPN 和 PNP 晶体管,两管特性一致,对负载 R_L 组成互补对称式射极输出器,无输出电容。电路采用对称的正、负电源供电,NPN 管 VT1 由 U_{CC} 供电,PNP 管 VT2 由 $-U_{CC}$ 供电。

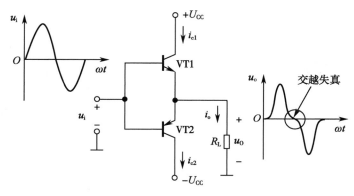

图 5-34　OCL 乙类互补对称功率放大器

（1）静态分析:静态时,$u_i = 0$,VT1 和 VT2 均工作在截止区,为乙类工作状态,I_{C1} 与 I_{C2} 无电流,即电流为零,输出电压 u_o 为零,即无输出功率。

（2）动态分析:如图 5-34 所示,动态时,当输入信号处于正半周,且幅度大于三极管的开启电压时,VT1 导通,VT2 截止,电流 i_{c1} 通过负载 R_L,得到输出电压的正半周;当输入信号为负半周,且幅度大于三极管的开启电压时,VT1 截止,VT2 导通,电流 i_{c2} 通过负载 R_L,得到输出电压的负半周。在输入信号的作用下,VT1 和 VT2 在正、负半周轮流导通,在负载上得到一个完整输入信号周期的波形。由图 5-34 所示,这种电路的输出波形在信号过零时产生了失真。

2. 功率和效率　下面忽略波形失真,对图 5-34 所示的 OCL 乙类互补对称电路的功率和效率进行估算。

（1）输出功率 P_o:由图 5-34 可知,电路的输出功率为

$$P_o = U_o I_o = \frac{U_{om}}{\sqrt{2}} \times \frac{U_{om}}{\sqrt{2} R_L} = \frac{1}{2} \frac{U_{om}^2}{R_L} \qquad 式(5-42)$$

式中,U_{om} 为输出电压的幅值,忽略晶体管的饱和压降 U_{CES},U_{om} 的最大值为 $U_{omax} \approx U_{CC}$,则由式(5-42)可得电路的最大不失真输出功率为

$$P_{omax} = \frac{1}{2} \frac{U_{CC}^2}{R_L} \qquad 式(5-43)$$

（2）电源供给的功率 P_E:图 5-34 所示电路中,每个直流电源提供的功率为半个正弦波的平均功率,信号越大,电流越大,电源功率也越大。两个直流电源提供的总的直流功率为

$$P_E = 2I_{av}U_{CC} = 2U_{CC}\frac{1}{2\pi}\int_0^\pi I_{om}\sin\omega t\mathrm{d}(\omega t) = \frac{2U_{CC}U_{om}}{\pi R_L}$$ 式（5-44）

输出电压的幅度最大时，P_o 最大，P_E 也最大，有

$$P_{E\max} = \frac{2U_{CC}^2}{\pi R_L}$$ 式（5-45）

（3）效率 η：将式（5-43）与式（5-45）代入式（5-41），可得 OCL 乙类互补对称功率放大器在理想情况下的最大效率为

$$\eta_{\max} = \frac{P_{omax}}{P_{Emax}} \times 100\% = \frac{\pi}{4} \approx 78.5\%$$ 式（5-46）

由于直流电源提供的功率有一部分转化为集电极的功耗，使管子发热而产生温升，因此，实际上的互补对称功率放大器的效率达不到 78.5%，约为 60%。

（4）交越失真：乙类互补对称功率放大器具有效率高、电路简单、易于集成等优点，但是输出波形在输入信号过零附近产生失真，这现象称为**交越失真**。如图 5-34 所示。

产生交越失真的原因：由于晶体管特性存在非线性，在输入信号正半周或者负半周的起始段，即 $u_i<$死区电压时，VT1、VT2 都处在截止状态，所以这一段输出信号出现了交越失真。

（二）甲乙类互补对称功率放大器

由前面的分析可知，交越失真是由于晶体管静态时工作在截止区而产生的，克服交越失真的方法是采用适当的偏置电路以使晶体管的静态工作点稍高于截止点，即放大电路工作于甲乙类状态。

OCL 甲乙类互补对称功率放大器如图 5-35（a）所示。相比于图 5-34 所示的 OCL 乙类互补对称功率放大器，电路中增加了 R_1、R、VD1、VD2、R_2 支路，为 VT1 和 VT2 提供静态偏压。

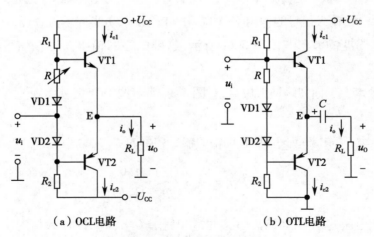

（a）OCL电路　　　　　　　　　（b）OTL电路

图 5-35　甲乙类互补对称功率放大器

静态时，R、VD1、VD2 上的压降略大于 VT1 与 VT2 的发射结的开启电压之和，使 VT1 和 VT2 均处于微导通状态，即甲乙类工作状态。调节电阻 R，可改变 VT1 和 VT2 的静态偏置电流 I_{B1} 和 I_{B2}，I_{B1} 和 I_{B2} 很小，这样静态工作点才能靠近截止区，所以 R 的阻值较小。由于电路对称，静态时在负载上，I_{C1} 和 I_{C2} 大小相等方向相反，所以负载中电流为零，输出电压 $u_o=0$，

发射极电位 U_E 也为零。

动态时,设 u_i 加入正弦信号。当 u_i 为正半周时,VT1 的基极电位进一步提高,i_{c1} 逐渐增大,VT1 工作在放大区;i_{c2} 逐渐减小,VT2 进入截止区。当 u_i 为负半周时,VT2 的基极电位进一步降低,i_{c2} 逐渐增大,VT2 在放大区工作;i_{c1} 逐渐减小,VT1 进入截止区。在 u_i 的整个周期内,VT1 和 VT2 轮流导通,每管导通时间大于半个周期,负载 R_L 上得到了比较理想的正弦波,减小了交越失真。

由前面的分析可知,OCL 功率放大电路采用双电源供电,使用起来不是很方便。而 OTL 功率放大电路则是采用单电源供电。如图 5-35(b)所示为 OTL 甲乙类互补对称功率放大器。电路采用单电源供电,在输出端接入大容量耦合电容 C。

图 5-35(b)中,适当的选取 R_1、R_2,使得静态时 VT1 和 VT2 均微导通,其发射极 E 的电位为 $U_{CC}/2$,电容 C 已充满电,两端电压也为 $U_{CC}/2$。可见,电路相当于电压为 $U_{CC}/2$ 和 $-U_{CC}/2$ 的双电源供电。

与 OCL 功率放大电路相比,OTL 功率放大电路采用单电源供电,使用起来更为方便。但是,由于电容体积大,不易集成化,且低频效果比 OCL 功率放大电路要差。

由于射极输出电路只能放大电流而不能放大电压,所以上面的电路必须用电压幅度足够大的信号驱动。换句话说,输入和输出电压的幅度近似相等,但输出信号的功率得到了放大。

四、集成功率放大器

集成功率放大器主要由前置放大器、功率放大器构成。其内部电路一般均为 OTL 或 OCL 电路。集成功率放大器除了具有分立元件 OTL 或 OCL 电路的优点,还具有体积小、工作稳定可靠、效率高、失真小、易于安装和调试等优点,因而获得了广泛的应用。

由于集成工艺的限制,集成功率放大器中的某些元件外接,例如 OTL 电路中的大电容等。有时为了使用方便而有意识地留出若干引线,允许用户外接元件以灵活地调节某些技术指标。例如,外接不同阻值的电阻以获得不同的电压放大倍数等。

(一)LM386 集成功率放大器

LM386 是小功率音频集成功率放大器,采用 8 脚双列直插式塑料封装。直流电源电压范围为 4~12V,额定输出功率为 600mW,输入阻抗为 50kΩ。图 5-36 为 LM386 电路功能示意图。

图 5-36　LM386 电路功能示意图

LM386 的输入级由差分放大器组成,以减少由于直接耦合造成的静态工作点的不稳定。中间放大电路要求有大的电压放大倍数,所以由共射极放大电路构成,为输出级提供足够大的信号电压。输出级要驱动负载,所以要求其输出电阻小,输出电压幅度高,输出功率大,因此采用互补对称功率放大器。

LM386 的管脚排列及功能如图 5-37 所示。

2 脚为反相输入端;3 脚为同相输入端;4 脚为接"地"端;6 脚为电源端;5 脚为输出端;7 脚为去耦端,7 脚与地之间接去耦电容,可消除可能产生的自激震荡,如无震荡,7 脚可悬空;1、8 脚为增益控制端,若 1、8 两端开路,功率放大电路的电压增益约为 20 倍,若在 1、8 两端之间接一个大电容,则相当于交流短路,此时电压增益约为 200 倍,而在 1、8 两端之间接入不同阻值的电阻与一个大电容串联,即可得到 20~200 倍的电压增益。

(二)LM386 的应用电路

如图 5-38 所示为 LM386 的 OTL 应用电路。输入信号 u_i 经耦合电容 C_1 接入 LM386 的同相输入端,反相输入端接地,构成单端输入方式;电位器 R_P 与 C_2 串联,用来调节增益;C_3 为去耦电容;LM386 的输出端外接的电容器 C_4 为功放输出电容,构成 OTL 功率放大电路,R_1、C_5 是串联频率补偿电路,用以抵消扬声器的音圈电感在高频时产生的不良影响,使负载接近于纯电阻,并改善功率放大电路的高频特性和防止高频自激振荡。

图 5-37　LM386 管脚排列及功能

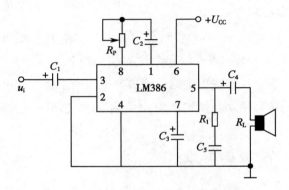

图 5-38　LM386 的 OTL 应用电路

对于集成功率放大器只要了解其外特性和外线路的连接方法,就能组成实际应用的电路。

本章小结

1. 放大电路也称**放大器**,它是利用晶体管的放大作用,将微弱的电信号进行有限的放大。放大电路是电子电路中最基本的电路。放大电路的放大作用,实质是把直流电源的能量转移给输出信号。

晶体管构成的放大电路有共射极、共集电极和共基极三种组态。本章重点介绍了共射极放大电路。

2. 交流放大电路中必须设置静态工作点,以保证输入的交流信号能够不失真地放大;若静态工作点设置不合适,同样会发生传输过程中的饱和失真和截止失真。为了稳定静态工作点,可以采用分压式偏置的共射极放大电路。

交流放大电路的动态分析可采用微变等效电路法,微变等效电路法是在满足小信号条件下,将晶体管等效为一个线性元件,这样就可以把放大电路等效为一个近似的线性电路,然后应用线性电路的分析方法来计算放大电路的电压放大倍数、输入电阻和输出电阻等放大电路的动态指标。

3. 当单管放大电路的放大倍数不能满足实际需求时,可以将若干单级放大电路串接起来,组成多级放大电路,以获得更高的增益。

多级放大电路的级与级之间、信号源与放大电路之间、放大电路与负载之间的连接均称为**耦合**。常用的耦合方式有直接耦合、阻容耦合及变压器耦合等。本节讨论了阻容耦合放大器。

阻容耦合的放大电路只能放大交流信号,电路的前级和后级直流通路彼此隔开,每一级的静态工件点相互独立,互不影响,便于分析、设计和调试电路。

多级放大电路的放大倍数为各级电压放大倍数的乘积,输入电阻为第一级放大电路的输入电阻,输出电阻为最后一级的输出电阻。

4. 在放大电路中引入负反馈可以改善放大电路的性能:提高增益的稳定性,减小非线性失真,改变输入电阻和输出电阻等。

射极输出器是负反馈放大器的一个重要的特例,它是一个深度负反馈电路,不具备电压放大作用,电压放大倍数小于1,但又接近于1,输出电压跟随输入电压的变化。但射极输出器输入电阻高,输出电阻非常低,适合作放大电路的输入级和输出级。

5. 利用场效应管也可以组成放大电路,与晶体管放大电路相对应,场效应管放大电路有共源极、共栅极和共漏极三种组态。对于共源极场效应管放大电路,常用的偏置电路有自给偏压电路和分压式偏压电路。场效应管放大电路具有输入阻抗高的特点。

6. 功率放大器工作在大信号状态,对功率放大器的要求是输出功率尽可能大,效率要高,非线性失真要小。常用的功率放大器有变压器耦合的功率放大器和无变压器的功率放大器。无变压器的功率放大器包括 OCL 电路和 OTL 电路。随着集成电路的发展,集成功率放大器也得到了广泛的应用。

习题五

5-1 放大电路为何要设置静态工作点? 静态工作点的位置对放大电路有何影响?

5-2 如图 5-39 中各电路能否对交流信号进行放大? 如不能,试说明原因。

5-3 某放大电路不带负载时,测得其输出端开路电压为 1.2V,带 RL = 3kΩ 的负载时,输出端电压为 1V。试求此放大电路的输出电阻。

5-4 如图 5-39(a)所示放大电路中,三极管的 $\beta = 40$,$U_{BE} = 0.7V$,$R_{B1} = 20k\Omega$,$R_{B2} = 10k\Omega$,$R_C = R_E = 2k\Omega$,$U_{CC} = 12V$,输入电压 $u_i = 0.1\sqrt{2}\sin\omega t V$,$C_1$、$C_2$、$C_3$、$C_E$ 足够大。试求:

(1)未接负载时,电路的输出电压 $u_。$为多少?

(2)输出端接负载电阻 $R_L = 1.2k\Omega$ 后,输出电压 $u_。$为多少?

5-5 两级放大电路如图所示 5-40 所示,晶体管的 β 均为 50,试问:

(1)为了使第一级放大电路静态时的 $I_{C1} = 0.5mA$,电阻 R_{B1} 应为多少?

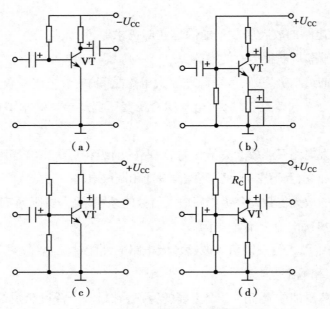

图 5-39 习题 5-2 电路图

（2）为了使第二级放大电路静态时的 $I_{C2} = 1.0\text{mA}$，电阻 R_{B2} 应为多少？

（3）若三极管 VT_1 的 $r_{be1} = 3\text{k}\Omega$，$VT_2$ 的 $r_{be2} = 2\text{k}\Omega$，则该放大电路的 A_u、r_i 及 r_o 分别为多少？

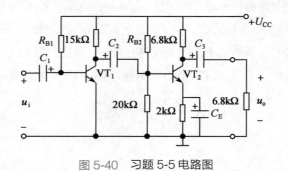

图 5-40 习题 5-5 电路图

5-6 如图 5-25 所示的射极输出器电路，已知：$I_E = 2.6\text{mA}$，$R_E = 1.8\text{k}\Omega$，$R_B = 200\text{k}\Omega$，$R_L = 1.8\text{k}\Omega$，晶体管的 $\beta = 50$，$r_{be} \approx 900\Omega$。试求其输入电阻。

5-7 交越失真是功率放大器易出现的失真现象，如何消除交越失真？

（张　翼）

第六章　直流放大器和集成运算放大器

集成运算放大器(integrated operational amplifier)简称**集成运放**,是由直接耦合的多级放大电路组成的性能优良的高增益模拟集成电路。自 20 世纪 60 年代初期第一个集成运算放大器成功问世,集成运算放大器促进了各科技领域先进技术的发展,其应用也远远超出了模拟计算的范围,成为一种性能优良的多功能部件,在测量设备、通信设备、波形产生以及自动控制领域均获得了日益广泛的应用。

第一节　直流放大器的两个特殊问题

在工业控制中的很多物理量均为模拟量,如温度、压力、流量、液面高度等,这些物理量通过不同传感器转化成的电信号往往很弱,而且变化缓慢,含有直流成分,经放大后才便于检测、记录和处理。能够放大这类包含直流信号的放大器称为直流放大器。直流放大器是一种直接耦合的多级放大器,在使用过程中需要考虑直接耦合放大电路存在的两个问题:级间耦合问题和零点漂移问题。

一、级间耦合问题

直接耦合的直流放大器采用直接耦合的方式,使各级放大电路的静态工作点互相影响、互相牵制,所以在分别考虑各级放大器静态工作点的同时,还需考虑前后级之间的直流电平配置,以保证多级放大器中各级都有合适的静态工作点,这是直接耦合多级放大电路必须解决的问题。

两级直接耦合放大电路如图 6-1 所示。采用直接耦合,前后两级放大器静态工作点将相互影响。如图中 T_1 管集电极电位 U_{CE1} 受到 T_2 管基极电位 U_{BE2} 的限制,若 T_2 管为硅管,U_{BE2} 约为 0.7V,则 $U_{CE1} = U_{BE2} = 0.7V$。第一级放大器输出电压的幅值将很小。为使第一级有合适的静态工作点,就要提高 T_2 管的基极电位,可以在 T_2 管的发射极加入电阻 R_{e2},如图 6-2 所示。

然而,加入发射极电阻 R_{e2} 后,只要参数选取得当,两级放大器均可以获得合适的静态工作点,但是发射极电阻 R_{e2} 的加入,会使第二级放大器的电压放大倍数大幅减小,进而影响多级放大器的放大倍数。因此,需要选择一种器件取代发射极电阻,这种器件应该对交流量显示小电阻性质,对直流量显示电压源性质,这样既不会影响放大器的放大倍数,又可以设置合

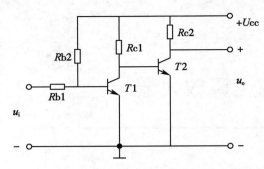

图 6-1　两级直接耦合放大器

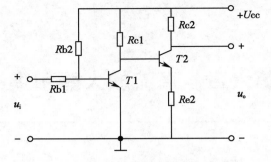

图 6-2　加入发射极电阻 R_{e2} 的两级直接耦合放大器

适的静态工作点,稳压二极管就具有上述特性,如图 6-3 所示。

图 6-1、图 6-2、图 6-3 所示电路中为使各级放大器获得合适的静态工作点,后级晶体管的集电极电位高于前级的集电极电位,如果级数持续增多,且各级均为共射极放大电路,集电极电位会逐级升高至接近电源电压,势必导致后级无法设置合适的静态工作点。因此,直接耦合的多级放大器通常采用 NPN 型晶体管和 PNP 型晶体管相互配合使用的方法解决上述问题,如图 6-4 所示。在图 6-4 所示电路中虽然 T_1 管集电极电位高于基极电位,但是为使 T_2 管能正常放大,NPN 型 T_2 管的集电极电位应低于其基极电位,如此配合可使多级放大器均可获得合适静态工作点。

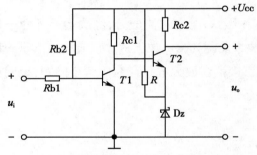

图 6-3　后级发射极电阻用稳压管替代的
两级直接耦合放大器

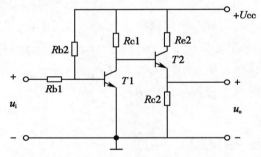

图 6-4　NPN 和 PNP 晶体管互补耦合的
两级直接耦合放大器

二、零点漂移问题

与阻容耦合放大器相比,直流放大器最突出的一个问题就是零点漂移问题。对于多级直接耦合的直流放大器,即使在输入端不加信号(即输入端对地短路),输出端也会出现大小变化的电压,如图 6-5 所示。这种输入电压为零,输出电压偏离零值的变化,称为零点漂移,简称零漂。引起零漂的原因很多,诸如电源电压波动、元件老化或外界温度变化等,其中温度变化对零点漂移的影响最为严重,当外界温度变化时,晶体管的参数会发生变化,致使输出电压发生变化,所以零点漂移又称为温漂。

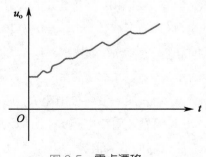

图 6-5　零点漂移

直流放大器的级数越多,放大倍数越大,零漂现象就越严重。严重的零点漂移一方面会将有用信号"淹没",直接影响对输出信号测量的准确程度和分辨能力,使放大器不能正常工作;另一方面,零点漂移也会使放大器的静态工作点偏离合适位置,放大器无法正常工作。因此,必须找出产生零漂的原因和抑制零漂的方法。

第二节　集成运算放大器

一、集成运算放大器的命名

自 20 世纪 60 年代世界上第一个集成运算放大器 μA702 成功问世以来,集成运算放大器得到了非常广泛的应用,目前已成为线性集成电路中品种和数量最多的一类。其发展到目前基本可分为四代产品:第一代产品基本上按分立元件电路设计,少量使用横向 PNP 管,国产有 FC3、5G23 等产品;第二代产品普遍采用有源负载,简化了电路的设计,其开环增益等比第一代高,这一代产品主要是通用型产品,典型产品 μA741、LM324,国产有 F007、BG305;第三代产品采用超β管作输入级,开环增益、共模抑制比、零漂、失调电压等又有改善,设计上考虑了热效应的影响,典型产品 AD508、MC1556,国产有 F030;第四代产品含有斩波自动调零电路,不用调零就可正常工作,已进入大规模集成电路行列,国产有 5G7650,国外以 HA2900 为代表,它的性能已接近理想的直流放大器。

（一）国产集成运算放大器的命名

国产集成运算放大器的符号一般分为五部分。如图 6-6 所示。第一部分用一个字母 C 表示符合国家标准的集成电路;第二部分用字母表示电路的类型,可以是一个字母,也可以是两个字母,其具体含义见表 6-1;第三部分的数字或字母表示产品的代号,与国外同功能集成电路保持相同代号,即当国产集成电路与国外集成电路第三部分代号相同时,为全仿制电路;第四部分用一个大写字母表示工作温度,其含义见表 6-1;第五部分用一个大写字母表示封装形式,其具体含义见表 6-1。

（二）国外集成运算放大器的命名

国外生产集成运算放大器的公司主要集中在美国和日本,一些常见国外集成运算放大器的型号和命名如表 6-2。

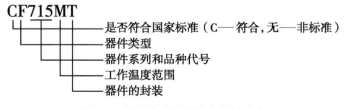

图 6-6　国产集成运算放大器的命名

表 6-1　国产集成运算放大器的命名

第一部分：是否符合国家标准	第二部分：电路类型	第三部分：产品代号	第四部分：工作温度	第五部分：封装形式
C：符合	B：非线性电路 C：CMOS E：ECL F：线性放大器 H：HTL I：IIL J：接口电路 N：NMOS P：PMOS T：TTL	001～999 由有关工业部门制定的电路系列和品种中所规定	C：0～70℃ G：−25～70℃ L：−24～85℃ E：−40～85℃ R：−55～85℃ M：−55～125℃	A：陶瓷扁平 B：塑料扁平 C：陶瓷芯片载体 D：陶瓷双列直插 E：塑料芯片载体 F：多层陶瓷扁平 P：塑料双列直插 S：塑料单列直插 T：金属圆形

表 6-2　国外集成运算放大器的型号和命名

公司名称	缩写	商标符号	首标	型号举例
美国仙童公司	FSC	FAIRCHILD	模拟电路：μA 混合电路：SH	μA741
美国摩托罗拉公司	MOTA	MOTORLA	有封装：MC	MC1503AU
美国国家半导体公司	NSC	National Semiconductor	线性单片：LM	LM386
美国无线电公司	RCA	RCA	线性电路：CA CMOS 数字：CD	CA3080 CD4027
日本电气公司	NECJ	NEC	NEC 首标：μP 混合元件：A 双极数字：B 双极模拟：C MOS 数字：D	μPC253 μPD7220
日本日立公司	HITJ	Hitachi	模拟电路：HA 数字电路：HD	HA741 HD44780A
日本松下公司	MATJ	Panasonic	模拟电路：AN 双极数字：DN MOS 数字：MN	AN74LS174 DN74LS00 MN101D10F
日本东芝公司	TOSJ	TOSHIBA	双极线性：TA CMOS 数字：TC 双极数字：TD	TA75324 TC7652CPA TD709
美国亚德诺半导体公司	DI	Analog Devices	缩写：AD 运算放大器：OP	AD8031

二、集成运算放大器的组成

集成运算放大器一般由输入级、中间级、输出级和偏置电路四部分组成，另外还有电平移动电路、双端输出变换成单端输出电路和短路保护电路等，其组成框图如图 6-7 所示。集成运

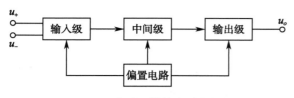

图 6-7　集成运算放大器方框图

算放大器有同相输入端和反相输入端两个输入端和一个输出端，这里的"同相"和"反相"是指两个输入端输入电压 u_+ 和 u_- 分别与输出端电压 u_o 之间的相位关系。

（1）输入级：又称前置级，采用差动放大器，具有输入电阻高、抑制零点漂移的能力强的特点。

（2）中间级：采用直接耦合的多级放大器，具有足够强的放大能力，其电压放大倍数达千倍以上。

（3）输出级：采用功率放大器，具有输出电压线性范围宽、输出电阻小、带负载能力强的特点，可以向负载提供一定的功率。

（4）偏置电路：采用恒流源，为集成运算放大器中各级放大电路提供合适的静态工作点。

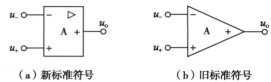

（a）新标准符号　　　（b）旧标准符号

图 6-8　集成运算放大器的符号

集成运算放大器的符号如图 6-8 所示，从外部看，可以认为集成运算放大器是一个双端输入、单端输出，具有高电压放大倍数、高输入电阻、低输出电阻，且对零点漂移信号具有强抑制作用的放大器。

三、理想集成运算放大器的特点

1. 理想集成运算放大器的模型　为了便于分析集成运算放大器电路，常把运算放大器的各项指标理想化，忽略一些次要因素，用理想集成运算放大器的模型来代替实际运放，可大大简化电路分析过程，所得计算结果也在误差允许范围内，本章所包含运放电路除非特别指明均按理想集成运算放大器处理。

ER6-2　第六章
理想集成运算放大器
的特点（微课）

理想集成运算放大器具有如下主要特点。

（1）开环差模电压放大倍数 $A_{uo} = \infty$ 。

（2）开环差模输入电阻 $r_{id} = \infty$ 。

（3）开环输出电阻 $r_o = 0$ 。

（4）共模抑制比 $K_{CMR} = \infty$ 。

（5）输入失调电压 $U_{io} = 0$ 。

（6）输入失调电流 $I_{io} = 0$ 。

此外，还有零点漂移为零、带宽为无穷大、噪声为零等特点。上述特点中的"开环"是指集成运算放大器没有引入反馈。理想集成运算放大器的符号如图 6-9 所示。集成运算放大器电压传输特性如图 6-10 所示。

2. 理想集成运算放大器工作在线性区的特点　理想集成运算放大器工作在线性区时（图 6-10），输出电压 u_o 与输入电压 $u_+ - u_-$ 呈线性关系，即

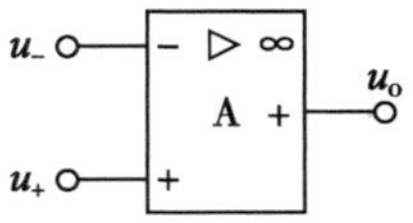

图 6-9　理想运放符号

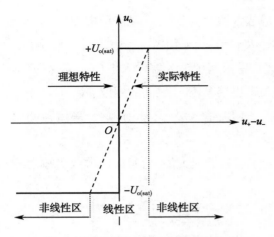

图 6-10　集成运算放大器的传输特性

$$u_o = A_{uo}(u_+ - u_-) \qquad 式（6-1）$$

式中，A_{uo} 为开环差模电压放大倍数。根据理想集成运算放大器的特点，可以推导出其工作在线性区时的两个重要特征。

（1）理想集成运算放大器的差模输入电压为零：由式（6-1），理想集成运算放大器的差模输入电压可表示为

$$u_+ - u_- = \frac{u_o}{A_{uo}}$$

由于理想集成运算放大器的开环差模电压放大倍数 $A_{uo} = \infty$，所以

$$u_+ - u_- = \frac{u_o}{A_{uo}} = 0 \qquad\qquad 式（6-2）$$

即

$$u_+ = u_- \qquad\qquad 式（6-3）$$

式（6-3）表明，理想集成运算放大器工作在线性区时同相输入端电位 u_+ 和反相输入端电位 u_- 近似相等，如同将集成运算放大器的两个输入端用导线短路一样，但这样的短路并不是真正的短路，只是因电位相等而做出的等效短路，故将这一特性称为虚假短路，简称"虚短"。

（2）理想集成运算放大器的输入电流为零：因为理想集成运算放大器的开环差模输入电阻 $r_{id} = \infty$，所以其在正常工作时不会从信号源索取电流，两个输入端均无电流输入，即

$$i_+ = i_- = 0 \qquad\qquad 式（6-4）$$

此时，集成运算放大器的两个输入端像断开一样，这种断路也不是真正意义上的断路，只是因为电流为零而等效的断路，故将这一特性称为虚假断路，简称"虚断"。

"虚短"和"虚断"是分析工作在线性区理想集成运算放大器的两条必备结论。

3. 理想集成运算放大器工作在非线性区的特点　理想集成运算放大器工作在非线性区（亦称饱和区）时（如图 6-10），输出电压 u_o 与输入电压 $u_+ - u_-$ 不再呈线性关系，而是达到饱和状态。理想集成运算放大器工作在饱和区也有两个重要特征。

（1）输出电压饱和值：当理想集成运算放大器两个输入端电位不再相等时，即 $u_+ \neq u_-$，其输出电压达到饱和值。

当 $u_+ - u_- > 0$，即 $u_+ > u_-$，集成运算放大器工作在正向饱和区，输出为正向饱和电压，即

$$u_o = +U_{o(sat)} \qquad\qquad 式（6-5）$$

当 $u_+ - u_- < 0$，即 $u_+ < u_-$，集成运算放大器工作在负向饱和区，输出为负向饱和电压，即

$$u_o = -U_{o(sat)} \qquad\qquad 式（6-6）$$

可以看出,理想集成运算放大器工作在非线性区时,$u_+ \neq u_-$,不再存在"虚短"现象,同时式(6-1)不再成立。

（2）理想集成运算放大器的输入电流为零:因为理想集成运算放大器的开环差模输入电阻 $r_{\mathrm{id}} = \infty$,即便输入电压 $u_+ - u_- \neq 0$,理想集成运算放大器依旧不会从信号源索取电流,两个输入端均无电流输入,即

$$i_+ = i_- = 0 \qquad\qquad\qquad 式(6\text{-}7)$$

理想集成运算放大器工作在非线性区时,"虚断"现象依然存在。

实际集成运算放大器开环差模电压放大倍数 A_{uo} 通常很大,所以线性工作区的范围很小,即 $u_+ - u_-$ 范围很小,如不采取适当措施,集成运算放大器很容易超出线性工作区,不能正常放大。为保证集成运算放大器工作在线性区,集成运算放大器在应用时电路外部通常引入深度负反馈,以减小两个输入端所加净输入电压。

理想集成运算放大器工作在线性区和非线性区时,具有各自特点,因此在分析由理想集成运算放大器组成的电路时,首先应确定其工作在线性区还是非线性区。由集成运算放大器构成的信号运算电路一般都是深度负反馈放大器,放大器均工作在线性区,因此在分析不同运算电路的传输特性时,都要用到理想集成运算放大器工作在线性区所特有的"虚短"和"虚断"这两条重要结论。

第三节　集成运算放大器的应用

一、信号的运算

（一）比例运算

比例运算常见的有反相比例器和同相比例器,下面分别进行介绍。

1. 反相比例器　输出端和反相输入端之间通过反馈电阻 R_{f} 来连接,形成了反相输入的负反馈放大器。为保持电路输入端的对称性,在同相端接入平衡电阻 $R_2 = R_1$。

由图6-8可以看出

$$i_1 = i_{\mathrm{i}} + i_{\mathrm{f}}$$

根据理想运放的特点得到的式(6-5)、式(6-6)可以看出图6-10电路中

$$i_1 = i_{\mathrm{f}}$$
$$u_- = u_+ = 0$$

该电路中,同相端接地,反相端电位也为零,称作"虚地",所谓"虚地"是并非真正接地,否则输入信号就不能加到放大器中。

综上分析可以写出

$$i_1 = \frac{u_{\mathrm{i}} - u_-}{R_1}$$

$$i_f = \frac{u_- - u_o}{R_f}$$

由 $i_1 = i_f$ 整理后得

$$u_o = -\frac{R_f}{R_1}u_i \qquad\qquad 式(6\text{-}8)$$

式(6-8)表明输出电压是输入电压比例运算的结果,负号表示两者相位相反。其比例系数即为该电路的电压放大倍数 A_u。

$$A_u = \frac{u_o}{u_1} = -\frac{R_f}{R_1} \qquad\qquad 式(6\text{-}9)$$

A_u 大小仅取决于电路中的电阻值,其绝对值可大于、等于或小于1,且稳定。

【例6-1】 如图6-11所示的反相比例器中,已知 $R_1 = 10\text{k}\Omega, R_f = 100\text{k}\Omega, u_i = 100\text{mV}$,求 u_o。

解: 根据式(6-8)可得

$$u_o = -\frac{R_f}{R_1}u_i = -\frac{100 \times 10^3}{10 \times 10^3} \times 100 \times 10^{-3} = -1\text{V}$$

2. 同相比例器 如图6-12所示,为一个同相比例器。信号由同相端输入,是一个同相输入的负反馈放大器。

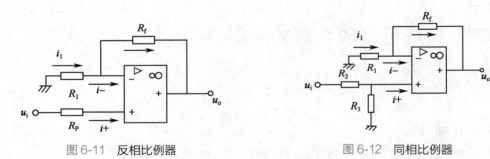

图6-11 反相比例器　　　　　　　图6-12 同相比例器

根据理想运放的特点得到的式(6-5)、式(6-6)可以写出图6-11电路中 $i_i = 0$

$$u_- = u_+ = u_i$$

故电路中

$$i_1 = -\frac{u_-}{R_1} = -\frac{u_i}{R_1}$$

$$i_f = \frac{u_- - u_o}{R_f} = \frac{u_i - u_o}{R_f}$$

由 $i_1 = i_f + i_i = i_f$ 整理后得

$$u_o = \frac{R_1 + R_f}{R}u_i \qquad\qquad 式(6\text{-}10)$$

式(6-10)表明输出电压是输入电压比例运算的结果,且两者同相,其比例系数为该电路的电压放大倍数 A_u。

$$A_u = \frac{u_o}{u_1} = \frac{R_1 + R_f}{R_1} \qquad \text{式(6-11)}$$

A_u 的值仅取决于电路中的电阻值,其数值 $\geqslant 1$。当 $R_1 = \infty$(断开)或 $R_f = R_2 = 0$ 时,$A_u = 1$,即 $u_o = u_i$,电路称为电压跟随器。

【例6-2】如图6-13所示的同相比例器中,已知 $R_1 = 10\text{k}\Omega$,$R_f = 100\text{k}\Omega$,$u_i = 100\text{mV}$,求 u_o。

解:根据式(6-9)可得

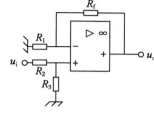

$$u_o = \frac{R_1 + R_f}{R_1} u_i = \frac{10 \times 10^3 + 100 \times 10^3}{10 \times 10^3} \times 100 \times 10^{-3} = 1.1\text{V}$$

在同相比例器的同相端,加一个分压网络,如图6-13所示。

此时

$$u_+ = u_i \frac{R_3}{R_2 + R_3} \qquad \text{式(6-12)}$$

图6-13 同相端加分压网络

根据上述同相比例器的分析过程,可以推导出此电路输出电压

$$u_o = \frac{R_1 + R_f}{R_1} \frac{R_3}{R_2 + R_3} u_i \qquad \text{式(6-13)}$$

若 $R_1 = R_2$,则

$$u_o = \frac{R_3}{R_1} u_i \qquad \text{式(6-14)}$$

若 $R_1 = R_2 = R_3 = R_f$,则

$$u_o = u_i \qquad \text{式(6-15)}$$

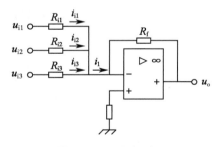

图6-14 反相加法器

(二)加法运算

图6-14为一个反相加法器。该电路与反相比例器的原理基本相同,电路中 $i_1 = i_f$,反相输入端"虚地",$u_- = u_+ = 0$。

在图6-14电路中

$$i_{i1} = \frac{u_{i1} - u_-}{R_{i1}} = \frac{u_{i1}}{R_{i1}}$$

$$i_{i2} = \frac{u_{i2} - u_-}{R_{i2}} = \frac{u_{i2}}{R_{i2}}$$

$$i_{i3} = \frac{u_{i3} - u_-}{R_{i3}} = \frac{U_{i3}}{R_{i3}}$$

$$i_1 = i_{i1} + i_{i2} + i_{i3}$$

$$i_f = \frac{u_- - u_o}{R_f} = -\frac{u_o}{R_f}$$

由 $i_1 = i_f$ 整理后得

$$u_o = -\left(\frac{R_f}{R_{i1}}u_{i1} + \frac{R_f}{R_{12}}u_{i2} + \frac{R_f}{R_{13}}u_{i3}\right)$$ 式(6-16)

为使电路对每个输入信号的增益相同,令 $R_{i1} = R_{i2} = R_{i3} = R_1$,则

$$u_o = -\frac{R_f}{R_1}(u_{i1} + u_{i2} + u_{i3})$$ 式(6-17)

若令式(6-17)中 $R_1 = R_f$,则

$$u_o = -(u_{i1} + u_{i2} + u_{i3})$$ 式(6-18)

式(6-18)表明了输出电压为几个输入信号的加法运算的结果。

由式(6-18)可以看出,加法器不但可以实现输入信号的加法运算,而且可以将输入信号之和放大 $\frac{R_f}{R_1}$ 倍。

几个输入信号也可以全部由同相端输入,形成同相加法器。

(三)减法运算

集成运放采用差动负反馈接法,可组成减法器,如图 6-15 所示。在比例器中已分别介绍了反相输入及加电阻分压网络的同相输入时,放大器的输出与输入的关系,如式(6-8)和式(6-12)所列。当运放工作在线性范围内,应用叠加定理可以得到该减法器的输出电压

$$u_o = \frac{R_1 + R_f}{R_1} \cdot \frac{R_3}{R_2 + R_3}u_{i2} - \frac{R_f}{R_1}u_{i1}$$ 式(6-19)

为使两个输入信号获得相同的增益,令 $R_1 = R_2, R_f = R_3$,得

$$u_o = \frac{R_f}{R_1}(u_{i2} - u_{i1})$$ 式(6-20)

或令式(6-20)中 $R_1 = R_f$,则

$$u_o = u_{i2} - u_{i1}$$ 式(6-21)

这就实现了输出电压为输入电压相减的运算结果。

(四)积分运算

在测量和自控过程中,经常需要采用积分环节,用以提高测量精度和改善系统的动态品质。图 6-16 为一积分器。

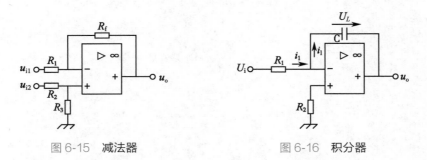

图 6-15　减法器　　　　　　　　图 6-16　积分器

根据理想运放的特点得到的式(6-5)、式(6-6)可以写出图6-16电路中

$$i_i = 0$$

$$u_- = u_+ = 0$$

故电路中

$$i_f = i_i = \frac{u_i - u_-}{R_1} = \frac{u_i}{R_1}$$

故

$$u_o = -u_C = -\frac{1}{R_1 C}\int i^f \mathrm{d}t$$

$$= -\frac{1}{R_1 C}\int \frac{u_1}{R_1}\mathrm{d}t$$

$$= -\frac{1}{R_1 C}\int u_i \mathrm{d}t \qquad\qquad 式(6-22)$$

由式(6-22)看出,输出电压与输入电压对时间的积分成正比。当 u_i 为一个恒定直流电压时, u_i 与时间 t 则成为比较准确的线性关系,如式(6-23)所列

$$u_o = -\frac{u_i}{R_1 C}t \qquad\qquad 式(6-23)$$

(五)微分运算

微分环节在自动控制系统中应用广泛。例如常用它使相位领先和加快过渡过程。图6-17为一个微分器。与积分器的分析方法相同,图6-17电路中

$$u_- = u_+ = 0$$

$$i_f = i_C = C\frac{\mathrm{d}u_c}{\mathrm{d}t} = C\frac{\mathrm{d}u_i}{\mathrm{d}t}$$

$$u_- - u_o = i_f R_f$$

即

$$u_o = -i_f R_f = -R_f C\frac{\mathrm{d}u_1}{\mathrm{d}t} \qquad\qquad 式(6-24)$$

由式(6-24)看出,输出电压与输入电压对时间的微分成正比。

(六)指数与对数的运算

在一些测量仪表中常用到指数或对数的运算。图6-18为一个指数运算器。

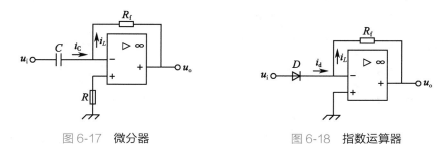

图 6-17　微分器　　　　　图 6-18　指数运算器

由半导体理论可知,通过二极管的电流 i_d 与二极管两端的电压 u_d 具有如下的关系

$$i_d = I_s \left(e^{\frac{qu_d}{kT}} - 1 \right)$$

当 $\dfrac{qu_d}{kT} \gg 1$ 时

$$i_d = I_s e^{\frac{qu_d}{kT}}$$

即 i_d 与 u_d 具有指数关系,上式中 I_s 当温度一定时为一常数。

对于理想组件,图 6-18 电路中

$$i_d = i_f, \quad u_- = u_+ = 0$$

$$i_f = i_d = I_s e^{\frac{qu_d}{kT}(u_1 - u_-)} = i_s e^{\frac{qu_d}{kT} u_i}$$

故

$$u_o = u_- - i_f R_f = \dot{I}_f R_f$$

$$= -R_f I_s e^{\frac{qu_d}{kT} u_1} \qquad \text{式(6-25)}$$

式(6-25)表明 u_o 与 u_i 之间是有指数运算的关系。

指数运算与对数运算是一种可逆运算,只要把图 6-18 指数运算器中的电阻 R_f 与二极管的位置互换,便可组成一个对数运算器,如图 6-19 所示。

对图 6-19 电路的分析方法同指数运算器分析结果为

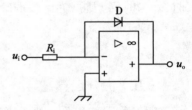

图 6-19　对数运算器

$$u_o = -\frac{kT}{q} \ln \frac{u_i}{I_s R_i} \qquad \text{式(6-26)}$$

式(6-26)表明 u_o 与 u_i 具有对数运算的关系。

（七）乘法和除法运算

根据对数与指数的运算规律可知,将两个信号的对数值相加(减),等于这两个信号乘(除)的对数值,然后再经过指数运算,所得结果是这两个信号相乘(除)值。

图 6-20 为一个乘法器,其中运放 Ⅰ、Ⅱ 组成对数运算器,Ⅲ 组成加法器,Ⅳ 组成指数运算器。

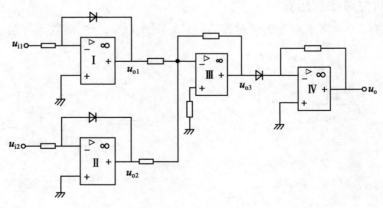

图 6-20　乘法器

图 6-20 电路中各部分电压的关系如下：

$$u_{o1} = k_1 in u_{i1}, \quad u_{o2} = k_2 in u_{i2}$$

$$u_{o3} = k_1 in u_{i1} + k_2 in u_{i2} = k_3 in u_{i2}$$

$$u_{o3} = k_4 u_{o3} = k_4 e^{k_3 in u_{i2} u_{i1}} = k_3 k_4 u_{i1} u_{i2} \qquad\qquad 式（6-27）$$

式（6-27）表明图 6-20 电路可以实现两个信号相乘的运算。

如图 6-21 所示，为一个除法器，工作情况可自行分析，这里不作介绍。

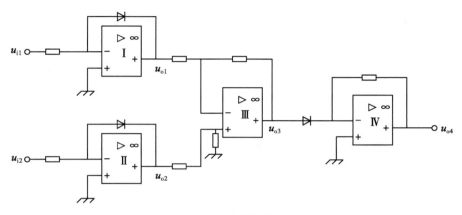

图 6-21　除法器

二、信号的比较

利用集成运放可以构成多种电压比较器，对两个输入信号进行比较，根据输出端的不同状态，可以判断输入信号的大小或极性。

图 6-22 是一种电压比较器。图中 D_{W1}、D_{W2} 为两个稳压管，其稳压值分别为 U_{Z1} 和 U_{Z2}。

图 6-22 电路工作在开环状态，参考电压 U_p 加在同相端，输入电压 u_i 加在反相端，u_i 与 U_p 相比较。由于理想集成运放开环 $A_u \to \infty$，故 u_i 略大于 U_p 时，集成运放输出 u'_o 接近电路负电源电压值，稳压管 D_{W2} 被反向击穿，电路输出 $u_o \approx -u_{Z2}$；同理，u_i 略小于 U_p 时，$u_o \approx U_{Z1}$ 时，其输出特性曲线如图 6-23 所示。

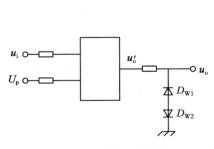

图 6-22　电压比较器

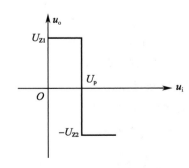

图 6-23　电压比较器输出特性

如图 6-24 所示，是一种零电压比较器，电路中当

$$u_i > 0 \text{ 时}, u_o = -U_{Z2}, (\,|-U_{Z2}| < |-U_{cc}|\,)$$
$$u_i < 0 \text{ 时}, u_o = U_{Z1}, (\,U_{Z1} < U_{cc}\,)$$

其输出特性曲线如图 6-25 所示。

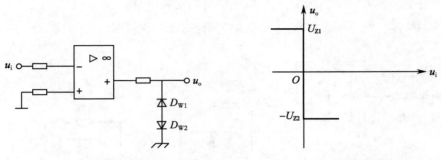

图 6-24　零电压比较器　　　　　　图 6-25　零电压比较器输出特性

由零电压比较器的输出状态，可以判断输入信号的极性，故常用它作为电压极性鉴别器。电压比较器的种类很多，也可以接成具有正反馈的电压比较器。

【**例 6-3**】 如图 6-26 所示，为一个恒温电路原理图，试分析它的工作过程。R_t 为具有正温度系数的热敏电阻，其阻值随温度上升而增大，用它作为感温元件。

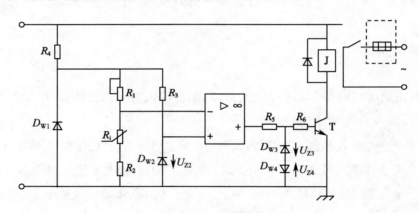

图 6-26　恒温控制电路

解：运放器与电阻 $R_1 \sim R_3$、R_t 及稳压管 D_{W2} 组成一个电压比较器，运放器反相端为参考电压 U_{Z2}，R_t 置于恒温箱中，其阻值随温度升高而增大，运放同相端的电位也随之升高，选配好 R_1、R_2、R_t 阻值，使恒温箱温度低于预定值时，同相端电位低于反相端，比较器输出为 $-U_{Z4}$，晶体管 T 截止，继电器 J 不通电，其常闭触点闭合，加热丝 R_L 继续通电加热升温。当温度达到或略高于预定温度时，同相端电位则高于反相端，比较器输出为 $+U_{Z3}$，T 饱和，J 线圈通电，其常闭触点断开，加热丝停止加热。这样可以维持恒温箱的温度为预定值基本不变。R_1 为给定电阻，调整它可以改变恒温值。

三、信号的变换

信号的变换包括恒压源与恒流源的互换，交流与直流的互换，模拟量与数字量的互换及

特殊波形的相互转换等。利用运放可以简便灵活地完成这些任务。在此仅介绍其中几种电路。

（一）电压-电流变换

如图 6-27 所示，为一种电压-电流变换器。电压 u_i 从同相端输入，接受信号电流 i_L 的负载 R_L 接在负反馈支路中。

由于 $u_- = u_+ = u_i$

$$i_L = i_1 = \frac{u_-}{R_i} = \frac{u_i}{R_1} \qquad \text{式}(6\text{-}28)$$

由式（6-28）可以看出，负载电流 i_L 仅与输入电压 u_i 成正比，而与负载电阻 R_L 的大小无关，实现了电压-电流变换。

（二）电流-电压变换

如图 6-28 所示，为一种电流-电压变换器。i_i 为输入电流。

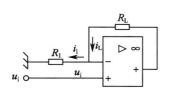

图 6-27　电压-电流变换器

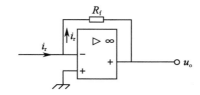

图 6-28　电流-电压变换器

根据理想运放的特点可以得出图 6-28 电路中，$u_- = u_+ = 0$，$i_i = i_f$

$$u_o = -i_f R_f = -i_i R_f \qquad \text{式}(6\text{-}29)$$

由式（6-29）可以看出，输出电压基本取决于输入电流。

（三）有源滤波器

前面学习过的滤波器是由 RC 等无源网络组成的，体积大、效率低。现利用集成运放组成有源滤波器，体积小、效率高、频率特性好，得到了广泛的应用。

滤波器是一种选频装置，它能使一定频率范围内的信号顺利通过，使此频率范围以外的信号大大衰减。根据滤波器的选频作用，一般分为低通、高通、带通滤波器等。在此仅介绍一种有源低通滤波器的工作原理，电路如图 6-29 所示。

图 6-29 中，反馈元件由电阻 R_f 和电容 C_f 并联构成，并联阻抗为

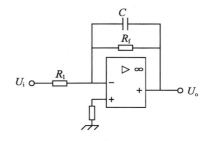

图 6-29　有源低通滤波器

$$Z_f = R_f \frac{1}{// j\omega C_f}$$

根据理想运放的特点可以推导出该电路的闭环电压放大倍数为

$$A_u = \frac{u_o}{u_i} = -\frac{Z_f}{R_1}$$

令 $\omega_0 = \dfrac{1}{C_f R_f}$ 可得

$$A_u = -\frac{R_f}{R_1}\frac{1}{\sqrt{1+\left(\dfrac{\omega}{\omega_0}\right)^2}} \qquad\qquad 式(6-30)$$

由式（6-30）可以看出，当信号频率 $\omega<\omega_0$，信号基本不衰减，都能通过；当 $\omega>\omega_0$ 时，A_u 变得很小，信号衰减很大；当 $\omega=\omega_0$ 时，A_u 下降到低频段的 0.707 倍，ω_0 称为截止频率。该电路的幅频特性如图 6-30 所示。

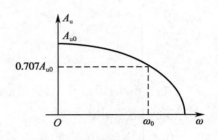

图 6-30　低通滤波器的幅频特性

（四）信号的产生

利用集成运放的正反馈特性可以简便地组成多种信号源，产生如正弦波、方波、锯齿波、三角波等多种信号波形。这里仅介绍一种正弦波信号发生器（即正弦波振荡器），如图 6-31 所示。

集成运放同样也可以与其他选频网络组成 RC 移相式及 LC 型正弦波振荡器。

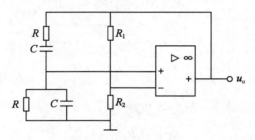

图 6-31　RC 正弦波振荡器

综上所述，集成运算放大器是一个高放大倍数的直接耦合放大器，通过它的两个信号输入端和输出端之间不同的连接网络和连接方式，使它具有多种用途。当它的反相输入端与输出端之间通过反馈电阻相连接时，形成了负反馈放大器，根据信号从输入端的输入情况可以组成比例器、加法器、减法器等运算电路，这些运算电路对信号的增益仅取决于电路中有关的电阻值，增益稳定且使用方便。集成运算放大器的开环放大倍数很高，所以开环时可以组成灵敏的电压比较器。当集成运算放大器接成正反馈时，配合选频网络就可以组成正弦信号发生器。集成运算放大器应用很广，在具体使用时，还需要参考有关资料，注意它的调零、保护及防止自激等问题。

本章小结

1. 简要介绍了直流放大器中的级间耦合及零点漂移这两个特殊问题。使用直流放大器时必须注意解决好这两个问题，否则直流放大器将无法正常工作和使用。

2. 介绍了集成运算放大器的基本组成、特点。集成电路的型号命名由以下五部分组成。

第一部分：是否符合国家标准,C:符合	第二部分：电路类型,用汉语拼音字母表示	第三部分：产品代号,用阿拉伯数字表示	第四部分：工作温度,用英文字母表示	第五部分：封装形式,用汉语拼音字母表示

3. 重点介绍了集成运算放大器的应用。

（1）信号的运算：①比例运算（反相比例器、同相比例器）；②加法运算；③减法运算；④积分运算；⑤微分运算；⑥指数与对数的运算；⑦乘法和除法运算。

（2）信号的比较。

（3）信号的变换：①电压-电流变换；②电流-电压变换；③有源滤波器；④信号的产生。

习题六

6-1 如图 6-32 所示,为一个两级直接耦合放大器,已知 $R_{c1}=10\text{k}\Omega$,$R_{c2}=4\text{k}\Omega$,$R_{c3}=2\text{k}\Omega$,$U_{cc}=12\text{V}$,$\beta_1=20$,$\beta_2=50$,当输入信号 $u_i=0$ 时,放大器输出端的静态直流电压 $u_{c2}=8\text{V}$。试求静态 I_{c1}、I_{b2}、I_{Rc1}、I_{c1}、I_{b1}、I_{ce1}。

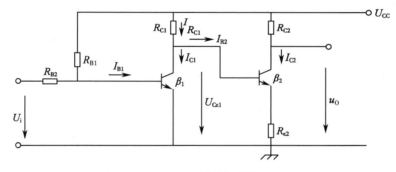

图 6-32 习题 6-1 图

6-2 如图 6-33 所示,为一个双入-双出差动放大器,静态时 $I_{\varepsilon1}=I_{\varepsilon2}$。试问：

（1）静态时 u_ε 等于多少？当环境温度升高时 u_ε 的变化趋势如何？u_ε 变化是否有利于静态工作点的稳定？

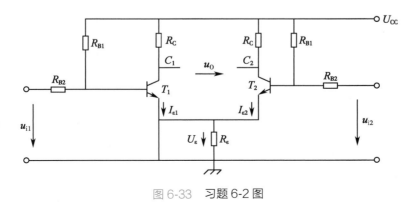

图 6-33 习题 6-2 图

（2）当有差动信号输入时，u_ε 等于多少？它与静态值是否相同？R_ε 对差动信号是否引入负反馈？

6-3 如图 6-34 所示，是应用线性集成运放组成的测量电阻的原理电路。输出端接有满量程为 5V、500mA 的电压表。试计算当电压表指示 5V 时，被测电阻 R_x 的阻值。

6-4 如图 6-35 所示，是一个测量电压的原理电路，共有 0.5V、1V、5V、10V、50V 五种量程。输出端所接电表同习题 6-3。试计算电阻 $R_{11} \sim R_{15}$ 的阻值。

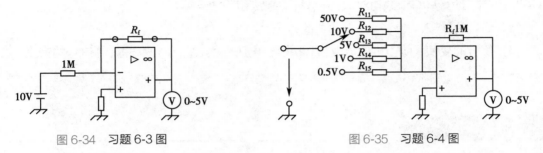

图 6-34　习题 6-3 图　　　　　　图 6-35　习题 6-4 图

6-5 在图 6-36 中，已知 $u_i = 5V$，$R_1 = 10k\Omega$，$R_L = 20k\Omega$，求 I_L；欲使 $I_L = 1mA$，问此时电阻 R_1 应取多大值？

6-6 在图 6-37 中，已知 $R_1 = R_2 = 10k\Omega$，$R_f = R_3 = 20k\Omega$，$u_{i1} = 0.5\sin\omega t V$，$u_{i2} = 0.52V$。试画出 u_o 的波形图。

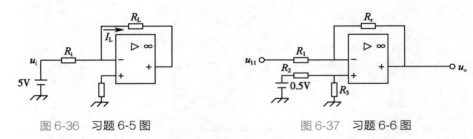

图 6-36　习题 6-5 图　　　　　　图 6-37　习题 6-6 图

6-7 如图 6-38 所示，为一个同相加法器，已知 $R_1 = 11k\Omega$，$R_f = 110k\Omega$，$R_2 = R_3 = 20k\Omega$，$u_{i1} = u_{i2} = 10mV$。试求 u_o。

6-8 如图 6-39 所示，写出电路输出电压 u_o 的表达式。

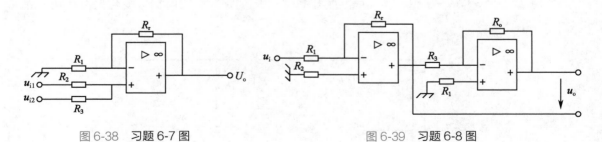

图 6-38　习题 6-7 图　　　　　　图 6-39　习题 6-8 图

6-9 一个集成运放开环工作，如图 6-40 所示。反相端输入直流电压为 20mV，同相端输入直流电压为 $-80mV$，运放开环电压放大倍数为 10^4，电源为 $+u_C = 15V$。试求 u_o。

6-10 如图 6-41 所示，为一个比较器，已知参考电压 $u_P = 1V$，输入电压 $u_i = \sqrt{2}\sin\omega t V$，电路中两个稳压管的稳压值均为 6V。电路正负电源电压分别为 $+15V$ 和 $-15V$。试画出 u_o 的波形图。

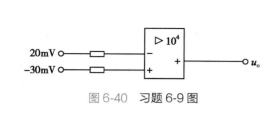

图 6-40　习题 6-9 图

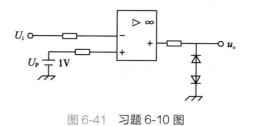

图 6-41　习题 6-10 图

（杨海波　陈伟炜）

ER7-1 第七章
正弦波振荡器
（课件）

第七章　正弦波振荡器

正弦波振荡器是用来产生一定频率和幅度的正弦交流信号的电子电路。它在医学仪器中的应用非常广泛，例如超声波诊断仪、各种电疗机都应用到振荡电路，利用振荡可以获得不同波形和不同频率的交变信号。常见的振荡器分为两大类：一类是正弦波振荡器，另一类为非正弦波振荡器。本章在反馈放大电路的基础上，先分析振荡器的自激振荡条件，然后讨论 LC 正弦波振荡器和 RC 正弦波振荡器的工作原理，最后简要介绍石英晶体正弦波振荡器。

ER7-2 第七章
振荡器的基本
原理（微课）

第一节　LC 振荡器

一、振荡器的基本原理

（一）自激振荡的基本条件

前面已提到，当放大电路中引入正反馈后，往往会产生自激，从而破坏了放大器的正常工作。这说明正反馈放大器有可能产生自激振荡。需要满足一定条件，正反馈放大器才能成为一个自激振荡器。

图 7-1 是自激振荡器的原理方框图，它包括两部分：一是基本放大器，电压放大倍数为 A_u；二是反馈电路，反馈系数为 F。假设在基本放大器的输入端外加一个输入信号 u_i，经过放大后的输出信号为 $u_o = A_u u_i$，然后经反馈电路，将输出信号 u_o 的一部分，即反馈信号 $u_f = F u_o$ 回送到输入端。如果反馈信号 u_f 与输入信号 u_i 同相位，则构成正反馈回路，结果会加强原来的输入信号。如果此时正反馈信号的幅度又足够大，即满足 $u_f \geq u_i$，那么即使输入端外加输入信号 $u_i = 0$，放大器的

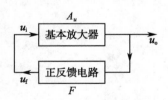

图 7-1　自激振荡器方框图

输入信号也能由反馈信号 u_f 来维持，使输出端仍保持有输出信号 u_o。这种无外加输入信号，放大器就能保持有一定频率和幅度的交流信号输出的现象称为自激振荡（self excited oscillation）。由此可见，要形成自激振荡，必须同时具备两个基本条件。

（1）相位条件：反馈信号 u_f 与输入信号 u_i 同相位，即 u_f 与 u_i 的相位差 ϕ 应为

$$\phi = \pm 2n\pi \qquad (n = 0,1,2,3\cdots\cdots) \qquad\qquad 式(7\text{-}1)$$

相位条件表明振荡电路是一个正反馈放大器。

（2）振幅条件：反馈信号 u_f 应大于或等于输入信号 u_i，即

$$u_f \geq u_i \qquad\qquad 式(7-2)$$

因为 $u_f = F u_o$，而 $u_o = A_u u_i$，$u_f = F u_o = F A_u u_i$，将该式代入式（7-2）得

$$F A_u \geq 1 \qquad\qquad 式(7-3)$$

其中，$F A_u > 1$ 表明振荡器能自行建立振荡，$F A_u = 1$ 表明振荡器维持稳定振荡。

（二）振荡器的选频电路

虽然具备了上述两个基本条件的正反馈放大器能够产生自激振荡，但是如果同时有许多信号（含有多种频率）都满足这些条件，那么输出端获得的振荡信号就不是单一频率的正弦波，而是一个包含有多种频率信号合成的非正弦波。为了获得单一频率的正弦波，振荡电路还必须具有选频作用，具有这种特性的电路称为选频电路。多种频率的信号通过选频电路后，只有某一频率才能满足振荡的两个基本条件，从而得到单一频率的正弦波信号，所以选频电路决定了电路的振荡频率。

选频电路可以由 R、C 元件组成，也可由 L、C 元件组成，还可以由石英晶体组成。根据选频电路的组成元件来划分，可将正弦波振荡器分为 RC 正弦波振荡器、LC 正弦波振荡器和石英晶体正弦波振荡器三个类型。在实际的振荡电路中，选频电路可以作为一个独立的部分，也可以包含在正反馈电路中或基本放大器之中。

（三）振荡的建立和稳定

如上所述，振荡器把反馈电压 u_f 作为输入电压，以维持一定的输出电压。这里有一个问题，既然输出电压是由输入电压放大得到的，而输入电压又是通过反馈电路由输出电压供给的，那么最初的输入电压又是怎样得到的？

在振荡电路中，不可避免地含有微小的电扰动，例如接通直流电源的一瞬时所产生的电脉冲以及电路的热噪声等。由于振荡电路是一个闭合的正反馈系统，因此不管电扰动发生在电路的哪一部分，最终总要传送到基本放大器的输入端，成为最初的输入电压。这些电扰动一般都包含有丰富的频率成分，但在选频电路的作用下，只有某一频率分量可以顺利地通过，其余频率成分均被抑制。被选出的频率分量放大后，经反馈电路又回送到基本放大器的输入端，形成一个循环。在第一循环结束时，第二循环即开始，如此循环往复继续下去。如果在每次循环中，被选频率分量的反馈电压与循环开始时的输入电压相比较，不仅相位相同，而且振幅也增大，那么经过上述放大、正反馈、再放大、再正反馈的循环过程，被选频率分量的振荡将迅速增大，这样自激振荡就建立起来了，故称为**起振**。

随着振荡的增长，反馈信号愈来愈大，必将导致基本放大器进入非线性工作状态，放大器的放大倍数反而减小，使信号幅度有减小的趋势。因此，正反馈使整个电路的信号振幅不断增长，而放大器的非线性则使信号振幅减小，信号最后达到一个相对稳定的幅度，从而形成一定幅度的等幅振荡。也可以在反馈电路中加入非线性的稳定幅度环节，用以调节放大电路的放大倍数，达到稳幅振荡的目的。

（四）正弦波振荡器的组成

从以上分析可知，一个正弦波振荡器应当包括放大电路、反馈网络、选频网络和稳幅环节四个组成部分。

（1）放大电路：放大电路使放大器有足够的电压放大倍数，从而满足自激振荡的振幅条件。

（2）反馈网络：它将输出信号以正反馈形式引回输入端，以满足相位条件。

（3）选频网络：由于电路的扰动信号是非正弦的，它由若干不同频率的正弦波组合而成，因此要想使电路获得单一频率的正弦波，就应有一个选频网络，选出所需频率的信号。

（4）稳幅环节：一般利用放大电路中三极管本身的非线性，可将输出波形稳定在某一幅值，但若出现振荡波形失真，可采用一些稳幅措施，通常采用适当的负反馈网络来改善波形。

二、LC 并联谐振回路

（一）并联谐振回路中的自由振荡现象

图 7-2 为 LC 并联谐振回路与一个直流电压源 U_s 的连接图。其中 R_{e0} 是并联回路的谐振电阻。

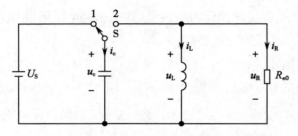

图 7-2 LC 并联回路与 U_s 的连接图

由电路理论可得

$$\frac{d^2 u}{dt} - \frac{1}{LC}u - \frac{1}{R_{e0}C}\frac{du}{dt} = 0$$

$$\therefore \frac{d^2 u}{dt} - 2\delta\frac{du}{dt} - \omega^2 u = 0$$

由初始条件，且在欠阻尼条件 $\left(R_{e0} > \frac{1}{2}\sqrt{L/C}\right)$ 下得

$$u(t) = U_s e^{-\alpha t}\cos\omega_0 t \qquad\qquad 式（7-4）$$

其中振荡角频率 $\omega_0 = 1/\sqrt{LC}$，衰减系数 $\alpha = \sqrt{\dfrac{1}{2R_{e0}C}}$。

当谐振电阻较大时，并联谐振回路两端的电压变化是一个振幅按指数规律衰减的正弦振荡。其振荡波形如图 7-3 所示。

必须说明，并联谐振回路中自由振荡衰减的原因是由于损耗电阻的存在。当 $R_{e0} \rightarrow \infty$，则衰减系

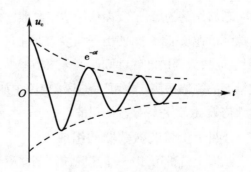

图 7-3 RLC 欠阻尼振荡波形

数 $\alpha \to 0$,此时回路两端电压变化将是一个等幅正弦振荡。如果采用正反馈的方法,不断地给回路补充能量,使之刚好与 R_{e0} 上损耗的能量相等,那么就可以获得等幅的正弦振荡,这就是反馈振荡器的基本原理。

(二)振荡过程与振荡条件

反馈振荡器是由主网络和反馈网络组成的一个闭合环路,如图 7-4 所示。其主网络一般由放大器和选频网络组成,反馈网络一般由无源器件组成。

一个反馈振荡器必须满足三个条件:①起振条件,保证接通电源后能逐步建立起振荡;②平衡条件,保证进入维持等幅持续振荡的平衡状态;③稳定条件,保证平衡状态不因外界不稳定因素影响而受到破坏。

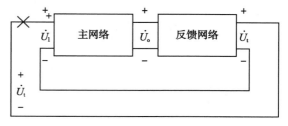

图 7-4 反馈振荡器

1. 起振过程与起振条件 在图 7-4 所示闭合环路中,在×处断开,定义环路增益为

$$\dot{T}(\omega_0) = \frac{\dot{U}_f}{\dot{U}_i} = \dot{A}\dot{F} \qquad \text{式}(7\text{-}5)$$

式中,$\dot{A}$ 为放大倍数,$\dot{F}$ 为反馈系数。

(1)起振过程:在刚接通电源时,电路中存在的各种电扰动产生的各种噪声均具有很宽的频谱,如果由 LC 并联谐振回路组成选频网络,则此时只有谐振角频率 ω_0 的分量才能通过反馈产生较大的反馈电压 U_f;如果在谐振频率处,U_f 与原输入电压 U_i 同相,并且具有更大的振幅,则经过线性放大和反馈的不断循环,振荡电压振幅就会不断增大。

(2)起振条件

$$\because \dot{U}_f(\omega_0) = \dot{T}_i(\omega_0)\dot{U}_i(\omega_0) > \dot{U}_i(\omega_0) \qquad \text{式}(7\text{-}6)$$

$$\therefore T = (\omega_0) > 1 \to \begin{cases} T(\omega_0) > 1 \to \text{振幅起振条件} \\ \varphi_T(\omega) = 2n\pi \to \text{相位起振条件}(n = 0,1,2,\cdots) \end{cases}$$

在起振过程中,直流电源补充的能量大于整个环路消耗的能量。

2. 平衡过程与平衡条件

(1)平衡过程:随着振幅的增大,放大器逐渐由放大区进入饱和区或截止区,工作于非线性的甲乙类状态,其增益逐渐下降。当放大器增益下降而导致环路增益下降到 1 时,振幅的增长过程将停止,振荡器达到平衡,进入等幅振荡状态。此时直流电源补充的能量刚好抵消整个环路消耗的能量。

(2)平衡条件

$$\begin{cases} T(\omega_0) = 1 \to \text{振幅平衡条件} \\ \varphi_T(\omega) = 2n\pi \to \text{相位平衡条件} \end{cases}$$

如图 7-5 所示,根据振幅的起振条件和平衡条件,环路增益的模值应具有随振幅 U_i 增大而下降的特性,由于一般放大器的增益特性曲线均具有如图 7-5 所示的形状,所以只要保证起

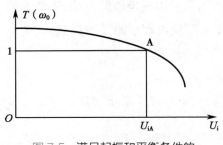

图 7-5　满足起振和平衡条件的
环路增益特性

振时环路增益幅值大于 1 即可。而环路增益的相位 $\varphi_T(\omega_0)$ 必须维持在 $2n\pi$ 上,保证为正反馈。

3. 平衡状态的稳定性和稳定条件

（1）平衡状态的稳定性

1）不稳定平衡状态:振荡器在工作过程中,受到外界各种因素变化的影响,使 $T(\omega_0)$ 或 $\varphi_T(\omega_0)$ 发生变化,破坏原来的平衡条件,结果通过放大和反馈的不断循环,振荡器越来越偏离原来的平衡状态。

2）稳定平衡状态:与上相反,如通过放大和反馈的不断循环,振荡器能够产生回到原平衡点的趋势,并且在原平衡点附近建立新的平衡状态。

（2）稳定条件

1）稳定振幅原理:满足振幅稳定条件的环路增益特性与满足起振和平衡条件所要求的环路增益特性是一致的。

$$在平衡点附近(U_i = U_{iA}) \rightarrow \begin{cases} U_i \uparrow（不稳定因素）\rightarrow T(\omega_0) \downarrow \rightarrow U_f \downarrow \rightarrow U_i \downarrow \\ U_i \downarrow（不稳定因素）\rightarrow T(\omega_0) \uparrow \rightarrow U_f \uparrow \rightarrow U_i \uparrow \end{cases}$$

$$\rightarrow \left. \frac{\partial T(\omega)}{\partial U_i} \right|_{U_i = U_{iA}} < 0 \rightarrow 振幅稳定条件$$

2）相位稳定原理:在平衡量点附近 $(\omega \approx \omega_0)$,当 $\omega \uparrow$（不稳定因素）$\rightarrow \varphi_T(\omega_0)$ 产生 $-\Delta\varphi$ $\left(\omega = \frac{\partial\varphi_T(\omega)}{\partial\omega}\right) \rightarrow -\Delta\omega \rightarrow \omega \downarrow$;当 $\omega \downarrow$（不稳定因素）$\rightarrow \varphi_T(\omega_0)$ 产生 $-\Delta\varphi \left(\omega = \frac{\partial\varphi_T(\omega)}{\partial\omega}\right) \rightarrow -\Delta\omega \rightarrow \omega \uparrow$

即 $\left. \frac{\partial\varphi_T(\omega)}{\partial\omega} \right|_{\omega = \omega_0} < 0 \rightarrow$ 相位稳定条件。满足相位稳定条件的相频特性,如图 7-6 所示。

（三）反馈振荡电路判断

根据反馈振荡电路的基本原理和应当满足的起振、平衡和稳定三个条件,一个反馈振荡电路能否正常工作,需考虑以下几点。

（1）可变增益放大器(晶体管、场效应管或集成电路)开始时应工作在甲类状态,便于起振。

（2）开始起振时,环路增益幅值 $AF(\omega_0)$ 应大于 1。由于反馈网络通常由无源器件组成,反馈系数 F 小于 1,故 $A(\omega_0)$ 必须大于 1。共射、共基电路都可以满足这一点。为了增大 $A(\omega_0)$,负载电阻不能太小。

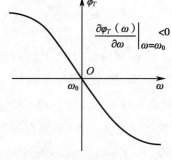

图 7-6　满足相位稳定条件
的相频特性

（3）环路增益相位在振荡频率点应为 2π 整数倍,即环路应是正反馈。

（4）选频网络应具有负斜率的相频特性。因为在振荡频率点附近,可以认为放大器件本身的相频特性为常数,而反馈网络通常由变压器、电阻分压器或电容分压器组成,其相频特性也可视为常数,所以相位稳定条件应该由选频网络实现。注意 LC 并联回路阻抗的相频特性和 LC 串联回路导纳的相频特性是负斜率,而 LC 并联回路导纳的相频特性和 LC 串联回路阻抗的相频特性是正斜率。

以上第 1 点可根据直流等效电路进行判断,其余 3 点可根据交流等效电路进行判断。

【例 7-1】判断如图 7-7 所示各反馈振荡电路能否正常工作。其中(a)(b)是交流等效电路,(c)是实用电路。

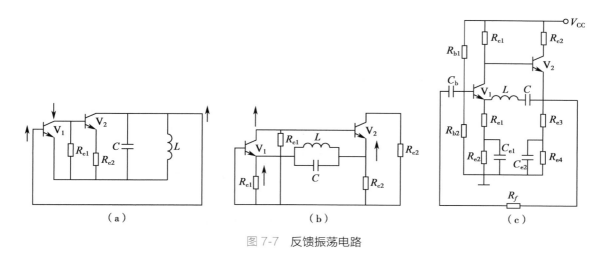

图 7-7　反馈振荡电路

解:图示三个电路均为两级反馈,且两级中至少有一级是共射电路或共基电路,所以只要其电压增益足够大,振荡的振幅条件容易满足。而相位条件一是要求正反馈,二是选频网络应具有负斜率特性。

图 7-7(a)所示电路由两级共射反馈电路组成,其瞬时极性如图所示为正反馈。LC 并联回路同时担负选频和反馈作用,且在谐振频率点反馈电压最强。

LC 并联回路输入是 V_2 管集电极电流 i_{c2},输出是反馈到 V_1 管 be 两端的电压 u_{be1},所以考虑其阻抗特性,由于并联回路的阻抗相频特性是负斜率,故图 7-7(a)所示电路能满足相位条件,能够正常工作。

图 7-7(b)所示电路由共基-共集两级反馈组成。把 LC 并联回路看成一个电阻,用瞬时极性断法判定知其为正反馈。此时,由于 LC 并联回路在谐振频率点阻抗趋于无穷大,正反馈最弱。同时其输入是电阻 R_{e2} 上的电压,而输出是电流故考虑其导纳特性。由于并联回路导纳的相频特性是正斜率,故图 7-7(b)所示电路不满足相位稳定条件,不能正常工作。

图 7-7(c)所示电路与图 7-7(b)不同之处在于用 LC 串联回路置换了并联回路。由于其导纳的相频特性是负斜率,满足相位稳定条件,所以图 7-7(c)电路能正常工作。

三、LC 振荡器基本电路

上面已讨论过,LC 并联谐振回路具有选频特性。如果将它与放大环节、正反馈电路结合起来,可以组成 LC 正弦波振荡器。由于它的振荡频率较高,通常用分立元件组成。下面讨论 LC 正弦波振荡器的三种基本电路。

（一）变压器反馈式振荡器

图 7-8 是变压器反馈式振荡电路,图中 T 为晶体三极管,R_{B1}、R_{B2}、R_E 是偏置电阻,T_r 是振荡用的高频变压器。

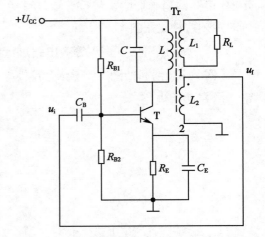

图 7-8　变压器反馈式 LC 振荡器

该变压器由绕在同一绝缘骨架上的三组电感线圈 L、L_1、L_2 构成(通常在线圈中加有铁氧体磁性材料,叫磁芯),利用耦合电感线圈的电磁感应原理将输入交流电压变换成所需要的输出交流电压,各线圈上的电压分别与它们各自线圈的匝数成正比。线圈 L 和 L_2 的上端头标有黑点,表示它们的相位极性相同,称为同名端。电感线圈 L 与电容 C 组成并联谐振回路,作为晶体三极管的集电极负载,起选频作用。反馈电压 u_f 通过线圈 L_2 引出,再经 C_B 送到放大器的输入端,加于基极与发射极之间,经三极管放大后,加于 LC 并联谐振回路。如果线圈 L 和 L_2 的绕法及连接方式使 L_2 的 1 端与集电极反相位,而集电极又与基极的信号反相位,使反馈信号与输入信号同相位,这就形成了正反馈,从而满足了振荡的相位条件。线圈 L_2 两端的电压是反馈信号电压,反馈量大小可通过线圈 L_2 的互感量来加以控制。若 L_2 的匝数多,反馈电压大,则容易起振;反之,若 L_2 的匝数少,反馈电压小,则不易起振。所以只要放大器有足够的放大倍数,且线圈 L_2 有一定的匝数,就可以满足振荡的幅度条件,形成稳定的振荡,在负载 LC 回路上得到一等幅正弦波电压,由线圈 L_1 输出。该电路的振荡频率近似为

$$f_0 \approx \frac{1}{2\pi\sqrt{LC}} \qquad\qquad 式(7\text{-}7)$$

这种振荡器适用于频率较低(几十千赫到几兆赫)的情况,由于采用变压器耦合方式,容易做到匹配,输出振荡电压较大,且电路比较稳定。

（二）电感三点式振荡器

图 7-9(a)所示为电感三点式振荡电路,它也是一种以 LC 并联谐振回路作为集电极负载的振荡器,图 7-9(b)是相应的交流等效电路。由于该电路的振荡线圈分成 L_1 和 L_2 两段,有三个线头(两个端头 1、3 和一个抽头 2),故称为电感三点式振荡器,又称哈特莱振荡器。

从图 7-9(b)的交流等效电路可以看出,反馈线圈 L_2 是电感线圈的一段,通过它将反馈电压 u_f 加到基极,所以图 7-9(a)的电路又称为电感反馈式振荡器。如果端点 1 的电位对于端点 2 为正,则端点 3 的电位对于端点 2 为负,即 1 端点的电位对于 3 端点的电位为正。这样,从基极输入的信号经三极管以及线圈两次倒相,相移为 360°,形成一个正反馈回路,从而满足了振荡的相位条件。只要放大器有足够的放大倍数,并适当地选取 L_1 与 L_2 的比值,电路就可满足振荡的幅度条件,产生自激振荡。在选取 L_1 与 L_2 之比时,一方面要考虑有足够的反馈量,以利于起振和获得较大的输出幅度;另一方面也要考虑到,为了使波形失真小一些,反馈量又不能太强。实际上,取 L_1 与 L_2 的匝数比 $N_1:N_2=3:1$ 时,可基本上兼顾以上两点要求。理

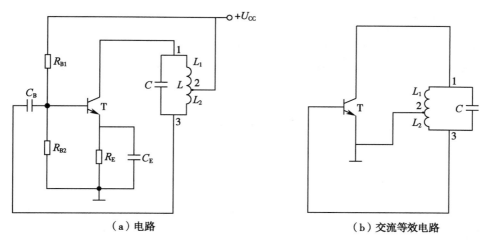

（a）电路　　　　　　　　　　　　　　（b）交流等效电路

图 7-9　电感三点式 LC 振荡器

论上可以证明,该电路的振荡频率近似为

$$f_0 \approx \frac{1}{2\pi\sqrt{(L_1+L_2+2M)\,C}} \qquad\qquad 式(7\text{-}8)$$

式中,M 是线圈 L_1 和 L_2 之间的互感系数。

　　该电路振荡频率中等,一般可达到几十兆赫,如果谐振电容 C 换成可变电容器,则振荡频率可连续调节。该电路比变压器反馈式振荡器简单,只用一个线圈且容易起振,但输出的正弦波信号中高次谐波较多,波形欠佳。

（三）电容三点式振荡器

　　如果输出信号是通过电容反馈到输入端,可构成如图 7-10(a)所示的电容三点式振荡器,图 7-10(b)是它的交流等效电路,图中 L 和 C_1、C_2 组成 LC 并联谐振回路,"1"端接三极管的集电极,"2"端通过旁路电容 C_E 接发射极,"3"端经耦合电容 C_B 接基极,振荡电容有三个端点分别与三极管的三个极相连,所以这种电路常称为电容三点式振荡器,又称考毕兹振荡器。

　　该电路与电感反馈式振荡器比较,在形式上基本相同,只是用电容 C_1、C_2 代替 L_1、L_2,从 C_2 上取得反馈信号加到三极管基极,故图 7-10(a)的电路称为电容反馈式振荡器。从图 7-10

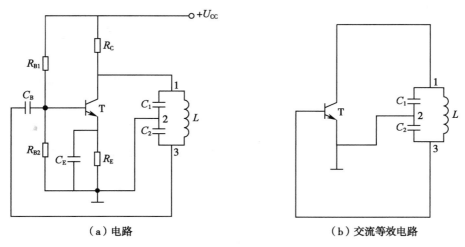

（a）电路　　　　　　　　　　　　　　（b）交流等效电路

图 7-10　电容反馈式 LC 振荡器

（b）的交流等效通路可知，三极管集电极（即线圈端点1）电压信号与基极输入信号反相位，而线圈 L 的端点3与端点1反相位，共相移360°，形成一个正反馈过程，从而满足了振荡的相位条件。若适当选取 C_1 和 C_2 的比值，且放大器有足够的放大倍数，使 $A_uF \geqslant 1$，就可满足振荡的幅度条件，产生正弦波振荡信号。其振荡频率近似为

$$f_0 \approx \frac{1}{2\pi\sqrt{LC}} = \frac{1}{2\pi\sqrt{L\left(\dfrac{C_1C_2}{C_1+C_2}\right)}} \qquad \text{式（7-9）}$$

式中，C 为 C_1 与 C_2 串联的等效电容。

这种电路振荡频率较高，一般可达到 100MHz 以上。由于电路是通过电容器分压反馈，对高频呈现较小的阻抗，振荡时高次谐波的反馈量弱，其输出波形失真小，更接近正弦波，但频率调节不方便。

四、LC 振荡器振幅和频率的稳定性

（一）平衡条件

振荡建立起来之后，振荡幅度不会无限制地增长下去，因为随着振荡幅度的增长，放大器的动态范围会延伸到非线性区，放大器的增益将随之下降，振荡幅度越大，增益下降越多，最后当反馈电压正好等于原输入电压时，振荡幅度不再增大而进入平衡状态。

由于放大器开环电压增益 $\dot{A}$ 和反馈系数 $\dot{F}$ 的表示式分别为

$$\dot{A} = \frac{\dot{U}_o}{\dot{U}_i}, \quad \dot{F} = \frac{\dot{U}_f}{\dot{U}_o} \qquad \text{式（7-10）}$$

而且振荡器进入平衡状态后 $\dot{U}_f = \dot{U}_i$，此时根据式（7-10）可得反馈振荡器的平衡条件为

$$\dot{A}\dot{F} = AFe^{j(\varphi_A+\varphi_F)} = 1 \qquad \text{式（7-11）}$$

式中，A、φ_A 分别为电压增益的模和相角；F、φ_F 分别为反馈系数的模和相角。式（7-11）又可分别写为

$$AF = 1 \qquad \text{式（7-12）}$$

$$\varphi_A + \varphi_F = 2n\pi \qquad n = 0,1,2,\cdots \qquad \text{式（7-13）}$$

式（7-12）和式（7-13）分别称为反馈振荡器的振幅平衡条件和相位平衡条件。

（二）起振条件

式（7-12）是维持振荡的平衡条件，是针对振荡器进入稳态而言的。为了使振荡器在接通直流电源后能够自动起振，则要求反馈电压在相位上与放大器输入电压同相，在幅度上则要求 $U_f > U_i$，即

$$\varphi_A + \varphi_F = 2n\pi \qquad n = 0,1,2,\cdots \qquad \text{式（7-14）}$$

$$A_0F > 1 \qquad \text{式（7-15）}$$

式（7-15）中，A_0 为振荡器起振时放大器工作于甲类状态时的电压放大倍数。

式(7-14)和式(7-15)分别称为振荡器起振的相位条件和振幅条件。由于振荡器的建立过程是一个瞬态过程,而式(7-14)和式(7-15)是在稳态下分析得到的,所以从原则上来说,不能用稳态分析研究一个电路的瞬态过程,因而也就不能用式(7-14)和式(7-15)来描述振荡器从电源接通后的振荡建立过程,而必须通过列出振荡器的微分方程来研究。但可利用式(7-14)和式(7-15)来推断振荡器能否产生自激振荡。因为在起振的开始阶段,振荡的幅度还很小,电路尚未进入非线性区,振荡器可以通过线性电路的分析方法来处理。

综上所述,为了确保振荡器能够起振,设计的电路参数必须满足 $A_0F>1$ 的条件。而后,随着振荡幅度的不断增大,A_0 就向 A 过渡,直到 $AF=1$ 时,振荡达到平衡状态。显然,A_0F 越大于1,振荡器越容易起振,并且振荡幅度也较大。但 A_0F 过大,放大管进入非线性区的程度就会加深,那么也就会引起放大管输出电流波形的严重失真。所以当要求输出波形非线性失真很小时,应使 A_0F 的值稍大于1。

(三)稳定条件

振荡平衡条件只能说明能在某一状态平衡,但还不能说明平衡状态是否稳定。当振荡器受到外部因素的扰动(如电源电压波动、温度变化、噪声干扰等),将引起放大器和回路的参数发生变化,破坏原来的平衡状态。如果通过放大和反馈的不断循环,振荡器越来越偏离原来的平衡状态,从而导致振荡器停振或突变到新的平衡状态,则表明原来的平衡状态是不稳定的。反之,如果通过放大和反馈的不断循环,振荡器能够产生回到原平衡点的趋势,并且在原平衡点附近建立新的平衡状态,则表明原平衡状态是稳定的。

1. 振幅稳定条件 在平衡条件的讨论中指出,放大倍数是振幅 U_{om} 的非线性函数,且起振时,电压增益为 A_0,随着 U_{om} 的增大,A 逐渐减小。反馈系数则仅取决于外电路参数,一般由线性元件组成,所以反馈系数 F(或 $1/F$)为一常数。为了说明振幅稳定条件的物理概念,在图 7-11(a)中分别画出反馈型振荡器的放大器电压增益 A 和反馈系数的倒数 $1/F$ 随振幅 U_{om} 的关系。图 7-11(a)中,Q 点是振荡器的振幅平衡点,因为在这个点上,$A=1/F$,即满足 $AF=1$ 的平衡条件。判定这一点是不是稳定的平衡点,就要看在此点附近振幅发生变化时,是否具有自动恢复到原平衡状态的能力。

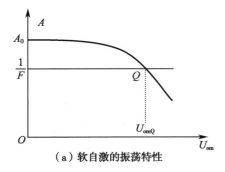
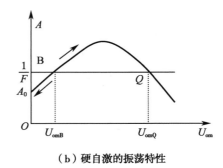

(a)软自激的振荡特性 (b)硬自激的振荡特性

图 7-11 自激振荡的振荡特性

假定由于某种因素使振幅增大超过了 U_{omQ},由图可见此时 $A<1/F$,即出现 $AF<1$ 的情况,振幅就自动衰减而回到 U_{omQ}。反之由于某种因素使振幅小于 U_{omQ},此时 $A>1/F$,即出现 $AF>1$ 的情况,振幅就自动增大,从而又而回到 U_{omQ}。因此 Q 点是稳定平衡点。Q 点是稳定平衡点

的原因是,在 Q 点附近,A 随 U_{om} 的变化特性具有负的斜率,即

$$\frac{\partial A}{\partial U_{om}}\bigg|_{U_{om}=U_{omQ}} < 0 \qquad\qquad 式(7\text{-}16)$$

式(7-16)就是振幅稳定条件。

2. 相位平衡的稳定条件　相位平衡的稳定条件是指相位平衡条件遭到破坏时,电路本身能重新建立起相位平衡点的条件。

由于振荡的角频率是相位的变化率,即 $\omega = d\varphi/dt$,所以当振荡器的相位变化时,频率也必然发生变化。因此相位稳定条件和频率稳定条件实质上是一回事。

图 7-12 所示以角频率为横坐标,选频网络的相移 φ_Z 为纵坐标,对应某一 Q 值的并联谐振回路的相频特性曲线。在相位平衡时,有

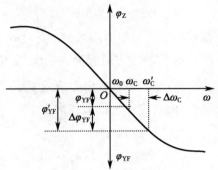

$$\varphi_Z = -(\varphi_Y + \varphi_F) = -\varphi_{YF} \qquad 式(7\text{-}17)$$

图 7-12　并联谐振回路的相频特性

为了表示出平衡点,将纵坐标也用与 φ_Z 等值的 $-\varphi_{YF}$ 来标度。由图可知,如果振荡电路中 $\varphi_{YF} = 0$,则只有 $\varphi_Z = 0$ 才能使式(7-17)成立,这就是说振荡电路在并联谐振回路的固有谐振频率上满足了相位平衡条件而产生振荡。在一般情况下,$\varphi_{YF} \neq 0$,为了满足相位平衡条件,谐振回路必须提供数值相同但异号的相移。这时,在图中振荡频率 ω_C 处满足相位平衡条件。
由于并联谐振回路的相频特性的斜率为负,即

$$\frac{\Delta\varphi_{YF}}{\Delta\omega_C} < 0 \qquad\qquad 式(7\text{-}18)$$

式(7-18)就是振荡器的相位稳定条件。需要指出的是,在实际电路中,由于 φ_Y 和 φ_F 都很小,所以可以认为振荡频率主要由并联谐振回路的谐振频率所决定。另外由于并联谐振回路的相频特性正好具有负的斜率,所以说,LC 并联谐振回路不但是决定振荡频率的主要角色,而且是稳定振荡频率的机构。

（四）振荡器的稳定度

一个振荡器除了它的输出信号要满足一定的幅度和频率外,还必须保证输出信号的幅度和频率的稳定,而频率稳定度更为重要。

1. 频率准确度和频率稳定度　评价振荡器频率的主要指标有两个,即准确度和稳定度。

所谓频率准确度是指振荡器实际工作频率 f 与标称频率 f_0 之间的偏差,即

$$\Delta f = f - f_0 \qquad\qquad 式(7\text{-}19)$$

为了合理评价不同标称频率下振荡器的频率偏差,频率准确度也常用其相对值来表示,即

$$\frac{\Delta f}{f_0} = \frac{f - f_0}{f_0} \qquad\qquad 式(7\text{-}20)$$

频率稳定度通常定义为在一定时间间隔内,振荡器频率的相对偏差的最大值。用公式表示为

$$频率稳定度 = \Delta f_{max}/f_0 \quad 时间间隔 \qquad 式(7-21)$$

按照时间间隔长短不同,通常可分为长期频率稳定度、短期频率稳定度和瞬时频率稳定度三种频率稳定度,这三种频率稳定度的划分并没有严格的界限,但这种大致的区分还是有一定实际意义的。因为人们更多的是注意短期频率稳定度的提高问题,所以通常所讲的频率稳定度,一般是指短期频率稳定度。

2. 提高频率稳定度的措施 LC 振荡器振荡频率主要取决于谐振回路的参数,也与其他电路元器件参数有关。因此,任何能够引起这些参数变化的因素,都将导致振荡频率的不稳定。这些因素有外界的和电路本身的两个方面。其中,外界因素包括温度变化、电源电压变化、负载阻抗变化、机械振动、湿度和气压的变化、外界磁场感应等。这些外界因素的影响,一是改变振荡回路元件参数和品质因数;二是改变晶体管及其他电路元件参数,而使振荡频率发生变化。因此要提高振荡频率的稳定度可以从两方面入手:一是尽可能减小外界因素的变化;二是尽可能提高振荡电路本身抵御外界因素变化影响的能力。

3. 减小外界因素的变化 减小外界因素变化的措施很多,例如为了减小温度变化对振荡频率的影响,可将整个振荡器或谐振回路置于恒温槽内,以保持温度的恒定;采用高稳定度直流稳压源来减小电源电压的波动而带来晶体管工作点电压、电流发生的变化;采用金属屏蔽罩减小外界磁场的变化而引起电感量的变化;采用减震器可减小由于机械振动而引起电感、电容值的变化;采用密封工艺来减小大气压力和湿度变化而带来电容器介电系数的变化;在负载和振荡器之间加一级射极跟随器作为缓冲可减小负载的变化等。

4. 提高谐振回路的标准性 所谓谐振回路的标准性是指谐振回路在外界因素变化时,保持其谐振频率不变的能力。回路标准性越高,频率稳定度就越好。实质上,提高谐振回路的标准性就是从振荡电路本身入手来提高频率的稳定度。可采用以下措施。

（1）采用参数稳定的回路电感器和电容器:例如,采用在高频陶瓷骨架上绕渗银制成的温度系数小、损耗小、品质因数高的电感线圈;采用性能稳定的云母电容器、高频陶瓷电容器等。

（2）采用温度补偿法:一般情况下电感具有正温度系数,而电容由于介电材料和结构的不同,其温度系数可正可负。因此,选择合适的具有不同温度系数的电感和电容,同时接入谐振回路,从而使因温度变化引起的电感和电容值的变化互相抵消,使回路总电抗量变化减小。

（3）改进安装工艺:缩短引线、加强机械强度、牢固安装元器件和引线可减小分布电容和分布电感及其变化量。

（4）采用固体谐振系统:例如采用石英谐振器代替由电感和电容构成的电磁谐振系统,不但频率稳定,而且体积小、耗电省。石英晶体振荡器将在本章第二节中介绍。

（5）减弱振荡管与谐振回路的耦合:晶体管对振荡频率的影响有两方面,一方面是通过极间电容 C_{be}、C_{ce} 对 ω_0 的影响,从而直接影响振荡频率;另一方面是通过工作点及内部状态的变化,对 φ_A 和 φ_F 产生影响,从而间接影响振荡频率。减小极间电容影响的一种有效方法是减小晶体管和回路的耦合,即晶体管以部分接入的方式接入回路。为减小 φ_A 和 φ_F 的变

化,主要措施是稳定晶体管的工作点,因此振荡器通常采用稳压电源供电和设计稳定的偏置点。此外,减小 φ_A 和 φ_F 的绝对值也有重要意义,因为当 φ_A 和 φ_F 的绝对值小时,电流、电压、参数等变化所引起的 $\Delta(\varphi_A+\varphi_F)$ 的绝对值也小。另外还可以采用相位补偿的方法使振荡器的 $(\varphi_A+\varphi_F)$ 减小。

第二节　晶体振荡器

在实际应用中,往往要求正弦波振荡器的振荡频率具有高精度和高稳定度。振荡电路的品质因数 Q 值越高,振荡频率稳定度就越高。而前述的 LC 振荡器的品质因数 Q 值不可能做得很高,一般在 200 以下,其振荡频率稳定度较低。在要求高频率稳定度的场合,常采用石英晶体代替 LC 振荡器中的 LC 并联谐振回路,构成石英晶体振荡器。在超声诊断仪、各种遥测和病房监护等医用设备中常采用这种振荡电路。

一、石英晶体的电特性及其等效电路

(一)基本特性

天然石英是一种六棱柱晶体,其化学成分是 SiO_2,它具有各向异性的物理性质。将这种石英晶体按一定的方位角切割下来的薄片称为晶片,在晶片的两个对应表面上喷涂金属膜作为极板,引出两根引线,就构成了石英谐振器,又称为石英晶体,图 7-13(a)是石英晶体的结构示意图。若在石英晶体两表面施加一压力或拉力,则两表面之间会出现一定的电场,这种物理现象称为压电效应。相反,若在晶体两面之间施加一交变电场,将引起晶体机械变形,晶体厚薄会发生变化,这称为晶体的逆压电效应(inverse piezoelectric effect)。若在晶体的极板上加交变电场,晶体就会产生机械振动,而机械振动又会产生交变电场。在一般情况下,这种机械振动和交变电场的幅度都很小。而当外加交变电场的频率与晶体机械振动的固有频率相同时,两者的幅度都达到最大,这种现象称为压电谐振,与 LC 回路的谐振十分相似。石英晶体的固有频率由晶片的切割方向和几何尺寸决定,每一块晶片都有它的固有频率,而且非常

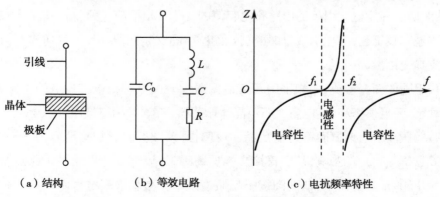

（a）结构　　　　　（b）等效电路　　　　　（c）电抗频率特性

图 7-13　石英晶体的结构和电特性

稳定,所以石英晶体谐振器是一种非常理想的谐振回路。

（二）电特性及等效电路

石英晶体的电特性可以用图7-13（b）所示的等效电路表示。图中 C_0 是晶片与金属极板之间构成的静电容,一般为几皮法到几十皮法,L 为石英谐振器的等效电感,其值为 10^{-3} ~ $10^2 H$,C 为石英谐振器的等效电容,为 10^{-2} ~ $10^{-1} pF$,晶体振动时,因摩擦造成的损耗用电阻 R 来等效,它的值为 1 ~ 100Ω。由于石英晶片的等效电感 L 很大,而 C、R 都很小,所以石英谐振回路的 Q 值很大,可达 10^4 ~ 10^6,这是普通的 LC 回路无法比拟的。因此,利用石英晶体组成振荡器,可获得很高的频率稳定性。

图7-13（c）是石英晶体的电抗频率特性曲线。从图中可以看出,当外加频率很低时,电路的电抗表现为电容性。随着频率的增加,容抗逐渐减小,直到 $f=f_1$ 时,等效电路的 RLC 支路产生串联谐振,RLC 串联电路的阻抗最小,仅表现为纯电阻 R,通过串联支路的电流达到最大值。晶体串联谐振的频率 f_1 为

$$f_1 = \frac{1}{2\pi\sqrt{LC}} \qquad \text{式（7-22）}$$

如图7-13（c）所示,当 $f>f_1$ 时,RLC 串联支路呈现电感性。随着频率 f 的增加,感抗急剧增大,当 $f=f_2$ 时,等效电路两支路的电抗大小相等,晶体产生并联谐振,其阻抗最大,且呈现纯电阻性。如果略去电阻 R 的影响,则并联谐振频率 f_2 为

$$f_2 = \frac{1}{2\pi\sqrt{L\left(\dfrac{CC_0}{C+C_0}\right)}} \qquad \text{式（7-23）}$$

当频率 $f>f_2$ 时,电路又呈现电容性。

从上述的讨论可知,石英晶体不但有串联谐振频率 f_1,而且有并联谐振频率 f_2。因为 $C_0 \gg C$,故 f_2 与 f_1 很接近。在这段很窄的频率范围内（$f_1 \sim f_2$）,石英晶体相当于一个电感元件,其电感量 L'（注意:它并不是晶体的等效电感 L）可在零到无穷大的范围内变化。

二、并联型晶体振荡器

图7-14（a）是并联型晶体振荡电路（parallel crystal oscillator）,它实际上是一个电容反馈式振荡器,其电路原理几乎与图7-10（a）完全相同,图中的晶体以电感 L' 的形式与 C_1、C_2 构成 LC 并联谐振回路,振荡频率基本上取决于晶体本身的固有频率。

图7-14（b）是并联型晶体振荡器的交流等效电路,图中 C_1、C_2 的串联值用 C' 表示,即

$$C' = \frac{C_1 C_2}{C_1 + C_2} \qquad \text{式（7-24）}$$

L' 是虚线框内总的等效电感。该等效电感 L' 不同于普通的电感线圈,它随频率变化极大,这时晶体工作在图7-13（c）所示的很窄的频率范围内（$f_1 \sim f_2$）。如果外部电容 C' 的变化对振荡频率产生影响,则必然会引起 L' 有较大的变化。当 C' 减小,使振荡频率增加时,总等效电

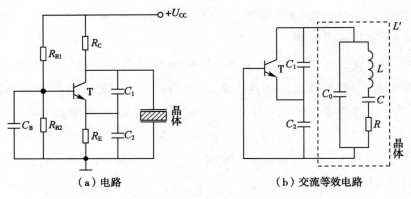

（a）电路　　　　　　　（b）交流等效电路

图 7-14　并联型晶体振荡器

感 L' 增加,使频率降低;反之,当 C' 增加,使振荡频率降低时,总等效电感 L' 会减小,导致频率升高。从而保持振荡频率基本不变,C' 的变化对振荡频率影响很小。从上面的分析可以看出,晶体的总等效电感 L' 在振荡中起到自动稳定频率的作用,因而使得晶体振荡器的频率稳定性很高。

三、串联型晶体振荡器

图 7-15 是串联型晶体振荡电路,它由两级直接耦合放大电路组成。

正弦波振荡电压由 T_2 射极经电容 C 输出。当接通电源时,设 T_1 的集电极电流有一个波动,经 T_2 电流放大后,由 T_2 的射极通过晶体反馈到 T_1 的射极。在这种情况下,只有那些频率接近于晶体串联谐振频率的波动才满足振荡的条件,这时晶体呈现很小的阻抗,且为纯电阻性,正反馈量最大。而对于晶体的并联谐振频率,晶体呈现的阻抗虽然也是纯电阻性的,满足相位条件,但阻抗很大,反馈量很小,不满足幅度条件。T_2 是射极跟随器,具有较高的输入阻抗和较低的输出阻抗,因而晶体和可变电阻 R_W 所组成的反馈电路接在

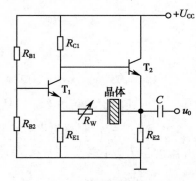

图 7-15　串联型晶体振荡器

T_1 与 T_2 的两发射极之间,可以实现较好的阻抗匹配。调节 R_W 可改变反馈量的大小,控制振荡的强度。由于晶体的固有频率很稳定,而且 Q 值又很高,所以这种晶体振荡器也具有极高的频率稳定性。

第三节　RC 振荡器

一、移相式振荡电路

最简单的模拟电路移相是 RC 移相和 LC 移相,一般采用 RC 移相电路。

如图 7-16 用相量图表示了简单串联电路中电阻和电容两端的电压 U_R、U_C 和输入电压 U 的关系,值得注意的是,相量法的适用范围是正弦信号的稳态响应,并且在 R、C 的值都已固定的情况下,由于 X_C 的值是频率的函数,因此,同一电路对于不同频率正弦信号的相量图表示并不相同。在这里,同样的移相电路对不同频率信号的移相角度是不会相同的,设计中一定要针对特定的频率进行。

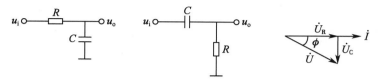

图 7-16　简单的 RC 移相

一般将 RC 与运放联系起来组成有源的移相电路,图 7-17 是个典型的可调移相电路,它实际上是图 7-16 中两个移相电路的选择叠加:在图 7-16 两个移相电路之后各自增加了一个跟随器,然后用一个电位器和一个加法器进行选择相加。

如果用相量法来表示输出量和输入量的关系,可以得到图 7-17 电路的两个方程

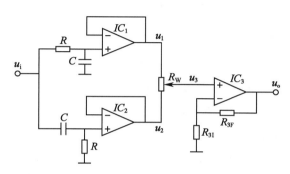

图 7-17　典型的有源 RC 移相电路

$$H_1(j\omega) = \frac{\dot{U}_1}{\dot{U}_i} = \frac{1-j\omega RC}{1+\omega^2 R^2 C^2}$$

$$H_2(j\omega) = \frac{\dot{U}_2}{\dot{U}_1} = \frac{\omega^2 R^2 C^2 + j\omega RC}{1+\omega^2 R^2 C^2}$$

这里可以将以上方程称为用相量形式表示的传递函数或传递方程。

以上两个传递方程实际上是图 7-16 两个电路的传递方程,它们表示出了输出信号和输入信号之间的关系,从相位来看,如果把输入信号看成是在横轴正向的单位为 1 的信号,则传递方程的实部对应着输出信号所处的横坐标,虚部则对应输出信号所处的纵坐标,由于以上传递方程的分母恒大于零,因此 H_1 表示经过 IC_1 后的信号相位在第 4 象限(实部为正,虚部为负),而 H_2 表示经过 IC_2 后的信号相位在第 1 象限(实部为正,虚部也为正)。至于移相的具体角度则应该是输入频率的函数。

对图 7-16 和图 7-17 电路,经过两个简单移相电路的相移角度分别是

$$\phi_1 = \arctan(-\omega RC) \text{ 和 } \phi_2 = \arctan(1/\omega RC)$$

对于周期为 $2\pi RC$ 的信号来说,角频率 $\omega = 1/RC$,这时的移相角度分别为 $-45°$ 和 $+45°$,在这种情况下,图 7-17 电路的移相角度不会大于 $\pm45°$,当图 7-17 电路的电位器调到尽头都达不到规定的移相角度时,可考虑改变电路参数或者改变电路。

在不改变元件参数的情况下,一个很笨的方法可以这样来做:如果图 7-17 中的移相角度

在 R_W 向下调节的过程中逐渐接近要求,但将 R_W 的滑动臂调到最下方仍然达不到理想结果时,就可以去掉 IC_1 和 IC_3,再在 IC_2 后面加一个同样的 IC_2 电路,只不过这时可以把电阻 R 换成可调电阻以改变移相的角度。

有人会把图 7-17 中 IC_1 电路和 IC_2 电路说成是低通电路和高通电路,因为在有源滤波器中,这两个电路确实起到了低通和高通的作用。这里将图 7-16 中的电路只称为基本的 RC 移相电路,而不称它为微分电路、耦合电路、隔直电路、复位电路和高通电路,是由于主要利用了图 7-17 中电路的移相作用。

实际上,很多有源滤波器都有移相作用,在有源滤波器中考虑的主要是电路的幅频特性,而这里更重视的是相频特性。在得到电路的传递函数 $H(s)$ 后,可以直接用 $j\omega$ 代替原传递函数中的 s,即 $H(j\omega)$,这样就可以得到用相量形式表示的传递函数或称为传递方程。然后有理化分母,并分析传递方程的实部和虚部,从而就可以得到移相的角度,具体的移相角度应该是

$$\varphi = \tan^{-1}\left[(传递方程虚部)/(传递方程实部)\right]$$

注意第 1 象限和第 3 象限的相应角度具有相同的正切值,同样第 2 象限和第 4 象限的相应角度也有相同的正切值,因此在使用公式"$\varphi = \tan^{-1}\left[(传递方程虚部)/(传递方程实部)\right]$"之前,应该首先分析输出信号所在的象限。

利用这种方法,可以得到一些移相角度更广泛的电路。

图 7-18 和图 7-19 还是可看成是基本的 RC 移相电路,它实际上就是图 7-17 中的 IC_2 和 IC_1 电路,图 7-18 电路的移相作用和图 7-17 的 IC_2 电路一致,其移相电路的理论推导是

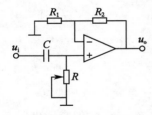 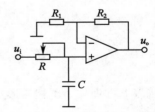

图 7-18　0~90°移相　　　　　　图 7-19　270°~360°移相

$$\dot{U}_+ = \frac{j\omega RC}{1+j\omega RC}\dot{U}_i$$

$$\dot{U}_- = k\dot{U}_o$$

由 $\dot{U}_+ = \dot{U}_-$

$$H(j\omega) = \frac{\dot{U}_o}{\dot{U}_i} = \frac{\omega^2 R^2 C^2 + j\omega RC}{k(1+\omega^2 R^2 C^2)}$$

$$\tan\varphi = \frac{1}{\omega RC}$$

上述传递方程与图 7-17 电路中 IC_2 的传递方程一致,移相角度在第 1 象限。

用同样的方法可以推出图 7-19 电路的移相角度在第 4 象限,移相角度 $\arctan(-\omega RC)$,它和图 7-17 电路中的 IC_1 的移相作用一致。和图 7-17 的两个电路不同的是,图 7-18 和图 7-19

电路能对电路移相后的幅度进行一定的补偿。

以上电路的移相网络都在同相输入端,其移相角度也都限制在第 1 和第 4 象限,如果把输入信号放到反相输入端,把移相网络也放到反相的输入端和反馈环节,则移相角度会迁移到第 2 和第 3 象限,其电路分别见图 7-20 和图 7-21。

图 7-20　90°~180°移相　　　　图 7-21　180°~270°移相

对于图 7-20,有

$$\dot{U}_i = \dot{I} R_1$$

$$\dot{U}_o = -\dot{I}\left(R + \frac{1}{j\omega C}\right)$$

$$H(j\omega) = \frac{\dot{U}_o}{\dot{U}_i} = \frac{-\omega^2 R R_1 C^2 + j\omega R_1 C}{\omega^2 R_1^2 C^2}$$

$$\tan\varphi = -\frac{1}{\omega RC}$$

其传递方程的虚部为正,实部为负,则图 7-20 的移相角度在第 2 象限。

对于图 7-21,有

$$\dot{U}_i = \dot{I}\left(R + \frac{1}{j\omega C}\right)$$

$$\dot{U}_o = -\dot{I} R_1$$

$$H(j\omega) = \frac{\dot{U}_o}{\dot{U}_i} = \frac{-\omega^2 R R_1 C^2 - j\omega R_1 C}{1 + \omega^2 R^2 C^2}$$

$$\tan\varphi = \frac{1}{\omega RC}$$

其传递方程的虚部为负,实部也为负,因此图 7-21 的移相角度在第 3 象限。

以上移相电路分别包括了整个 360°的四个象限,在应用时还要注意其应用频率和元件参数的关系,参数选得不同,移相的角度就不同,一般说来,在靠近某移相电路的极限移相角度附近,其元器件的选择是十分困难的。

以上每个电路调节的范围都局限在 90°以内,要使其调节的范围增大,可以采用图 7-22 和图 7-23 的电路。

图 7-22 和图 7-23 电路的传递方程推导都比较麻烦,仅对图 7-22 电路进行了推导,并将推导的主要结果列出。

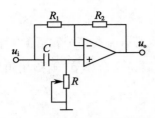

图 7-22　0~180°超前移相

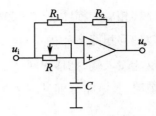

图 7-23　0~180°滞后移相

$$\dot{U}_+ = \frac{j\omega RC}{1+j\omega RC}\dot{U}_i$$

$$\dot{U}_- = \frac{R_2}{R_1+R_2}(\dot{U}_i - \dot{U}_o) = k(\dot{U}_i - \dot{U}_o)$$

由 $\dot{U}_+ = \dot{U}_-$

$$H(j\omega) = \frac{\dot{U}_o}{\dot{U}_i} = \frac{k(1+\omega^2R^2C^2) - \omega^2R^2C^2 - j\omega RC}{k(1+\omega^2R^2C^2)}$$

以上传递方程的虚部为负,而实部则根据角频率、电容和各电阻的具体值可分别取正值或负值,因此该电路的移相角度可以在第 3 和第 4 象限之内,也可称为 0~180°超前移相。

如果取 $R_1 = R_2$,则 $k = 0.5$,这样在角频率为 $1/(RC)$ 时,图 7-22 和图 7-23 电路就分别为 +90°移相和 -90°移相。

以上分析都只考虑了各个电路的移相特性,实际上每个电路除了有移相功能外,也一定会对信号的幅度进行不同程度的衰减,因此在移相过程中或移相后,还要注意对其进行一定的幅度补偿,以达到设计的要求,这一般可以通过同相放大电路来实现。

二、串并联网络振荡电路

图 7-24 是 RC 桥式振荡器原理电路,该电路由放大器、RC 串联电路组成;其中 RC 串并联电路既是反馈网络,同时它又兼作选频网络。下面分析 RC 串并联电路的选频特性。

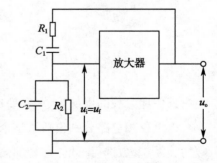

图 7-24　RC 桥式振荡器原理电路

图 7-25(a)是 RC 串并联选频电路,它由一个 R_1C_1 串联电路与一个 R_2C_2 并联电路构成。当输入电压 u_1 的频率很低时,C_1 的容抗远大于电阻 R_1,而 C_2 的容抗远大于 R_2,这时在 R_2C_2 并联电路两端的输出电压 u_2 幅度很小,且 u_2 比 u_1 超前的相位接近 90°。因为在低频时,u_1 主要降落在 C_1 上,通过电容 C_1 的电流比它的电压超前 90°,而输出电压 u_2 是这个电流在电阻 R_2 上产生的电压,与电流同相位,所以 u_2 比 u_1 超前接近 90°。当输入电压 u_1 的频率很高时,C_1 的容抗远小于 R_1,C_2 的容抗远小于 R_2,这时 R_2C_2 并联电路两端的输出电压 u_2 幅度也很小,且 u_2 比 u_1 落后的相位接近 90°。因为在高频时,u_1 主要降落在 R_1 上,通过 R_1 的电流与它的电压同相位,而 u_2 是这个电流在电容 C_2 上产生的电压,所以电

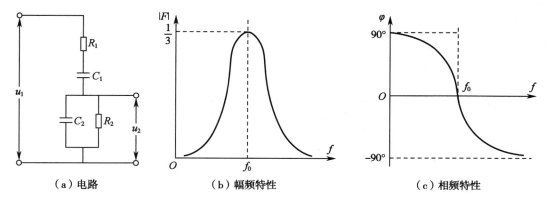

| （a）电路 | （b）幅频特性 | （c）相频特性 |

图 7-25 RC 串并联选频电路的频率特性

容上的电压比它的电流落后接近 $90°$。很容易理解，在一个适当的中间频率 f_0 处，输出电压 u_2 与输入电压 u_1 同相位，而且这时的输出电压 u_2 幅度最大。

下面来定量分析频率 f_0 与 RC 串并联电路参数之间的关系。由图 7-24 和图 7-25（a）知，RC 串并联电路的反馈系数 $\dot{F}$ 为

$$\dot{F} = \frac{\dot{U}_f}{\dot{U}_o} = \frac{\dot{U}_2}{\dot{U}_1} = \frac{Z_2}{Z_1 + Z_2} \qquad 式（7-25）$$

式中，Z_1 是 R_1 和 C_1 的串联阻抗，为

$$Z_1 = R_1 + \frac{1}{j\omega C_1} \qquad 式（7-26）$$

Z_2 是 R_2 和 C_2 的并联阻抗，为

$$Z_2 = \frac{R_2 \dfrac{1}{j\omega C_2}}{R_2 + \dfrac{1}{j\omega C_2}} = \frac{R_2}{1 + j\omega R_2 C_2} \qquad 式（7-27）$$

将式（7-26）和式（7-27）代入式（7-25），得

$$\dot{F} = \frac{\dfrac{R_2}{1 + j\omega R_2 C_2}}{R_1 + \dfrac{1}{J\omega C_1} + \dfrac{R_2}{1 + j\omega R_2 C_2}} = \frac{1}{\left(1 + \dfrac{C_2}{C_1} + \dfrac{R_1}{R_2}\right) + j\left(\omega R_1 C_2 - \dfrac{1}{\omega R_2 C_1}\right)}$$

在 $R_1 = R_2 = R$、$C_1 = C_2 = C$ 的条件下，上式变为

$$\dot{F} = \frac{1}{3 + j\left(\omega RC - \dfrac{1}{\omega RC}\right)}$$

令 $\omega_0 = \dfrac{1}{RC}$，则上式变为

$$\dot{F} = \frac{1}{3 + j\left(\dfrac{\omega}{\omega_0} - \dfrac{\omega_0}{\omega}\right)} \qquad 式（7-28）$$

由此可得，RC 串并联选频电路的反馈系数 $|\dot{F}|$ 随频率变化的曲线，称为幅频特性，如图 7-25(b)所示；RC 串并联选频电路的 u_2 与 u_1 的相位差 ϕ 随频率变化的曲线，称为相频特性，如图 7-25(c)所示。

由式(7-28)可知，当 $\omega=\omega_0$ 时，即 $f=f_0$，$\dot{F}$ 幅值最大，为 $|\dot{F}|_{max}=\dfrac{1}{3}$，表明输出电压 u_2 最大且是输入电压 u_1 的 $1/3$。由图 7-17(c)可知，此时 u_2 与 u_1 的相位差等于零，即两者同相位。所以此时振荡器起振，对频率为 f_0 的正反馈信号产生振荡。

根据 $\omega_0=2\pi f_0$，得到振荡频率为

$$f_0=\frac{1}{2\pi RC}\qquad\qquad 式(7\text{-}29)$$

由式(7-29)可以看出，只要改变电阻 R 或电容 C 的值，即可调节振荡频率。RC 串并联电路对不同频率的输入信号有不同的响应特性，所以它具有选频作用。

图 7-26 是集成运算放大器与 RC 串并联选频电路组成的文氏桥式振荡器。图中运放的输出电压 u_o 分两路反馈：一路加于 RC 串并联选频电路，其输出端与运放的同相端(+)相连；另一路经电阻 R_3、R_4 分压，反馈到运放的反相端(−)。这种电路相当于一个电桥，其中串联 RC、并联 RC、R_3、R_4 形成四个桥臂，A、B 为电桥的两个输出端点，故这种电路称为 RC 桥式振荡器。

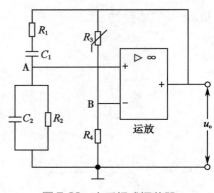

图 7-26 文氏桥式振荡器

从前面的讨论可知，RC 串并联选频电路在频率 f 等于式(7-29)中的 f_0 时，输出电压与输入电压同相位，而运算放大器的输出电压与其同相端的输入电压(即 RC 串并联电路 A 点的输出电压)同相位。这样，当 $f=f_0$ 时，RC 选频电路构成一个正反馈支路，满足振荡的相位条件。这时 RC 串并联选频电路的反馈系数最大，等于 $\dfrac{1}{3}$，因此要维持振荡，就要求运放的电压放大倍数 $A_u\geqslant 3$。图 7-26 所示电路为同相比例运算放大器，只要适当调节 R_3、R_4 的阻值，使

$$A_u=1+\frac{R_3}{R_4}\geqslant 3\qquad\qquad 式(7\text{-}30)$$

就可满足振荡的幅度条件。该电路振荡频率同样可由式(7-29)计算。

为了获得不失真的正弦波及幅度稳定的输出，图 7-26 中负反馈支路的 R_3 采用热敏电阻，它是一种负温度系数的元件，其阻值随温度的升高而变小。当振荡器输出幅度增加时，通过 R_3 的电流必然增大，热敏电阻的功耗增加，温度升高，R_3 的阻值减小，电路的负反馈增强，运放的放大倍数 A_u 降低，振荡减弱，从而限制了输出幅度的上升。反之，如果输出电压幅度减小，则热敏电阻的功耗降低，温度降低，R_3 的阻值增大，负反馈减弱，放大倍数 A_u 上升，限制了输出幅度的下降。可见，热敏电阻 R_3 起到自动稳定振荡幅度的作用。除了热敏电阻之外，通常还可以采用反向并联二极管组成稳定幅度电路。

RC 桥式振荡器的振荡频率和输出幅度比较稳定,波形失真小,可产生频率范围相当宽的低频正弦波信号,而且频率调节方便。在实际应用中,为了获得频率可调的输出电压,常常将选频电路电阻 R 用双连同轴电位器或电阻切换开关代替,用于粗调振荡频率;或者将电容器 C 用双连电容器代替,用于细调振荡频率。RC 选频电路的体积小、价格低,便于整个电路的微型化,因而在医学电子仪器中有着广泛的应用。但由集成运放构成的 RC 振荡器的振荡频率一般不超过 $1MHz$,若要产生更高的振荡频率,可采用 LC 正弦波振荡器。

本章小结

1. 自激振荡的基本条件:$FA_u > 1$ 表明振荡器能自行建立振荡,$FA_u = 1$ 表明振荡器维持稳定振荡。
2. 正弦波振荡器的组成:放大电路、反馈网络、选频网络和稳幅环节等。
3. 反馈振荡器必须满足的三个条件:起振条件、平衡条件和稳定条件。
4. 掌握变压器反馈式振荡器、电感三点式振荡器、电容三点式振荡器的工作原理。
5. 熟悉并联型晶体振荡器、串联型晶体振荡器的工作原理。
6. 了解移相式振荡电路、串并联网络振荡电路的工作原理。

习题七

7-1 图 7-27 是三回路振荡器的等效电路,设有下列四种情况:①$L_1C_1 > L_2C_2 > L_3C_3$;②$L_1C_1 < L_2C_2 < L_3C_3$;③$L_1C_1 = L_2C_2 > L_3C_3$;④$L_1C_1 < L_2C_2 = L_3C_3$。试分析上述四种情况是否都能振荡,振荡频率 f_1 与回路谐振频率有何关系?

7-2 在图 7-28 所示的电容三端式电路中,试求电路振荡频率和维持振荡所必需的最小电压增益。

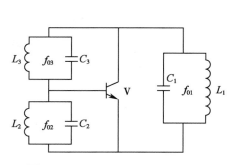

图 7-27　三回路振荡器的等效电路

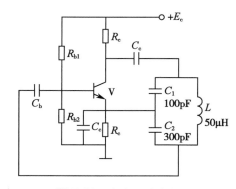

图 7-28　电容三端式电路

7-3 图 7-29 是两个实用的晶体振荡器线路,试画出它们的交流等效电路,并指出是哪一种振荡器,晶体在电路中的作用分别是什么?

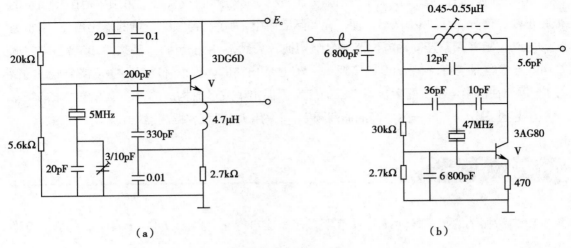

（a）   （b）

图 7-29　晶体振荡器线路

7-4　图 7-30 所示是石英晶体振荡线路，试画出它的高频等效电路，并指出它是哪一种振荡器。图中的 4.7μH 电感在电路中起什么作用？

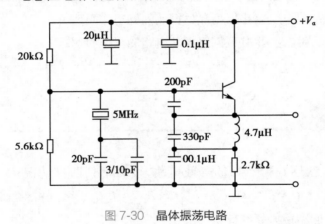

图 7-30　晶体振荡电路

7-5　分析图 7-31 所示电路，标明次级数圈的同名端，使之满足相位平衡条件，并求出振荡频率。

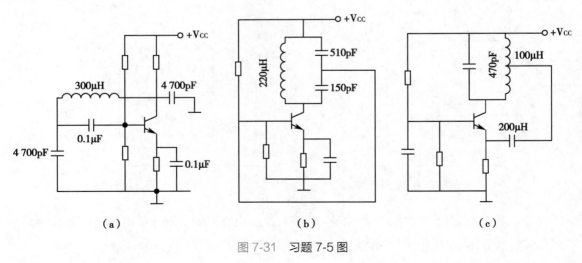

（a）   （b）   （c）

图 7-31　习题 7-5 图

7-6 根据振荡的相位平衡条件,判断图 7-32 所示电路能否产生振荡? 在能产生振荡的电路中,求出振荡频率的大小。

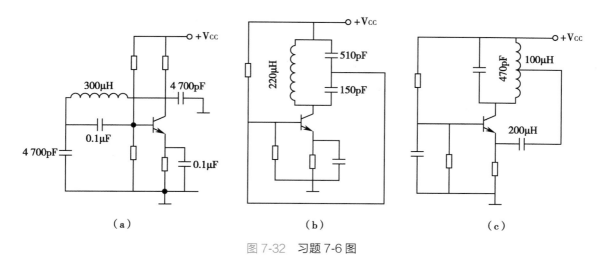

(a)   (b)   (c)

图 7-32 习题 7-6 图

7-7 分析图 7-33 所示各振荡电路,画出交流通路,说明电路的特点,并计算振荡频率。

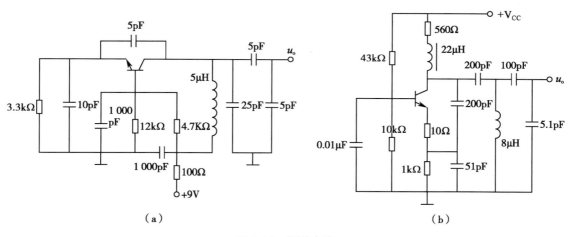

(a)   (b)

图 7-33 振荡电路

7-8 若石英晶片的参数为 $L_q = 4H$, $C_q = 6.3 \times 10^{-3} pF$, $C_0 = 2pF$, $r = 100\Omega$, 试求:(1)串联谐振频率 f_s。(2)并联谐振频率 f_p 与 f_s 相差多少?(3)晶体的品质因数 Q 和等效并联谐振电阻为多大?

7-9 晶体振荡电路如图 7-34 所示,试画出该电路的交流通路;若 f_1 为 $L_1 C_1$ 的谐振频率, f_2 为 $L_2 C_2$ 的谐振频率,试分析电路能否产生自激振荡? 若能振荡,指出振荡频率与 f_1、f_2 之间的关系。

7-10 已知 RC 振荡电路如图 7-35 所示。(1)说明 R_1 应具有怎样的温度系数和如何选择其冷态电阻;(2)求振荡频率 f_0。

7-11 RC 振荡电路如图 7-36 所示,已知 $R_1 =$

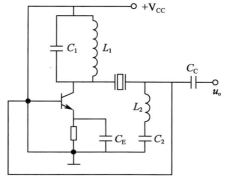

图 7-34 晶体振荡电路

$10k\Omega$，$V_{CC} = V_{EE} = 12V$，试分析 R_2 的阻值分别为下列情况时，输出电压波形的形状。（1）$R_2 = 10k\Omega$；（2）$R_2 = 100k\Omega$；（3）R_2 为负温度系数热敏电阻，冷态电阻大于 $20k\Omega$；（4）R_2 为正温度系数热敏电阻，冷态电阻值大于 $20k\Omega$。

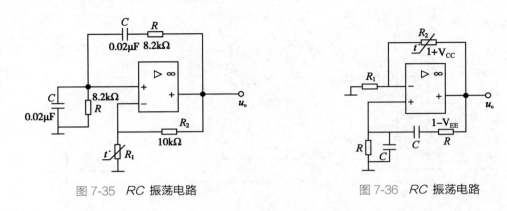

图 7-35　RC 振荡电路　　　　　　　　图 7-36　RC 振荡电路

（石继飞　章新友）

第八章　直流电源

在工农业生产和科学研究中,主要采用交流电,但在某些场合,例如电解、电镀、蓄电池的充电、直流电动机等,一般都需要直流电源供电。尤其在电子电路和自动控制仪器设备中,还需要电压稳定的直流电源供电。直流电的来源有三种,即电池(包括干电池、蓄电池、太阳能电池等)、直流发电机、由交流电通过半导体元件整流稳压得到的直流电。其中第三种称为直流稳压电源,是目前除直流发电机外,广泛采用的获得直流电的方式。本章主要介绍利用功率电子器件组成直流稳压电源电路原理及应用。

小功率的直流稳压电源采用单相交流电,图 8-1 所示为一种单相小功率直流稳压电源的组成原理框图,表示把交流电变换为直流电的过程。图中各组成部分的功能如下。

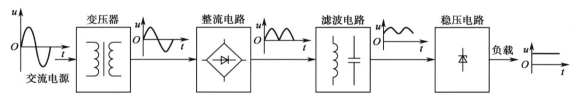

图 8-1　半导体直流稳压电源的组成原理框图

变压器:将电网交流电压变换成符合整流需要的幅值合适的交流电压。
整流电路:将电源变压器副边的交流电压转换成单向脉动的直流电压。
滤波电路:滤除脉动直流电压中的交流成分,得到比较平滑的直流电压以供给负载。
稳压电路:在交流电源电压波动或负载变化时,使输出直流电压稳定。

第一节　整流电路

整流电路是利用二极管的单向导电性将交流电转换成脉动直流电的电路。整流电路的类型按不同分法有:按电源相数可分为单相整流和三相整流;按输出波形可分为半波整流和全波整流;按所用器件可分为二极管整流和晶闸管整流;按电路结构可分为桥式整流和倍压整流。在电路分析中,一般将二极管当作理想元件处理,即正向导通电阻为零,反向电阻为无穷大。

一、单相半波整流电路

单相半波整流电路如图 8-2 所示,由整流变压器 T、整流二极管 D 和负载电阻 R_L 组成。

设变压器副边电压 $u_2 = \sqrt{2} U_2 \sin\omega t$。当输入电压 u_2 处于正半周时,其极性为上正下负,二极管承受正向电压导通,忽略二极管的正向压降,此时负载上的电压 $u_o = u_2$;当输入电压 u_2 处于负半周时,其极性为下正上负,二极管承受反向电压截止,则输出电压 $u_o = 0$,此时变压器副边电压全部加在二极管 D 上。电路输入、输出电压及二极管 D 两端所承受的电压波形如图 8-3 所示。

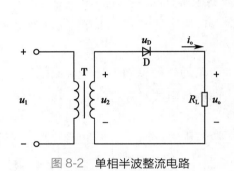

图 8-2 单相半波整流电路

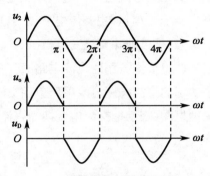

图 8-3 单相半波整流电路的波形图

由输出波形可见,负载上得到的整流电压虽然是单方向的,但其大小是变化的,称为脉动直流电,常用一个周期的平均值来衡量它的大小,这个平均值是它的直流分量。测量它的大小应该用直流电压表。

单相半波整流电路输出电压和输出电流与输入电压有效值的关系分别为

$$U_o = \frac{1}{2\pi} \int_0^\pi \sqrt{2} U_2 \sin \omega t \, d(\omega t) = \frac{\sqrt{2}}{\pi} U_2 \approx 0.45 U_2 \qquad 式(8-1)$$

$$I_o = \frac{U_o}{R_L} = \frac{0.45 U_2}{R_L} \qquad 式(8-2)$$

电路中通过整流二极管的平均电流即为负载电流

$$I_D = I_o \qquad 式(8-3)$$

由波形图可知,整流二极管在截止时所承受的最大反向电压 U_{DRM} 为变压器副边交流电压的最大值 U_{2m},即

$$U_{DRM} = U_{2m} = \sqrt{2} U_2 \qquad 式(8-4)$$

在实现这个电路时,要根据式(8-3)和式(8-4)确定选购二极管的参数。为了使用安全,器件的参数选择要留有一定的余地,因此选择二极管的最大整流电流 I_F 要比 I_D 大 10%,反向峰值电压应 U_{RM} 是 U_{DRM} 的 1.1 倍左右。

单相半波整流电路简单,所用元件少,但只有半周导电,输出电压脉动大、效率低,仅适用

于输出电流小、对脉动要求不高的场合。目前广泛使用的是单相桥式全波整流电路。

二、单相桥式整流电路

ER8-2 第八章
单相桥式整流
电路（微课）

单相桥式整流电路的变压器利用率高、输出电压脉动小、输出电流适中，常用于小功率的电子仪器和家用电器中。

单相桥式整流电路如图 8-4 所示，它由整流变压器和接成电桥形式的四个二极管组成，因此称为桥式整流电路。图 8-5(a)和(b)分别是它的其他画法和简化画法。

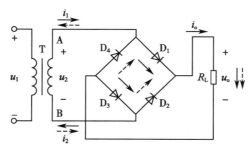

图 8-4 单相桥式整流电路

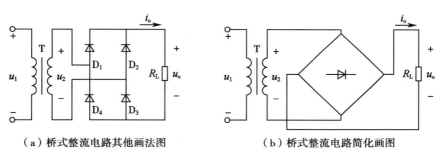

（a）桥式整流电路其他画法图　　　　（b）桥式整流电路简化画图

图 8-5 单相桥式整流电路的其他画法和简化画法

当 u_2 处于正半周时，二极管 D_1、D_3 承受正向电压导通，D_2、D_4 承受反向电压截止，电流为 i_1，其通路为 $A \to D_1 \to R_L \to D_3 \to B$，如实线箭头所示；当 u_2 处于负半周时，二极管 D_2、D_4 承受正向电压导通，D_1、D_3 承受反向电压截止，电流为 i_2，其通路为 $B \to D_2 \to R_L \to D_4 \to A$，如虚线箭头所示。因此在 u_2 的整个周期，负载 R_L 两端都有上正下负的单向脉动直流电压，也称为全波整流。当二极管截止时，所承受的反向电压为 $u_D = -u_2$。单相桥式整流电路的波形图如图 8-6 所示。

若忽略二极管的正向压降，单相桥式整流电路输出电压平均值为

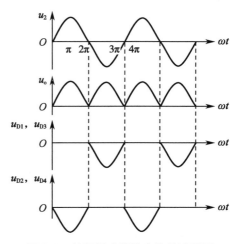

图 8-6 单相桥式整流电路的波形图

$$U_o = \frac{2\sqrt{2}}{\pi} U_2 \approx 0.9 U_2 \qquad 式(8-5)$$

负载电流的平均值为

$$I_o = \frac{U_o}{R_L} = \frac{0.9U_2}{R_L} \qquad \text{式(8-6)}$$

因 D_1、D_3 和 D_2、D_4 轮流导通,所以每只二极管流过的电流平均值为

$$I_D = \frac{I_o}{2} \qquad \text{式(8-7)}$$

二极管所承受的最大反向电压 U_{DRM} 为

$$U_{DRM} = U_{2m} = \sqrt{2}\,U_2 \qquad \text{式(8-8)}$$

考虑到电网电压的波动范围为±10%,所以二极管的最大整流平均电流 I_F 的选择依据为

$$I_F > 1.1 \times I_D = 1.1 \times \frac{I_o}{2} = 1.1 \times \frac{0.45U_2}{R_L} \qquad \text{式(8-9)}$$

则二极管所承受的最大反向电压 U_{RM} 的选择依据为

$$U_{RM} > 1.1 U_{DRM} = 1.1 \times \sqrt{2}\,U_2 \qquad \text{式(8-10)}$$

【例8-1】某负载电阻 $R_L = 80\Omega$,负载电压110V,如果采用单相桥式整流电路,试计算:(1)变压器副边的电压和电流的有效值;(2)流过二极管的电流平均值和二极管承受的最高反向工作电压,并选择二极管。

解:(1)负载电流

$$I_o = \frac{U_o}{R_L} = \frac{110}{80}A = 1.4A$$

变压器副边的电压和电流的有效值为

$$U_2 = \frac{U_o}{0.9} = 1.11U_o = 1.11 \times 110 = 122V$$

$$I_2 = 1.11 I_o = 1.11 \times 1.4 = 1.55A$$

(2)流过二极管的电流平均值为

$$I_D = \frac{I_o}{2} = 0.7A$$

考虑到变压器二次绕组及管子上的电压降,变压器的副边电压要高出10%,因此每只二极管上承受的最高反向工作电压为

$$U_{RM} = 1.1 \times \sqrt{2}\,U_2 = 189V$$

因此可选择2CZ55E二极管,其最大整流电流为1A,反向工作峰值电压为300V。

由于单相桥式整流电路应用普遍,现在常将四个二极管集成在一个硅片上,引出四根线,制成整流桥模块,其输出电流、耐压值、功率等指标均有详细说明,整流电流为0.05～10A,最大反向工作电压为25～1 000V,分多挡可供选择使用。

三、三相整流电路

需要大功率直流电源的场合,例如电镀、直流电焊机等,都采用三相整流电路。三相整流电路也有三相半波和三相桥式全波两种类型。三相桥式全波整流电路如图 8-7 所示,它是由 6 个整流二极管 $D_1 \sim D_6$ 组成,输入三相交流电压是三相变压器的副边电压(相电压)u_{aN}、u_{bN}、u_{cN}。

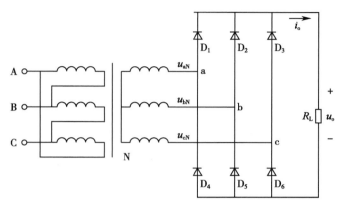

图 8-7　三相桥式全波整流电路

三相桥式整流电路的原理:在某个时刻只有 2 个二极管导通,其他 4 个都截止,主要由三相电压瞬时值的高低决定。

从图 8-8 的波形图上可以看出,在 $\omega t = 0 \sim \dfrac{\pi}{6}$ 时,电压 u_{cN} 最高,电压 u_{bN} 最低,因此整流电流 i_o 从电源 c 相出发,经过二极管 D_3、负载 R_L、二极管 D_5,回到电源 b 相。当二极管 D_3、D_5 导通时,其他 4 个二极管都因承受反向电压而截止。这时,输出电压 u_o 是 c 相与 b 相之间的电压,即 $u_o = u_{cN} - u_{bN} = u_{cb}$。

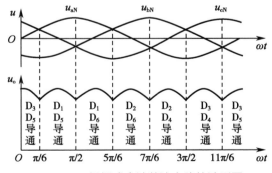

图 8-8　三相桥式全波整流电路的波形图

在 $\omega t = \dfrac{\pi}{6} \sim \dfrac{\pi}{2}$ 时,u_{aN} 最高、u_{bN} 最低,i_o 从 a 相出发,经过 D_1、R_L、D_5 后回到 b 相。当二极管 D_1、D_5 导通时,其他 4 个二极管都因承受反向电压而截止。这时,输出电压 u_o 是 a 相与 b 相之间的电压,即 $u_o = u_{aN} - u_{bN} = u_{ab}$。

其他时段二极管的导通情况也可以同理得出。

设 $u_{ab} = \sqrt{2}\sin\left(\omega t + \dfrac{\pi}{6}\right)$,输出电压的平均值为

$$U_{O(AV)} = \frac{1}{\dfrac{\pi}{3}} \int_{\frac{\pi}{6}}^{\frac{\pi}{2}} \sqrt{2}\,U_L \sin\left(\omega t + \frac{\pi}{6}\right) \mathrm{d}(\omega t) = \frac{3\sqrt{2}}{\pi} U_L \approx 1.35 U_L \qquad 式(8\text{-}11)$$

其中 U_L 是变压器副边电源线电压的有效值。负载电流的平均值为

$$I_{O(AV)} = \frac{U_{O(AV)}}{R_L} \qquad 式(8\text{-}12)$$

在一个周期内,每个二极管只在 $\dfrac{1}{3}$ 周期内导电,所以二极管电流的平均值为

$$I_{D(AV)} = \frac{I_{O(AV)}}{3} \qquad 式(8\text{-}13)$$

二极管承受的最大反向电压 U_{DRM} 为电源线电压的最大值,即

$$U_{DRM} = \sqrt{2}\,U_L \qquad 式(8\text{-}14)$$

第二节　滤波电路

整流电路虽然能将交流电压转换为直流电压,但所得到的输出电压是单向脉动电压,还是包含了较多的交流分量,不能直接用作电子电路的直流电源。利用电容和电感对直流分量和交流分量呈现不同电抗的特点,可以滤除整流电路输出电压的交流成分,保留其直流成分,使其变成比较平滑的电压波形。常用的滤波电路有电容滤波器、电感滤波器、电感电容滤波器和 π 型滤波器。

一、电容滤波器

在整流电路的输出端,与负载并联一个容量足够大的电容,即构成电容滤波器,如图 8-9 所示。利用电容上的电压不能突变的原理进行滤波,即通过其充放电改善输出电压 u_o 的脉动程度。

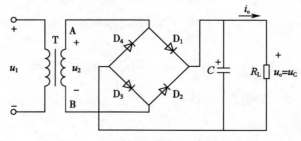

图 8-9　桥式整流电容滤波电路

当电路不接滤波电容时，输出电压波形如图 8-10 中虚线所示；当接入滤波电容时，负载上的输出电压 u_o 即为电容器上的电压 u_C。

设电容器事先未充电。当 u_2 处于正半周，并且其值大于电容电压 u_C（即输出电压 u_o）时，二极管 D_1 和 D_3 导通，整流电流一部分流经负载，另一部分给电容供电。若忽略二极管的正向压降，则电容电压 u_C 与 u_2 相等。当电容被充电到峰值电压，即 $u_C = U_{2m}$ 后，u_2 开始按正弦规律下降，电容通过负载电阻 R_L 放电，u_C 也下降。当 $u_2 < u_C$ 时，二极管 D_1 和 D_3 承受反向电压截止，电容继续放电，u_C 呈指数规律下降。在 u_2 的负半周，其绝对值大于 u_C 时，D_2 和 D_4 导通，进入下一个电容充放电过程。经滤波后 u_o 的波形如图 8-10 实线所示，由此波形可看出，经滤波后的输出电压不仅变为较为平滑的直流电压，而且平均值也得以提高。

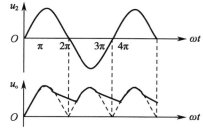

图 8-10　桥式整流电容滤波电路工作波形

实际上，全波整流输出电压是由直流分量和一系列高频分量叠加而成的。根据电容的频率特性可知，电容对直流分量的容抗为无穷大，而对交流分量的容抗与电容量和频率成反比，频率越高容抗越小，因此电容两端的电压保留了全部的直流分量和少量的低频分量，而将高频分量衰减。这样，输出电压就变成平滑的直流电压。从电容滤波器的工作原理来看，电容越大，滤波效果越好。因为输出电压的脉动程度与电容放电的时间常数 $R_L C$ 有关。为了得到比较平直的输出电压，一般要求按照式（8-15）选择电容器的容量

$$R_L C > (3 \sim 5)\frac{T}{2} \qquad \text{式（8-15）}$$

式中 T 为电网交流电压 u_1 的周期。为安全起见，电容器的耐压应大于输出电压的最大值并留有一定的余量。一般采用极性电容。

电容滤波器的特点有以下方面。

（1）电路简单，滤波效果较好，应用广泛。

（2）输出电压平均值提高。因为电容的放电填补了整流波形的一部分空白，所以在滤波电容的取值满足式（8-15）的条件下，单相桥式整流电容滤波的输出电压平均值可用式（8-16）估算

$$U_o \approx 1.2 U_2 \qquad \text{式（8-16）}$$

电容越大，波形越平滑，输出电压的平均值上升越大。

（3）整流二极管导通时间段，电流峰值大。在一个周期内电容器的充电电荷等于放电电荷，即通过电容器的平均电流为零，可见在二极管导通期间，其电流的平均值近似等于负载电流的平均值，因此其峰值大，有电流冲击。

（4）外特性较差。当电路负载 $R_L = \infty$ 时，由于不存在放电回路，因此输出电压为 $\sqrt{2} U_2$。随着加入负载的减小，输出电流增大，电容放电的时间常数随之减小，放电加快，U_o 下降，因此外特性较差，也就是带负载能力差。

因此，电容滤波器一般用于要求输出电压较高、负载电流较小并且变化也较小的场合。

【例 8-2】 单相桥式整流电容滤波电路,若 $u_2 = 35\sin 100\pi t\,\text{V}$,负载电阻 $R_L = 200\,\Omega$,试估算输出电压和输出电流的平均值,并选择整流二极管和滤波电容器。

解:(1)输出电压的平均值

$$U_o \approx 1.2U_2 = 1.2 \times \frac{35}{\sqrt{2}} \approx 30\text{V}$$

输出电流的平均值

$$I_o = \frac{U_o}{R_L} = \frac{30}{200}\text{A} = 0.15\text{A}$$

(2)选择整流二极管

二极管承受的最高反向工作电压

$$U_{DRM} = U_{2m} = 35\text{V}$$

二极管平均电流

$$I_D = \frac{1}{2}I_o = 0.075\text{A} = 75\text{mA}$$

因此可以选用整流二极管 2CZ52B,其最大整流电流为 100mA,反向工作峰值电压为 50A。

(3)选择滤波电容器

根据式(8-15),取 $R_L C = 5 \times \dfrac{T}{2}$,所以

$$R_L C = 5 \times \frac{T}{2} = 5 \times \frac{1}{2 \times 50} = 0.05\text{s}$$

$$C = \frac{0.05}{R_L} = \frac{0.05}{200} = 250 \times 10^{-6}\text{F} = 250\,\mu\text{F}$$

因此可以选择容量 250μF、耐压为 50V 的极性电容器。

二、电感滤波器

在整流电路和负载电阻之间串联一个电感线圈,如图 8-11 所示,就构成了电感滤波器,它是利用流过电感元件的电流不能突变这一特性进行滤波的。

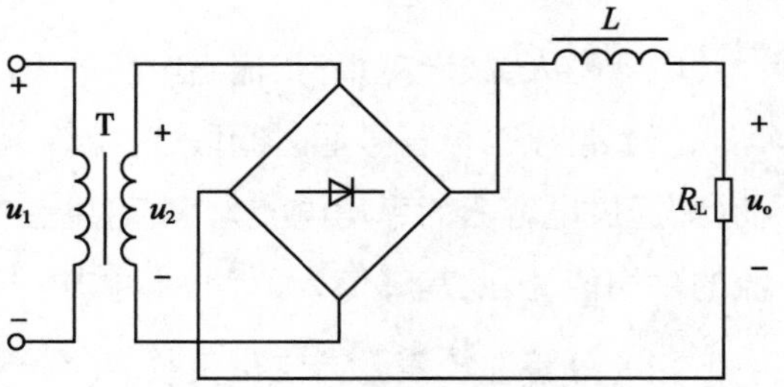

若忽略电感线圈的电阻,当电感足够大时,满足 $\omega L \gg R_L$,根据电感的频率特性可知,频率越高,感抗越大,对整流输出电压中的高频分量压降就越大,而全部直流分量和少量低频分量则降在负载电阻上,即可得到较为平滑的直流电压输出。若忽略电感线圈的电阻和二极管的管压降,则电感滤波器的输出电压为

图 8-11 桥式整流电感滤波电路

$$U_o = 0.9U_2 \qquad \text{式(8-17)}$$

电感滤波器的主要优点是带负载能力强。缺点是体积大、成本高,元件本身的电阻还会引起直流电压损失和功率损耗。因此电感滤波器适用于电流较大、负载变动较大且对输出电压的脉动要求不太高的场合。

三、电感电容滤波器

电容滤波器和电感滤波器都属于一阶滤波器,滤波效果还不够理想。为了进一步提高滤波效果,使输出电压脉动更小,可以采用二阶滤波的方法,在滤波电容之前串联一个铁芯电感线圈 L,这样就组成了电感电容滤波器(LC 滤波器),电路如图 8-12 所示。

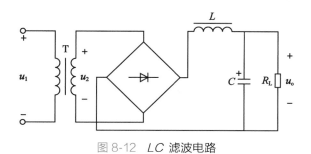

图 8-12　LC 滤波电路

由于通过电感线圈的电流发生变化时,线圈中要产生自感电动势阻碍电流的变化,因而使负载电流和负载电压的脉动大大减小。频率越高,电感越大,感抗 ωL 比负载电阻 R_L 大得越多,则滤波效果就越好,再经过电容滤波器滤波,即可得到比较平直的直流输出电压。但是,由于电感线圈的电感较大(一般在几亨利到几十亨利),匝数较多,电阻也较大,因而会有一定的直流电压降,造成输出电压的下降。

具有 LC 滤波器的整流电路适用于电流较大、要求输出电压脉动很小的场合,且更适合用于高频时。

四、π 型滤波器

除了上述 LC 滤波器以外,还可以再增加一个电容,将电路接成如图 8-13 所示的 LC-π 型滤波器。在 LC-π 型滤波电路中,整流电路输出的脉动电压经 C_1 滤波后,又经过 L 和 C_2 再次滤波,滤波效果很好,但该电路中整流二极管的冲击电流较大,同时也存在电感笨重、成本高等弊端。

另外,在负载电流较小,又要求电压脉动很小的场合,常用电阻代替电感,组成图 8-14 所示的 RC-π 型滤波器。整流电路输出的脉动电压经 C_1 滤波后,仍含有一定的交流分量,虽然电阻对于交直流电压都有降压作用,但它与电容 C_2 配合后,会使脉动电压中的交流分量较多地降落在电阻两端,而较少降落在负载上,从而起到了滤波作用。R 与 C_2 越大,滤波效果越好。但 R 也不能太大,否则会使电阻上的直流压降增大。

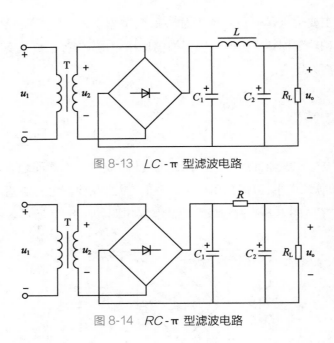

图 8-13 LC-π 型滤波电路

图 8-14 RC-π 型滤波电路

第三节 稳压电路

交流电压经过整流和滤波后,虽然转变成了直流电压,但还是存在较小的交流分量,其平均值还是会随着电网电压的波动而变化。由于电路的输出电阻较大,所以在负载变化时输出电压也变化。为了进一步得到稳定的直流电压,必须在整流滤波之后接入稳压电路,稳压电路可以使输出电压基本不受电网电压波动和负载变化的影响,具有很高的稳定性。

稳压电路可分为稳压二极管稳压电路和晶体管稳压电路。晶体管稳压电路根据调整管是与负载串联还是与负载并联,可分为串联型和并联型。调整管的工作状态又有两种,即工作在线性放大状态和工作在开关状态。工作在开关状态称为开关型。

一、稳压管稳压电路

最简单的稳压电路是由稳压管和限流电阻组成,如图 8-15 所示。u_i 是经整流滤波后的电压,负载 R_L 与稳压管 D_Z 并联。负载上的输出电压 u_o 是稳压管的稳定电压 U_Z。因为稳压管工作在反向击穿区时,通过稳压管的电流可以在 $I_Z \sim I_{ZM}$ 这个较大的范围内变化,而稳压管电压 U_Z 的变化却很小,所以输出电压 u_o 是稳定的。

在整流滤波中,引起输出电压不稳定的主要原因是电源电压的变化和负载电流的变化。例如,当交流电源电压增大时,整流滤波输出电压 U_i 随之增大,负载电压 U_o 也有增大的趋势,当 $U_o = U_Z$ 稍有增大时,稳压管的电流 I_Z 显著增大,限流电阻 R 上电压显著增大,以抵消 U_i 的增大,从而使输出电压 U_o 保持近似不变。当交流电压减小时,输出电压也能保持近似不变。

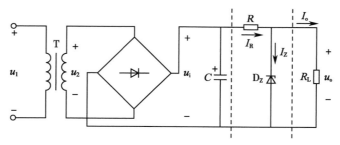

图 8-15　稳压管稳压电路

对于负载变化引起的输出电压的变化,该电路也能起到稳压作用。例如,当电源电压不变而负载电阻 R_L 减小时,由于负载电流增大而使电阻 R 上的电压增大,负载 U_o 因而有减小的趋势,负载电压 $U_o = U_Z$ 下降使得稳压管电流 I_Z 显著减小,稳压管减小的电流抵消掉负载上增大的电流,从而使通过电阻 R 的电流及其两端电压保持近似不变,所以输出电压 U_o 也保持近似不变。同理,当负载电阻增大时,输出电压也能保持近似不变。

稳压管稳压电路具有电路简单、稳压效果好等优点,但允许负载电流变化的范围较小,输出直流电压不可调,所以一般用来作为基准电压。选择稳压管稳压电路的元件参数时,一般取

$$U_o = U_Z \qquad\qquad 式(8-18)$$
$$I_{ZM} = (1.5 \sim 3) I_o \qquad\qquad 式(8-19)$$
$$U_i = (2 \sim 3) U_o \qquad\qquad 式(8-20)$$

二、串联型稳压电路

为克服稳压管稳压电路的上述缺陷,可采用串联型稳压电路,这也是集成稳压器的基础。

晶体管串联型稳压电路的原理框图如图 8-16 所示。由采样电路、比较放大电路、基准电压电路和调整管四个部分组成。U_i 是经整流滤波后的输入电压,晶体管 VT_1 称为调整管,工作在线性放大状态。负载电阻 R_L 接在 VT_1 的发射极,这样 VT_1 与 R_L 串联,所以称为串联型稳压电路。实际上调整管 VT_1 与负载 R_L 的接法是射极输出器的接法,因此 $U_o =$

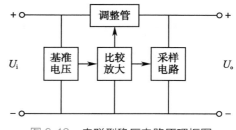

图 8-16　串联型稳压电路原理框图

$V_{B1} - U_{BE1} \approx V_{B1}$。采样电路与比较放大电路构成深度电压串联负反馈,若因输入电压变化或负载变化而使 U_o 加大时,比较放大电路会使 V_{B1} 变小,于是 U_o 降低,从而实现稳定输出电压的目的。为使调整管工作在放大状态,输入电压 U_i 一定要比 U_o 至少高 2~3V。

串联型稳压电路的原理如图 8-17 所示。其中采样电路由 R_1 和 R_2 组成,采样电压 $U_f = \dfrac{R_2}{R_1 + R_2} U_o$,即将输出电压 U_o 分压后作为晶体管 VT_2 的基极输入电压 V_{B2};电阻 R_Z 和稳压二极

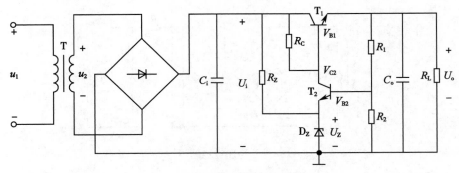

图 8-17　串联型稳压电路

管 D_Z 构成基准电压电路;晶体管 VT_2 和电阻 R_C 构成比较放大电路;U_Z 是稳压二极管的稳压值,作为比较放大电路的基准电压。这样,晶体管 VT_2 的 U_{BE2} 为

$$U_{BE2} = V_{B2} - U_Z = \frac{R_2}{R_1 + R_2} U_o - U_Z \qquad 式(8\text{-}21)$$

式(8-21)表明 U_{BE2} 将随输出电压而变。设由于电源电压增大使输出电压 U_o 增大时,则采样电压 U_f(即 V_{B2})随之增大,则晶体管 VT_2 的发射结压降 U_{BE2} 增大,I_{B2} 和 I_{C2} 增大,那么管压降 U_{CE2}(即 V_{C2} 或 V_{B1})减小,于是 U_o 相应减小,引起的负反馈调节过程如下

$$U_o \uparrow \rightarrow V_{B2} \uparrow \rightarrow U_{BE2} \uparrow \rightarrow I_{B2} \uparrow \rightarrow I_{C2} \uparrow \rightarrow V_{C2}(V_{B1}) \downarrow \rightarrow U_o \downarrow$$

同理,当负载电阻变化引起输出电压 U_o 变化时,比较放大电路的负反馈调节作用也会使输出电压保持稳定。

由式(8-21)可得

$$U_o = \frac{R_1 + R_2}{R_2}(U_Z + U_{BE2}) = \left(1 + \frac{R_1}{R_2}\right) U_Z \qquad 式(8\text{-}22)$$

式(8-22)表示串联型稳压电路的输出电压取决于稳压管的稳压值和采样电阻的阻值。

为了提高调节精度,也可以采用运算放大器构成比较放大电路,如图 8-18 所示。该电路采用复合管作为调整管,具有较大的输出电流。用电位器 R_W 可以调节输出电压的大小,调节范围为

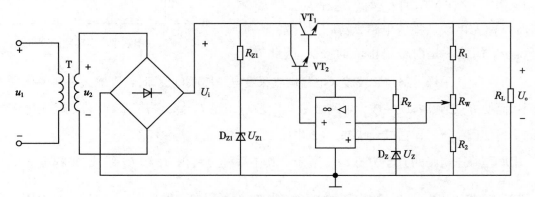

图 8-18　运放作比较放大器的串联型稳压电路

$$U_{\text{omin}} = \frac{R_1 + R_2 + R_W}{R_2 + R_W} U_Z, \quad U_{\text{omax}} = \frac{R_1 + R_2 + R_W}{R_2} U_Z \qquad \text{式（8-23）}$$

串联型稳压电源具有结构简单、调节方便、输出电压稳定性强、电压交流分量小等优点。但是,由于调整管始终工作在放大状态,功耗很大,因而电路效率仅为 30% ~ 40% ,甚至更低。

三、开关型稳压电路

如果串联型稳压电路的调整管工作在开关状态,称为开关型稳压电路,亦简称开关电源。当开关电源的调整管截止时,其漏电流很小,所以管耗很小;当其饱和导通时,因管压降很小,所以管耗也很小,这将大大提高电路的效率,可达 70% ~ 98% 。当前大部分电子设备中的稳压电源均为开关电源。

开关型稳压电路的分类方法有很多,按其输出电压不同,可分为 Buck 降压型和 Boost 升压型;按调整管的控制方式,可分为脉冲宽度调制（PWM）型、脉冲频率调制（PFM）型和混合调制（即脉宽-频率调制）型;按调整管是否参与振荡,可分为自激式和他激式。这里重点介绍三种。

（一）Buck 降压型

Buck 降压型开关稳压电路是将输入的直流电压转换成脉冲电压,再将脉冲电压经 LC 滤波转换成直流电压,在 Buck 稳压电路中调整管与负载串联,输出电压总是小于输入电压,所以称为降压型稳压电路。其基本原理如图 8-19 所示。输入电压 U_i 是未经稳压的直流电压;晶体管 VT 为调整管,

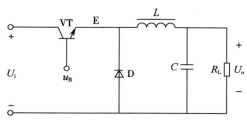

图 8-19 Buck 降压型开关稳压电路

工作在开关状态;u_B 为矩形波,控制调整管的工作状态;电感 L 和电容 C 组成滤波电路,D 为续流二极管。

当 u_B 为高电平时,VT 饱和导通,D 因承受反压而截止,等效电路及负载电流方向如图 8-20 所示。此时电感 L 储存能量,电容 C 充电;发射极电位 $u_E = U_i - U_{CES} \approx U_i$;当 u_B 为低电平时,VT 截止,此时虽然发射极电流为零,但是 L 释放能量,其感应电动势使二极管 D 导通,等效电路如图 8-21 所示;与此同时,C 放电,负载电流方向不变,$u_E = -U_D \approx 0$。

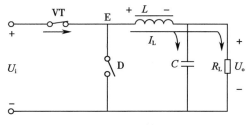

图 8-20 VT 饱和导通的等效电路

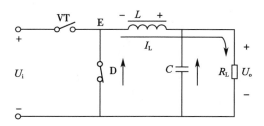

图 8-21 VT 饱和截止的等效电路

由此可画出 u_B、u_E 和 u_o 的波形如图 8-22 所示。在 u_B 的一个周期 T 内,T_{on} 为调整管导通时间,T_{off} 为截止时间,占空比为 $q = T_{on}/T$。

虽然 u_B 为脉冲波形,但是只要 L 和 C 足够大,输出电压 u_o 就是连续的;而且 L 和 C 越大,

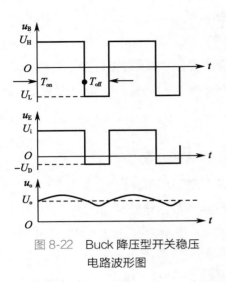

图 8-22　Buck 降压型开关稳压
电路波形图

u_o 的波形就越平滑。若将 u_E 视为直流分量和交流分量之和,则输出电压的平均值等于 u_E 的直流分量,即

$$U_o = \frac{T_{on}}{T}(U_i - U_{CES}) + \frac{T_{off}}{T}(-U_D) \approx \frac{T_{on}}{T}U_i$$

式(8-24)

$$q = \frac{T_{on}}{T}$$

式(8-25)

$$U_o \approx qU_i$$

式(8-26)

改变占空比 q,即可改变输出电压的大小。

(二)Boost 升压型

在实际应用中,能够将输入直流电压经稳压电路转换成大于输入电压的输出电压的电源,称为升压型稳压电路。电路通过电感的储能作用,将感应电动势与输入电压相叠加后作用于负载,因而 $U_o > U_i$。

Boost 升压型开关稳压电路中的换能电路如图 8-23 所示,输入电压 U_i 为直流供电电压,晶体管 VT 为开关管,u_B 为矩形波,电感 L 和电容 C 组成滤波电路,D 为续流二极管。

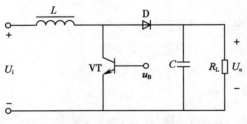

图 8-23　Boost 升压型开关稳压电路

VT 管的工作状态受 u_B 的控制。当 u_B 为高电平时,VT 饱和导通,U_i 通过 VT 给电感 L 充电储能,电流接近线性增大;D 因承受反压而截至;滤波电容 C 对负载电阻放电,等效电路和负载电流方向如图 8-24 所示。当 u_B 为低电平时,VT 截止,L 产生感应电动势,为阻止电流的变化,其方向与 U_i 相同,两个电压相加后通过二极管 D 对电容 C 充电,其等效电路如图 8-25 所示。因此,无论 VT 和 D 的状态如何,负载电流方向始终不变。

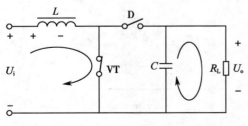

图 8-24　T 饱和导通的等效电路

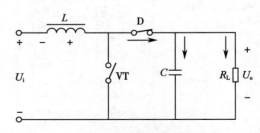

图 8-25　T 饱和截止的等效电路

由此画出控制信号 u_B、电感上的电压 u_L 和输出电压 u_o 的波形,如图 8-26 所示。从波形分析可知,只有当 L 足够大时,才能升压;且只有当 C 足够大时,输出电压的脉动才能足够小;

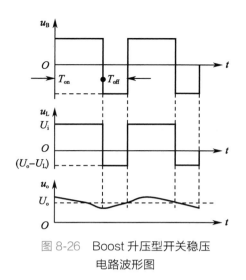

图 8-26 Boost 升压型开关稳压
电路波形图

当 u_B 的周期不变时,其占空比越大,输出电压将越高。

（三）脉冲宽度调制（PWM）型开关电路

脉冲宽度调制控制电路的原理如图 8-27 所示,其输出电压 u_B 是一个周期为 T、占空比可调节的方波,u_B 的波形如图 8-28 所示。在 u_B 高电平期间（$0 \sim t_1$）,调整管 VT 饱和导通,这时 $u_o = U_i - U_{CES}$,T_{on} 称为导通时间;在 u_B 低电平期间（$t_1 \sim t_2$）,调整管 VT 截止,这时 $u_o = 0$,T_{off} 称为截止时间。u_o 的波形如图 8-28 所示,输出电压的平均值 U_o 为

$$U_o = \frac{(U_i - U_{CES})T_{on}}{T} = q(U_i - U_{CES}) \approx qU_i$$

式（8-27）

式中,q 为占空比,它是导通时间 T_{on} 与方波周期 T 之比,即

$$q = \frac{T_{on}}{T}$$

式（8-28）

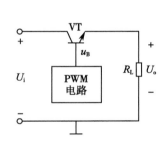

图 8-27　PWM 型开关电路原理框图

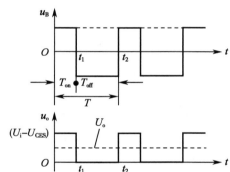

图 8-28　PWM 型开关电路的输入、输出波形

PWM 控制电路的原理框图如图 8-29 所示,由运放 A_1 组成单限电压比较器,三角波发生器的输出 u_A 与阈值电压 U_{th} 相比较,比较器的输出 u_B 用于控制调整管 VT 的工作状态。其波形如图 8-30 所示,u_B 的占空比 q 可通过调节阈值电压 U_{th} 来改变。当 U_{th} 调大时,占空比变大,反之占空比变小。

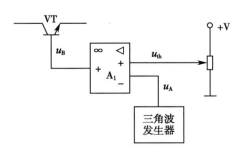

图 8-29　PWM 控制电路原理框图

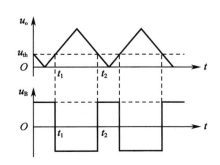

图 8-30　PWM 控制电路的波形图

第四节　集成稳压器

若将基准电源、比较放大环节、调整管、取样环节和各种保护环节以及连接导线均制作在一块硅片上，并封装起来，构成了集成稳压器。集成稳压器体积小、价格低廉、使用方便、可靠性高，因此目前得到了广泛的应用。

集成稳压器有输入端、输出端和公共端（接地）三个引脚，故又称为三端集成稳压器。集成稳压器又分为固定输出和可调输出两种类型。

一、固定输出集成稳压器

固定输出集成稳压器有两个系列，包括 W7800 系列和 W7900 系列，其引脚排列如图 8-31 所示。其中 W7800 系列输出正电压，W7900 系列输出负电压。对于具体器件，"00" 用数字代替，表示输出电压值。例如 W7805 表示输出稳定电压+5V，最大输出电流 1.5A；W7915 表示输出稳定电压−15V，最大输出电流 0.5A。W7800 系列和 W7900 系列稳压器的输出电压有 5V、6V、9V、12V、15V、18V 和 24V 共七个挡，最大输出电流有 0.1A（L）、0.5A（M）、1.5A（空缺）、3A（T）和 5A（H）五个挡。固定输出集成稳压器内部采用串联型稳压电源结构，具有过压和过流保护，应用十分方便、灵活。使用时除了要考虑输出电压和最大输出电流外，还必须注意输入电压的大小。为保证稳压，使调整管工作在放大区，必须使输入电压的绝对值比输出电压至少

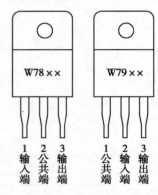

图 8-31　固定输出集成稳压器引脚图

高 2V，使用时一般设置为高 5V 左右，但也不能超过最大输入电压（一般为 35V 左右）。

（一）输出固定正电压的电路

当要求输出固定正电压时，应选择 W7800 系列集成稳压器，其应用电路如图 8-32 所示，其中 U_i 为整流后的直流电压，电容 C 是滤波电容，其值可根据负载电阻的大小来确定，一般为几百微法到几千微法。电容 C_i 用于抵消输入线较长时的电感效益，防止电路产生自激振荡，其值可取 0.33μF，输入线短时可以不用。电容 C_o 用于消除输出电压中的高频噪声，其值可取 1μF。W7805 的输出电压为 U_o = +5V。

（二）输出固定负电压的电路

当要求输出固定负电压时，应选择相应的 W7900 系列集成稳压器，需注意电压极性及引脚功能。其应用电路如图 8-33 所示，与 W7800 系列的不同之处是桥式整流电路的正输出端接地，而负输出端接 W7900 的输入端（2 脚），W7900 的 1 脚接地，3 脚输出负电压，W7905 的输出电压为 U_o = −5V。

（三）正、负电压同时输出的电路

用 W7815 和 W7915 构成的能输出正负对称电压的稳压电源如图 8-34 所示。

（四）提高输出电压的电路

要使输出电压高于集成稳压器的固定输出电压，可接成如图 8-35 所示的电路，图中，U_{XX}

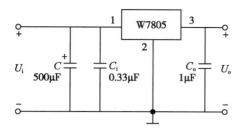

图 8-32　输出固定正电压的稳压电路

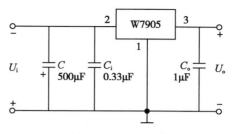

图 8-33　输出固定负电压的稳压电路

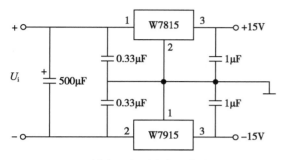

图 8-34　输出正负对称电压的稳压电路

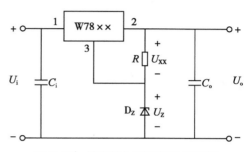

图 8-35　提高输出电压的稳压电路

为 W7800 稳压器的固定输出电压,于是可得 $U_o = U_{XX} + U_Z$,即提高了稳压器的输出电压。

（五）输出电压可调的电路

在图 8-36 所示电路中,U_o' 是固定的,而调节电位器即可改变 U_o'',根据 $U_o = U_o' + U_o''$ 可以通过输出电压固定的集成稳压器实现输出电压的可调。

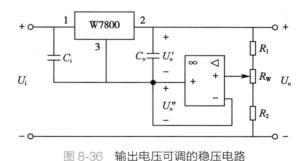

图 8-36　输出电压可调的稳压电路

二、可调输出三端稳压器

可调输出三端稳压器也有两个系列:LM117、LM217、LM317 系列(输出正电压)和 LM137、LM237、LM337 系列(输出负电压),输出电压范围 4~40V,输出电压可调范围为 1.25~37V,要求输入电压比输出电压至少高 3V。最大输出电流有 0.1A(L)、0.5A(M)和 1.5A(空缺)三个挡。例如 LM317,若输入电压为 40V,则输出电压 1.25 ~ 37V,最大输出电流 1.5A;又如LM337,若输入电压为-18V,则输出电压-1.25 ~ -15V,最大输出电流 0.1A。

LM317 和 LM337 的引脚图如图 8-37 所示,其中引脚 1 为调整端(ADJ),使用时输出端与调整端之间一定要外接一个采样电阻(240Ω 左右)。LM317 的典型应用电路如图 8-38 所示。

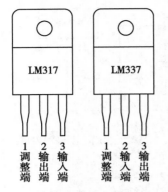

图 8-37　可调输出三端稳压器引脚图

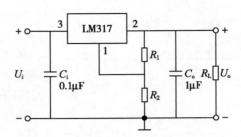

图 8-38　LM317 的应用电路

输出电压由式(8-29)计算

$$U_o \approx \left(1+\frac{R_2}{R_1}\right) \times 1.25 \qquad\qquad 式(8\text{-}29)$$

式中，R_1 的典型取值为 240Ω，因此当 R_2 选取不同的值时(或选用可变电阻时)可得到不同的输出电压，当 $R_2 = 0$ 即调整端 1 脚接地时输出电压为 1.25V。

LM337 与 LM317 的使用方法相类似，只是输入电压和输出电压都为负电压。

本章小结

1. 单相小功率直流稳压电源的组成包括变压器、整流电路、滤波电路、稳压电路。

2. 单相半波整流输出电压：$U_o = 0.45U_2$；单相桥式整流输出电压：$U_o = 0.9U_2$。整流二极管的选择：$I_F > 1.1 \times I_D$，$U_{RM} > 1.1U_{DRM}$。三相桥式整流输出电压：$U_{O(AV)} \approx 1.35U_L$。

3. 电容滤波器中，电容的选择：$R_L C > (3 \sim 5)\dfrac{T}{2}$，单相桥式整流电路输出电压：$U_o = 1.2U_2$。

一般用于要求输出电压较高、负载电流较小且变化也较小的场合。

4. 电感滤波器的输出电压：$U_o = 0.9U_2$。

特点：带负载能力强，但体积大、成本高，元件本身的电阻还会引起直流电压损失和功率损耗。适用于大电流或负载变化大的场合。

5. LC 滤波器的整流电路适用于电流较大、要求输出电压脉动很小的场合，且更适合用于高频时。

6. 稳压管稳压电路特点：结构简单、稳压效果好，适用于负载电流较小且变化范围也较小的场合，一般用来作为基准电压。

稳压管的选择：$U_o = U_Z$，$I_{ZM} = (1.5 \sim 3)I_o$，$U_i = (2 \sim 3)U_o$。

7. 晶体管串联型稳压电路由采样电路、比较放大电路、基准电压电路和调整管四个部分组成。输出电压：$U_o = \dfrac{R_1+R_2}{R_2}(U_Z + U_{BE2}) = \dfrac{R_1+R_2}{R_2}U_Z$。

特点:结构简单,调节方便,输出电压稳定性强,纹波电压小。但功耗很大,电路效率较低。

8. Buck 降压型开关稳压电路是将输入的直流电压转换成脉冲电压,再将脉冲电压经 LC 滤波转换成直流电压。输出电压:$U_o \approx qU_i$;占空比:$q = \dfrac{T_{on}}{T}$。

9. Boost 升压型开关稳压电路通过电感的储能作用,将感应电动势与输入电压相叠加后作用于负载,因而 $U_o > U_i$。L 足够大,才能升压;C 足够大,脉动才能足够小;占空比越大,输出电压越高。

10. 脉冲宽度调制(PWM)型开关电路中,输出电压:$U_o \approx qU_i$,占空比:$q = \dfrac{T_{on}}{T}$。

11. 集成稳压器积小、价格低廉、使用方便、可靠性高。有输入端、输出端和公共端(接地)三个引脚。

W7800 系列和 W7900 系列为固定式稳压器,W7800 系列输出正电压,W7900 系列输出负电压。

可调输出三端稳压器:LM117、LM217、LM317 系列(输出正电压)和 LM137、LM237、LM337 系列(输出负电压),输出电压范围 4~40V,输出电压可调范围为 1. 25~37V,要求输入电压比输出电压至少高 3V。

习题八

8-1 在单相半波整流电路中,已知负载 $R_L = 80\Omega$,测得负载上的输电压平均值为 110V,试求:

(1) 负载中流过的电流平均值 I_o。

(2) 变压器副边电压的有效值 U_2。

(3) 二极管的电流 I_D 及承受的最高反向电压 U_{DRM}。

8-2 单相全波桥式整流电路中,若出现以下情况,会有什么现象?

(1) 二极管 D_1 短路。

(2) 二极管 D_2 极性接反。

(3) 二极管 D_1 未接通,D_2 短路。

8-3 已知负载 $R_L = 30\Omega$,其额定电压为 120V,交流电源的有效值 $U_1 = 220V$,若采用单相全波桥式整流电路供电,求变压器副边电压的有效值 U_2,并确定整流二极管的参数。

8-4 设计单相桥式整流电容滤波电路,其输出平均电压为 $U_o = 30V$,平均电流为 $I_o = 150mA$,电源频率 $f = 50Hz$,考虑电网电压波动范围 $\pm 10\%$,请选择合适的整流二极管和滤波电容。

8-5 简单稳压管稳压电路如图 8-16 所示,$U_i = 16V$,$U_Z = 6V$,$R = 100\Omega$。当稳压管的电流 I_Z 的变化范围为 5~40mA 时,问 R_L 的变化范围为多少?

8-6 集成运算放大器构成的串联型稳压电路如图 8-19 所示,试求:

(1) 在该电路中,若测得 $U_i=30\text{V}$,变压器副边电压有效值 U_2。

(2) 在 $U_Z=6\text{V}$,$R_1=2\text{k}\Omega$,$R_2=1\text{k}\Omega$,$R_W=1\text{k}\Omega$ 的条件下,输出电压 U_o 的调节范围。

8-7 图 8-39 所示,PWM 型开关电路,若 $U_1=20\text{V}$,PWM 控制电路输出方波的占空比 q 的调节范围为 $0.1\sim0.9$,求输出电压 U_o 的表达式。

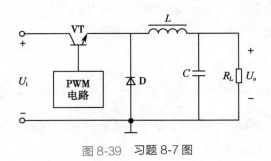

图 8-39　习题 8-7 图

8-8 要获得固定的 +15V 电压输出的直流稳压电源,应选用什么型号的三端稳压器? 试画出应用电路。

8-9 由固定式三端稳压器 W7812 和 W7912 组成的直流稳压电源,如图 8-40 所示,试求:

(1) 确定输出电压 U_{o1} 与 U_{o2} 之值。

(2) 确定交流输入电压 u_2 的最小有效值。

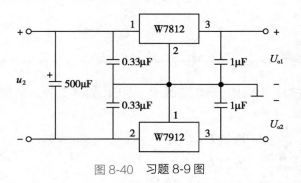

图 8-40　习题 8-9 图

8-10 如图 8-41 所示,为输出电压可调电路,当 $U_{31}=1.2\text{V}$ 时,流过 R_1 的最小电流 I_{Rmin} 为 $5\sim10\text{mA}$,调整端 1 输出的电流 I_{ADJ} 远小于 I_{Rmin},$U_i-U_o=2\text{V}$。

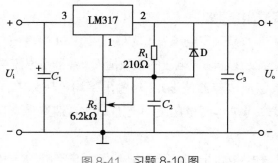

图 8-41　习题 8-10 图

（1）求 R_1 的取值范围。

（2）当 $R_1 = 210\Omega$，$R_2 = 3k\Omega$ 时，求输出电压 U_o。

（3）调节 R_2 从 $0 \sim 6.2k\Omega$ 时，求输出电压的调节范围。

（杨欣欣）

第九章　数字逻辑电路

第一节　数字逻辑电路概述

一、模拟电路与数字逻辑电路

自然界中的各种信号按时间变化可以分为模拟信号和数字信号两大类。

模拟信号的变化在时间和幅度上是连续的,如温度、速度、体重等。工程上一般把这类信号转换为电流、电压等电信号进行处理。处理模拟信号的电路称为**模拟电路**。模拟电路已在前面几章详细介绍,这里不再赘述。

本章介绍数字逻辑电路,简称**数字电路**。数字电路用于处理数字信号。数字信号的变化在时间和幅度上都是离散的、不连续的。例如教室中学生的人数等,在时间上是不连续的。同时,以整数计数,在数量上也是不连续的。

二、数字逻辑电路的特点

数字电路与模拟电路相比具有明显特点,主要体现在以下几个方面。

（1）电路中采用二进制:数字电路中使用二进制表示数值。使用二进制电路结构简单,而且允许电路参数有较大的离散性,便于集成化和批量生产,成本低。

（2）电路的抗干扰能力强:由于采用二进制,所以只要求最后结果能够区分高、低电平即可,因而电路工作的可靠性极高。只有当干扰信号非常大,超出了电路所允许的高、低电平范围时,才有可能改变电路的工作状态。

（3）电路易加密:数字信息可以容易地进行加密处理。

（4）电路精度高:可以利用增加二进制位数的方法提高数字电路的精度,理论上可以达到无限精度。

（5）电路同时具有算术运算和逻辑运算功能:数字电路主要研究各个基本单元的状态之间的相互关系,即逻辑关系。故称为**数字逻辑电路**。

（6）特殊的分析工具:数字电路的数学基础是逻辑代数,使用功能表、真值表、卡诺图、逻辑表达式、特性表、逻辑图和时序图等分析工具来表达电路的功能。

数字电路可以进行逻辑推演与逻辑判断,有一定的逻辑思维能力,是计算机的硬件基础。

第二节 逻辑代数基础

一、逻辑代数定义

现实生活中,有大量的因果关系存在。如果其条件和结果可以分为两种对立的状态,如正与负、是与否、对与错等,而且可以从条件状态推出结果状态,则条件与结果的这种关系,称为**逻辑关系**。研究这种逻辑关系的数学工具,就是逻辑代数。

逻辑代数是由英国数学家乔治·布尔(George Boole)于 19 世纪中叶首先提出的,又称为**布尔代数**。现在已成为分析和设计数字电路必不可少的工具。

逻辑代数是一种研究二元性逻辑关系的数学方法,是按照一定的逻辑关系进行运算的代数。在逻辑代数中用字母表示变量,变量的取值只有两个:0 和 1。需要注意的是,这里 0 和 1 不再具有数值的意义,而只表示两个相反的状态。例如,用 0 和 1 表示脉冲的有无,温度的高低,电灯的亮和灭等。这种二值变量称为**逻辑变量**,一般用字母 A、B、C⋯表示。在逻辑代数中,变量之间的逻辑关系称为**逻辑运算**。

基本的逻辑关系有与逻辑、或逻辑和非逻辑三种。

二、基本逻辑关系与常用逻辑关系

(一)与(AND)逻辑关系

如图 9-1 所示,电路中开关的开闭与灯泡的亮灭表示了一个与逻辑关系。电源 E 通过开关 A 和 B 向灯泡 L 供电,开关的闭合与打开和灯泡的亮和灭是一对因果关系,由电路可得电路功能表如表 9-1 所示。分析该电路功能表可以得到如下结论:"当一事件(灯亮)的所有条件(A、B 都闭合)全部具备后,该事件(灯亮)才发生"。或者说:"一事件(灯亮)只要一个条件不具备(A、B 中有一个开关不闭合),该事件(灯亮)不发生"。这种逻辑关系称为**与逻辑关系**,又称为**与逻辑运算或与运算**。由与运算的定义可以看出与运算符合交换律。

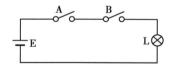

图 9-1 与逻辑关系电路图

若将开关 A、B 的状态用逻辑变量 A、B 表示,开关闭合用 1 表示,开关断开以 0 表示;灯 L 的状态用逻辑变量 L 表示,1 表示灯亮,0 表示灯灭,则表 9-1 所示电路功能表变成表 9-2。如表 9-2 形式的图表称为**逻辑真值表**,简称真值表。真值表可以直观地描述出输入变量和输出变量之间的逻辑关系。

表 9-1 图 9-1 电路功能表

开关 A	开关 B	灯 L
断开	断开	灭
断开	闭合	灭
闭合	断开	灭
闭合	闭合	亮

表 9-2 与逻辑真值表

A	B	L
0	0	0
0	1	0
1	0	0
1	1	1

与逻辑关系的逻辑表达式可表示为

$$L = A \cdot B \qquad \text{式(9-1)}$$

式中，小圆点"·"表示与运算，读作 L 等于 A 与 B。因与普通代数中乘法运算相类似，与运算又称为**逻辑乘运算**，式(9-1)又可读作 L 等于 A 乘 B。在不引起混淆的情况下，小圆点可以省略。实现与运算的电路称为**与门**，逻辑符号如图9-2所示。

（二）或（OR）逻辑关系

图9-3电路可以实现或逻辑关系，同上分析可得电路功能表（表9-3），根据电路功能表可以得到这样的逻辑关系："当一事件（灯亮）的几个条件（A、B 闭合）中只要有一个条件或几个条件具备，该事件（灯亮）就会发生"，或者说"当一事件（灯亮）的几个条件（A、B 闭合）都不具备，该事件（灯亮）才不会发生"，这种逻辑关系称为**或逻辑关系**，又称为**或逻辑运算或者或运算**。由或运算的定义可以看出或运算符合交换律。

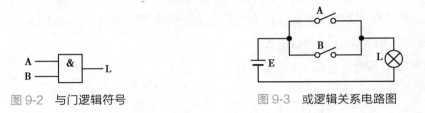

图 9-2　与门逻辑符号　　　　　　图 9-3　或逻辑关系电路图

同样用逻辑变量 A、B 表示开关 A、B 的状态，开关闭合用 1 表示，开关断开用 0 表示；用变量 L 表示灯 L 的状态，以 1 表示灯亮，0 表示灯灭，可得真值表（表9-4）。若用逻辑表达式描述，可写为

$$L = A + B \qquad \text{式(9-2)}$$

表 9-3　图9-3电路功能表

开关 A	开关 B	灯 L
断开	断开	灭
断开	闭合	亮
闭合	断开	亮
闭合	闭合	亮

表 9-4　或逻辑真值表

A	B	L
0	0	0
0	1	1
1	0	1
1	1	1

式中，符号"+"表示或运算，读作 L 等于 A 或 B。因与普通代数中加法运算相类似，或运算又称为**逻辑加运算**，式(9-2)又可读作 L 等于 A 加 B。实现或逻辑运算的电路称为**或门**，逻辑符号如图9-4所示。

（三）非（NOT）逻辑关系

非逻辑关系电路，如图9-5所示，由电路可得电路功能表（表9-5），根据电路功能表可以得出第三种逻辑关系："若条件（开关闭合）具备，则事件（灯亮）不发生；否则，事件（灯亮）将会发生"，这种逻辑关系称为**非逻辑关系**，又称为**非逻辑运算或者非运算**。非逻辑关系真值表见表9-6。

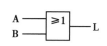

图 9-4　或门逻辑符号

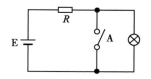

图 9-5　非逻辑电路图

表 9-5　图 9-5 电路功能表

开关 A	灯 L
断开	亮
闭合	灭

表 9-6　非逻辑真值表

A	L
0	1
1	0

非逻辑关系的逻辑表达式为

$$L = \overline{A} \qquad\qquad 式(9\text{-}3)$$

式中,字母 A 上方的短划"–"表示非运算。读作 L 等于 A 非,或者 L 等于 A 反。实现非运算的逻辑电路称为**非门**,逻辑符号如图 9-6 所示。故"非门"又称为"**反相器**"。

以上与、或逻辑运算可以推广到多个输入变量的情况

$$L = A \cdot B \cdot C \cdots \qquad\qquad 式(9\text{-}4)$$

$$L = A + B + C + \cdots \qquad\qquad 式(9\text{-}5)$$

除了与、或、非三种基本逻辑关系外,常用的逻辑关系还有以下几种。

（四）与非（NAND）逻辑关系

先与后非,它的输出是输入与运算结果的非,逻辑表达式为

$$L = \overline{A \cdot B} \qquad\qquad 式(9\text{-}6)$$

逻辑符号如图 9-7 所示。

（五）或非（NOR）逻辑关系

先或后非,它的输出是输入或运算结果的非,逻辑表达式为

$$L = \overline{A + B} \qquad\qquad 式(9\text{-}7)$$

逻辑符号如图 9-8 所示。

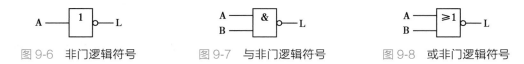

图 9-6　非门逻辑符号　　　　图 9-7　与非门逻辑符号　　　　图 9-8　或非门逻辑符号

（六）与或非（AND-OR-INVERT）逻辑关系

先与运算后或运算再求非,即它的输出是输入与运算结果所得乘积项相或的非,逻辑表达式为

$$L = \overline{A \cdot B + C \cdot D} \qquad\qquad 式(9\text{-}8)$$

逻辑符号如图 9-9 所示。

（七）异或（EXCLUSIVE-OR）逻辑关系

异或逻辑关系或异或运算的逻辑关系为:当输入 A、B 相同时,输出 L 为 0;当输入 A、B 不

同时,输出 L 为 1。异或运算的真值表如表 9-7 所示。

其逻辑表达式为

$$L=\overline{A} \cdot B+A \cdot \overline{B}=A \oplus B \qquad \text{式(9-9)}$$

式中,"$\oplus$"表示异或运算。

逻辑符号如图 9-10 所示。

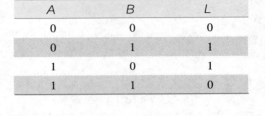

表 9-7 异或运算真值表

A	B	L
0	0	0
0	1	1
1	0	1
1	1	0

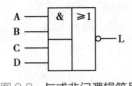

图 9-9 与或非门逻辑符号

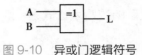

图 9-10 异或门逻辑符号

三、逻辑函数与逻辑函数的化简

(一)逻辑函数定义与表示方法

在逻辑关系中,输出变量随输入变量的变化而变化,输入和输出之间是一种函数关系,称为**逻辑函数**。将因果关系中条件作自变量,用 A、B、$C\cdots$ 表示。结果作为因变量,用 $Y(F$、$L\cdots)$ 表示。则当输入逻辑变量取值确定后,输出逻辑变量将被唯一确定。那么称 Y 是 A、B、$C\cdots$ 的逻辑函数,可写作如下数学表达式

$$Y=f(A,B,C\cdots) \qquad \text{式(9-10)}$$

常用的逻辑函数的表示方法有逻辑表达式、真值表、逻辑图、卡诺图等。它们各有特点,互有区别又互相联系。以下介绍前三种表示方法。卡诺图比较复杂,本教材不再涉及,请参考相关资料。

1. 逻辑表达式　如上文所述,用与、或、非等基本的逻辑运算来表示输入变量和输出变量之间的逻辑关系的代数式,称为**逻辑表达式**。

逻辑表达式简洁、方便,可以灵活地使用公式和定理。其缺点是对于比较复杂的逻辑函数,难以从逻辑表达式中看出输入变量和输出变量之间的逻辑关系。

2. 真值表　真值表是根据所给出的逻辑关系,将输入变量的各种可能的取值组合和与之相对应的输出变量值以表格的形式排列出来,这种表格称为**真值表**。

n 个输入变量一共有 2^n 个取值组合,将它们按二进制的顺序排列起来,并在相应的位置写上输出变量的值,就可得到逻辑函数的真值表。

真值表具有唯一性。若两个逻辑函数的真值表相等,则两个逻辑函数一定相等。

真值表直观明了。一旦确定输入变量的值,即可从表中查出输出变量的值。但是使用真值表,很难进行运算和变换。而且当变量比较多时,列写真值表将会十分烦琐。

在许多数字集成电路手册中,一般通过不同形式的真值表来给出数字集成电路的功能。

3. **逻辑图** 　用基本和常用的逻辑符号来表示各个变量之间的运算关系,便可以得到函数的逻辑图,又称为**逻辑电路图**。

逻辑图的优点是接近工程实际,可以将复杂电路的逻辑功能,层次分明地表示出来。缺点是表示的逻辑关系不直观,不能直接进行运算和变换。

可以非常方便地将逻辑图转化为逻辑表达式,再由逻辑表达式写成真值表的形式。根据真值表,可以判断逻辑电路的功能。下面举例说明。

【例 9-1】 有一逻辑图,如图 9-11 所示,请写出该逻辑图所表示的逻辑表达式。

解: 由逻辑图可以看出,左端为输入信号 A、B、C,右端为输出信号 Y。由左向右依次可以得到

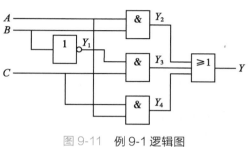

图 9-11　例 9-1 逻辑图

$$Y_1 = \overline{B}$$

$$Y_2 = AB$$

$$Y_3 = Y_1 C = \overline{B}C$$

$$Y_4 = AC$$

$$Y = Y_2 + Y_3 + Y_4$$

将 Y_2、Y_3、Y_4 的值分别代入,可以得到输出 $Y = AB + \overline{B}C + AC$。

【例 9-2】 将逻辑表达式 $L = AB + \overline{B}C + AC$ 转化成真值表的形式。

解: 将输入变量 A、B、C 的各种可能取值组合逐一代入逻辑表达式中,首先计算出 AB、$\overline{B}C$、AC 三项的值,三项相或即可求出 L 的值。其结果列表可得真值表如表 9-8 所示。

表 9-8　例 9-2 真值表

A	B	C	AB	$\overline{B}C$	AC	L
0	0	0	0	0	0	0
0	0	1	0	1	0	1
0	1	0	0	0	0	0
0	1	1	0	0	0	0
1	0	0	0	0	0	0
1	0	1	0	1	1	1
1	1	0	1	0	0	1
1	1	1	1	0	1	1

注:这里将 AB、$\overline{B}C$、AC 三项列在表内是为了方便初学者,熟练后,可省略直接求出 L 的值。

一般来讲,逻辑运算的运算优先权按以下顺序:①括号,即如果表达式中有括号先计算括号里的运算;②非,同一个非号下先运算;③与逻辑运算;④或逻辑运算。

(二)逻辑代数中的基本公式

1. **逻辑常量之间的关系** 　根据基本的逻辑关系可以得到逻辑代数中逻辑常量之间的关系如表 9-9 所示。

表 9-9 中的公式,在运算中可作为公理使用。

2. **逻辑变量和逻辑常量的关系** 　逻辑变量和逻辑常量之间的关系如表 9-10 所示。

表9-9 逻辑常量之间的关系		
与逻辑运算	或逻辑运算	非逻辑运算
$0 \cdot 0 = 0$	$0+0=0$	$\overline{0}=1$
$0 \cdot 1 = 0$	$0+1=1$	
$1 \cdot 0 = 0$	$1+0=1$	$\overline{1}=0$
$1 \cdot 1 = 1$	$1+1=1$	

表9-10 逻辑变量和逻辑常量的关系		
与逻辑运算	或逻辑运算	非逻辑运算
$A \cdot 0 = 0$	$A+0=A$	$\overline{\overline{A}}=A$
$0 \cdot A = 0$	$A+1=1$	
$A \cdot A = A$	$A+\overline{A}=1$	
$A \cdot \overline{A} = 0$	$A+A=A$	

将 $A=0$ 和 $A=1$ 代入表9-10,可以看出表中各等式均成立,说明上述公式正确。

3. 逻辑代数中的基本定律 逻辑代数中的基本定律见表9-11。这些定律可以作为公式使用。

表9-11 逻辑代数中的基本定律

	与	或
交换律	$A \cdot B = B \cdot A$	$A+B=B+A$
结合律	$(A \cdot B) \cdot C = A \cdot (B \cdot C)$	$(A+B)+C=A+(B+C)$
分配律	$A \cdot (B+C) = A \cdot B + A \cdot C$	$A+B \cdot C = (A+B)(A+C)$
德·摩根(De Morgan)定律(反演律)	$\overline{A+B}=\overline{A} \cdot \overline{B}$	$\overline{A \cdot B}=\overline{A}+\overline{B}$

以上基本定律可以利用真值表法进行证明。

注意,上述公式反映的是变量之间的逻辑关系,所以有些公式虽然与普通代数相似,但运算时不能简单地套用普通代数的运算规则。

(三)逻辑函数公式法化简

实际工作中,为了节省元器件,优化生产工艺,降低成本和提高系统的可靠性,需要使用最简的逻辑表达式设计出最简洁的逻辑电路,逻辑函数的化简是必需的。

如果一个与或表达式满足以下两个条件:①乘积项(与项)的个数最少;②在满足①的条件下,每一个乘积项中变量的个数最少。则该与或表达式是最简的,称为**最简与或表达式**。一般情况下,逻辑函数的化简是将逻辑函数化简为最简与或表达式。

化简逻辑函数的基本方法主要包括公式化简法、卡诺图化简法、Q-M 法(计算机)。这里只介绍公式化简法。逻辑函数的公式化简法是利用逻辑函数的基本公式与定律对逻辑函数进行化简的一种方法。以下举例说明。

【例9-3】 请将 $Y=(AB+\overline{A}\,\overline{B})C+(A\overline{B}+\overline{A}B)C$ 化简为最简与或表达式。

解:
$$Y = (AB+\overline{A}\,\overline{B})C+(A\overline{B}+\overline{A}B)C$$
$$=ABC+\overline{A}\,\overline{B}C+A\overline{B}C+\overline{A}BC$$
$$=AC(B+\overline{B})+\overline{A}C(\overline{B}+B)$$
$$=AC+\overline{A}C$$
$$=C$$

【例9-4】 请将 $Y=AB+\overline{A}C+B\overline{C}$ 化简为最简与或表达式。

解:
$$Y = AB+\overline{A}C+B\overline{C}$$

$$=AB+\overline{A}C+B\overline{C}(A+\overline{A})$$

$$=AB+\overline{A}C+AB\overline{C}+\overline{A}B\overline{C}$$

$$=AB+AB\overline{C}+\overline{A}C+\overline{A}B\overline{C}$$

$$=AB+\overline{A}C+\overline{A}B$$

$$=B+\overline{A}C$$

【例 9-5】请将 $L=AC+A\overline{C}+AB+\overline{A}C+BD+ABCEF+\overline{B}EF+DEF$ 化简为最简与或表达式。

解：
$$L=AC+A\overline{C}+AB+\overline{A}C+BD+ABCEF+\overline{B}EF+DEF$$

$$=A(C+\overline{C})+AB+\overline{A}C+BD+ABCEF+\overline{B}EF+DEF$$

$$=A+AB+\overline{A}C+BD+ABCEF+\overline{B}EF+DEF$$

$$=A(1+B+BCEF)+\overline{A}C+BD+\overline{B}EF+DEF$$

$$=A+\overline{A}C+BD+\overline{B}EF+DEF$$

$$=A+C+BD+\overline{B}EF+DEF$$

$$=A+C+BD+\overline{B}EF$$

第三节　门电路与组合逻辑电路

一、门电路

实现基本和常用逻辑运算的电路称为逻辑门电路,简称门**电路**。在数字电路中,门电路应用广泛。主要包括分立元件门电路和集成门电路。

逻辑门电路的输入信号和输出信号用 0 和 1 两个量来表示两个对立的逻辑状态。一般规定当逻辑门电路的输入信号、输出信号是高电平为 1,是低电平为 0,即正逻辑表示法。

(一)分立元件门电路

由于二极管和晶体管有开关作用,可利用二极管的单向导通特性以及晶体管的饱和、截止工作状态来设计逻辑门电路。常见的分立元件门电路大多是由二极管或双极型晶体管组成。分立元件门电路现在用得比较少,以与门电路为例简单介绍一下其电路与工作原理。

常见的与门电路是由二极管组成的,用来表示与逻辑关系。如图 9-12 所示,是由二极管组成的两输入的与门电路,A 和 B 是该电路的两个输入端,分别接入两个输入信号,Y 是该电路的输出端,用来输出信号。

当两个输入信号均为高电平时,两个二极管 D_A 和 D_B 均截止,输出信号处于高电平。当两个输入信号其中有一个为低电平时,二极管 D_A 和二极管 D_B 有且仅有一个导通,输出信号 Y 为低电平。当两个输入信号均为低电平时,二极管 D_A 和 D_B 均导通,输出信号 Y 为低电平,实现了与逻辑功能。其真值表如表 9-12 所示。

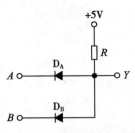

图 9-12 二极管与门电路

表 9-12 二极管与门真值表

A	B	Y
0	0	0
0	1	0
1	0	0
1	1	1

（二）集成门电路

集成门电路区别于分立元件门电路,它具有微型化、可靠性等优点。集成门电路按内部有源器件的不同可分为双极型晶体管 TTL 集成门电路和单极型 MOS 集成门电路。双极型晶体管 TTL 集成门电路主要有 TTL 逻辑门电路、ECL 射极耦合逻辑门电路等;单极型 MOS 集成电路主要有 NMOS、PMOS 和 CMOS 等。

目前集成门电路的数字芯片种类很多,实际工作中主要使用的 TTL 数字集成电路系列是 74LS 系列集成门电路。74 系列的集成电路下又包含 74LS×××、74F×××、74C×××、74HC×××等子系列。×××是一串数字,表示芯片类型,不同子系列芯片只要该数字相同,其逻辑功能就相同,但各自性能不同。

74LS 系列又称为**低功耗肖特基系列**,该系列平均传输延迟时间为 3 纳秒,平均功耗为 2mW/门。74LS 低功耗肖特基系列的延时-功耗积最小,在 74 系列产品中具有最佳的综合性能,是一般数字电路系统中使用较为广泛的一个系列。

二、组合逻辑电路

（一）组合逻辑电路简介

根据逻辑功能特点的不同,数字电路可分为组合逻辑电路(简称**组合电路**)和时序逻辑电路(简称**时序电路**)两大类,两种电路在逻辑功能以及电路结构上有着很大差别。

如果一个数字逻辑电路在任何时刻的输出状态只取决于该时刻的输入状态,而与电路原来的状态无关,该电路称为**组合逻辑电路**。

时序逻辑电路是在组合逻辑电路的基础上,加入了具有记忆功能的存储电路,因而时序逻辑电路在任一时刻的输出信号不仅与当时的输入信号有关,而且还与电路原来的状态有关。将在本章第四节与第五节中讲解。

组合逻辑电路最基本的逻辑单元是门电路。其电路特点为电路的输入与输出之间无反馈途径,电路中也不包含可存储信号的记忆单元。

组合逻辑电路有很多,按照使用开关元器件区别可分为 TTL、CMOS 等多种类型;按照逻辑功能特点可分为编码器、译码器、加法器、数据选择器、数据比较器、数码显示器等。下面简单介绍一下常用的译码器和数码显示器等。

（二）译码器

译码,是将代码按照一定规律译成所对应的信号。实现译码功能的组合电路称为**译**

码器。

二进制译码器是数字系统中最常用的译码器,又称为**变量译码器**。是将二进制代码转换成相对应的输出信号的电路。它将二进制代码转换成与之一一对应的有效信号,属于完全译码器。n 个二进制数码的输入可以最多对应 2^n 个输出信号。

随着集成电路应用的日益发展,门电路组成的译码器已逐渐被集成译码器所替代。74LS138 译码器是一款应用广泛的 3 线-8 线译码器,图 9-13 是其管脚图,其中 S_1、$\overline{S}_2$、$\overline{S}_3$ 是使能端,使能端有效,译码器才正常工作。A_0、A_1、A_2 是三个二进制输入端,$\overline{Y}_0 \sim \overline{Y}_7$ 是输出端。

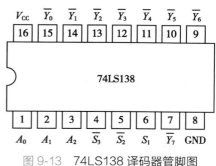

图 9-13　74LS138 译码器管脚图

其功能表如表 9-13 所示。

表 9-13　74LS138 译码器的功能表

输入						输出							
S_1	$\overline{S}_2$	$\overline{S}_3$	A_2	A_1	A_0	$\overline{Y}_0$	$\overline{Y}_1$	$\overline{Y}_2$	$\overline{Y}_3$	$\overline{Y}_4$	$\overline{Y}_5$	$\overline{Y}_6$	$\overline{Y}_7$
×	1	×	×	×	×	1	1	1	1	1	1	1	1
×	×	1	×	×	×	1	1	1	1	1	1	1	1
0	×	×	×	×	×	1	1	1	1	1	1	1	1
1	0	0	0	0	0	0	1	1	1	1	1	1	1
1	0	0	0	0	1	1	0	1	1	1	1	1	1
1	0	0	0	1	0	1	1	0	1	1	1	1	1
1	0	0	0	1	1	1	1	1	0	1	1	1	1
1	0	0	1	0	0	1	1	1	1	0	1	1	1
1	0	0	1	0	1	1	1	1	1	1	0	1	1
1	0	0	1	1	0	1	1	1	1	1	1	0	1
1	0	0	1	1	1	1	1	1	1	1	1	1	0

从功能表上可以看出,只有使能端有效时,即 $S_1 = 1$,$\overline{S}_2 = 0$,$\overline{S}_3 = 0$ 时,译码器才会工作。当译码器工作时,每次只有一个输出有效。根据逻辑功能表可列出逻辑表达式

$$\overline{Y}_0 = \overline{\overline{A}_2 \cdot \overline{A}_1 \cdot \overline{A}_0}$$

$$\overline{Y}_1 = \overline{\overline{A}_2 \cdot \overline{A}_1 \cdot A_0}$$

$$\overline{Y}_2 = \overline{\overline{A}_2 \cdot A_1 \cdot \overline{A}_0}$$

$$\overline{Y}_3 = \overline{\overline{A}_2 \cdot A_1 \cdot A_0}$$

$$\overline{Y}_4 = \overline{A_2 \cdot \overline{A}_1 \cdot \overline{A}_0}$$

$$\overline{Y}_5 = \overline{A_2 \cdot \overline{A}_1 \cdot A_0}$$

$$\overline{Y}_6 = \overline{A_2 \cdot A_1 \cdot \overline{A}_0}$$

$$\overline{Y_7} = \overline{A_2 \cdot A_1 \cdot A_0}$$

当输入二进制代码的位数多于 3 位时,可以将几个 74LS138 级联起来,完成译码操作。

除了二级制译码器以外,较常用的译码器还有二-十进制译码器、显示译码器等,这里不再赘述,具体内容请参考有关资料。

(三)加法器

算术运算是数字系统的基本功能,加法器是构成算术运算器的基本单元。在计算机中,各种运算都是在加法器中进行的。1 位二进制的加法运算通过半加器和全加器实现。其中半加器用于最低位的加法运算,不考虑来自低位的进位;而其他位的加法运算必须考虑来自低位的进位,利用全加器实现。半加器和全加器组合,可以实现不同进制的多位数的加法运算。

1. 半加器 半加器是用来实现两个 1 位二进制数加法运算的器件,半加就是输入只求本位和,不考虑低位进位的加法。

假设输入为加数 A 和 B;输出为本位和 S_i、向高位的进位 C_i。则可写出半加器的真值表如表 9-14 所示。

表 9-14　半加器真值表

A	B	S_i	C_i
0	0	0	0
0	1	1	0
1	0	1	0
1	1	0	1

由真值表得

$$S_i = \overline{A}B + A\overline{B}$$

$$C_i = AB$$

根据逻辑表达式画出半加器的逻辑图及其逻辑符号,如图 9-14 所示。

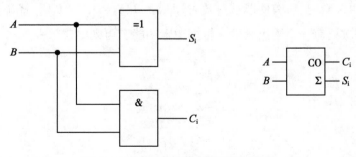

图 9-14　半加器逻辑图及其逻辑符号

2. 全加器 全加器是用来实现两个 1 位二进制数加法运算,并能够处理低位进位的器件。在做多位二进制加法运算时,必须使用全加器。

假设输入为加数 A 和 B,来自低位的进位 C_{i-1};输出为本位和 S_i、向高位的进位 C_i。根据二进制的加法运算规则可得真值表如表 9-15 所示。

表 9-15　全加器真值表

A	B	C_{i-1}	S_i	C_i
0	0	0	0	0
0	0	1	1	0
0	1	0	1	0
0	1	1	0	1
1	0	0	1	0
1	0	1	0	1
1	1	0	0	1
1	1	1	1	1

由真值表得

$$S_i = \overline{A}\,\overline{B}C_{i-1} + \overline{A}B\overline{C_{i-1}} + A\overline{B}\,\overline{C_{i-1}} + ABC_{i-1}$$
$$= A \oplus B \oplus C_{i-1}$$
$$C_i = AB + A\overline{B}C_{i-1} + \overline{A}BC_{i-1}$$
$$= (A \oplus B)C_{i-1} + AB$$

根据逻辑表达式可画出全加器的逻辑图和逻辑符号,如图 9-15 所示。

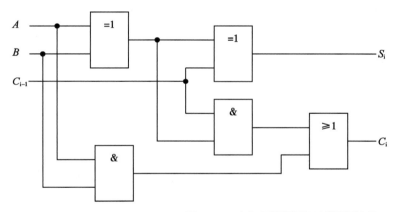

图 9-15　全加器逻辑图及其逻辑符号

3. 串行进位二进制全加器　图 9-16 是由四个 1 位二进制全加器构成的 4 位二进制全加器,该电路每一位的相加都用一个 1 位二进制全加器,从最低位开始相加,依次将进位传到高位的全加器,从低位到高位依次实现求和。但是由于串行进位,该电路运算时间增加。

4. 超前进位二进制全加器　74LS283 超前进位加法器是一种 4 位二进制全加器。该加法器不用等着来自低位的进位,每位的进位只和加数、被加数有关。超前进位二进制全加器运算速度快,被广泛使用。74LS283 管脚图,如图 9-17 所示。图中,$A_1 \sim A_4$ 表示运算输入端,$B_1 \sim B_4$ 表示运算输入端,C_0 表示进位输入端,$\sum_1 \sim \sum_4$ 表示和输出端,C_4 表示进位输出端。

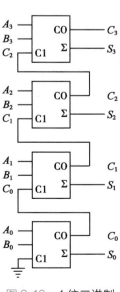

图 9-16　4 位二进制全加器逻辑电路图

图 9-17　74LS283 管脚图

第四节　触发器

一、触发器电路特征

与各类门电路一样,触发器也是数字电路的基本逻辑单元之一,更确切地说,触发器是时序逻辑电路里的基本单元。与门电路不同的是,门电路用以实现逻辑运算,而触发器则用来存放逻辑信号。

触发器有两个稳态输出(双稳态触发器),具有记忆功能,可用于存储二进制数据、记忆信息等。

触发器由逻辑门电路组成,有一个或几个输入端,两个互补输出端,通常标记为 Q 和 $\overline{Q}$。触发器的输出有两种状态,即 0 态($Q=0$、$\overline{Q}=1$)和 1 态($Q=1$、$\overline{Q}=0$)。触发器的这两种状态都为相对稳定状态,只有在一定的外加信号触发作用下,才可从一种稳态转变到另一种稳态。

触发器的种类很多。根据电路结构形式的不同,有基本触发器、同步触发器、主从触发器和边沿触发器。根据在时钟脉冲控制下逻辑功能的不同,又有 RS 触发器、JK 触发器、D 触发器和 T 触发器。同一种电路结构形式可实现不同逻辑功能;同一种逻辑功能也可以用不同的电路结构形式来实现。另外,根据集成度的不同,又可分为小规模集成触发器和中规模集成触发器。

触发器的逻辑功能可用功能表(特性表)、特性方程、状态图(状态转换图)和时序图(时序波形图)来描述。

二、基本 RS 触发器

两个与非门可以组成一个基本的 RS 触发器。基本 RS 触发器由两个与非门的输入、输出端交叉连接而成,其逻辑图如图 9-18(a)所示,逻辑符号如图 9-18(b)所示。它的两个输入端 $\overline{R}$ 和 $\overline{S}$ 分别称为**直接置 0 端和直接置 1 端**;它有两个输出端 Q 和 $\overline{Q}$。一般规定触发器 Q 端的状态作为触发器的状态,即当 $Q=0$、$\overline{Q}=1$ 时,称触发器处于 0 状态;当 $Q=1$、$\overline{Q}=0$

时,称触发器处于 1 状态。由图 9-18 可以看出,$\bar{R}$ 端和 $\bar{S}$ 端分别是与非门两个输入端的其中一端,若两者均为 1,则两个与非门的状态只能取决于对应的交叉耦合端的状态。如 $Q=1$、$\bar{Q}=0$ 时,与非门 G_1 由于 $Q=0$ 而保持为 1,而与非门 G_2 则由于 $Q=1$ 而继续为 0,可以看出,如果输入端状态不变触发器维持状态不变,当触发器工作在如下两种状态时,将进行状态转换。

(1)令 $\bar{R}=0(\bar{S}=1)$ 这时,$\bar{R}=0$ 使 $\bar{Q}=1 \xrightarrow{\bar{S}=1} Q=0$,触发器被置为 0 态。

(2)令 $\bar{S}=0(\bar{R}=1)$ 这时,$\bar{S}=0$ 使 $Q=1 \xrightarrow{\bar{R}=1} \bar{Q}=0$,触发器被置为 1 态。

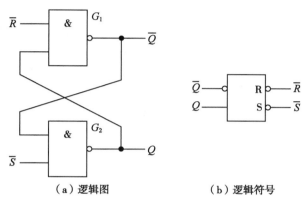

（a）逻辑图　　　　　　（b）逻辑符号

图 9-18　基本 RS 触发器

可见,在 $\bar{R}$ 端加有效输入信号(低电位 0),触发器为 0 态,在 $\bar{S}$ 端加有效输入信号(低电位 0)触发器为 1 态。

如果触发器置 0(或置 1)后,输入端恢复到全高状态,则根据前面所得,触发器仍能保持 0 态(或 1 态)不变。

若端 $\bar{R}$ 和 $\bar{S}$ 端同时为 0,则此时由于两个与非门都是低电平输入而使 Q 端和 $\bar{R}$ 端同时为 1,这对于触发器来说,是一种不正常状态。此后,如果 $\bar{R}$ 和 $\bar{S}$ 又同时为 1,则新状态会由于两个门延迟时间的不同,当时所受外界干扰不同而无法判定,即会出现不定状态,这是不允许的,应尽量避免。若将接收信号之前触发器的输出状态定义为现态,用 Q^n 表示;接收信号之后触发器的输出状态定义为次态,用 Q^{n+1} 表示,则根据基本 RS 触发器的逻辑图可直接写出其特性方程(即输出函数表达式),如式(9-11)所示。

$$Q^{n+1} = \overline{\overline{\bar{S}} \overline{\overline{R}Q^n}} = S + \bar{R}Q^n$$
$$\bar{R} + \bar{S} = 1(约束条件) \qquad 式(9-11)$$

式中,$\bar{R}+\bar{S}=1$,是因为 $\bar{R}=\bar{S}=0$ 这种输入状态是不允许的,应该禁止,所以输入状态必须约束在 $\bar{R}+\bar{S}=1$,故称它为约束条件。基本 RS 触发器的特性表(即真值表,在时序电路中称为**特性表**)如表 9-16 所示。基本 RS 触发器的工作波形如图 9-19 所示(设初始状态 $Q^n=0$)。基本 RS 触发器同样可以由或非门组成,将基本 RS 触发器改进后可以得到同步 RS 触发器,其原理这里不再赘述。用到时请查阅相关资料。

表 9-16　基本 RS 触发器特性表

Q^n	$\overline{R}$	$\overline{S}$	Q^{n+1}	说明
	0	1	0	触发器置 0
×	1	0	1	触发器置 1
	0	0	1	$\overline{R},\overline{S}$ 的 0 同时消失后，Q^{n+1} 状态不变
1	1	1	1	触发器状态不变
0	1	1	0	

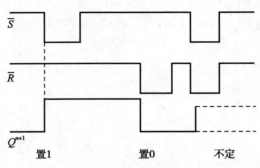

图 9-19　基本 RS 触发器工作波形

三、D 触发器

（一）同步 D 触发器

为了改进 RS 触发器的缺点，设计了 D 触发器。同步 D 触发器的逻辑图如图 9-20（a）所示，其逻辑符号如图 9-20（b）所示。

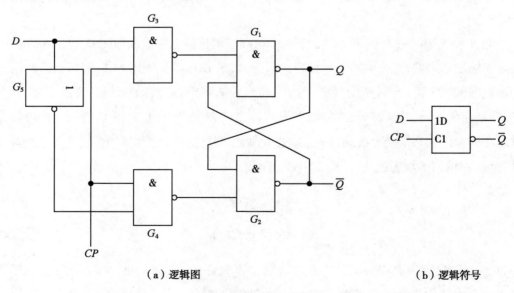

（a）逻辑图　　　　　　　　　　　　　　　　　　（b）逻辑符号

图 9-20　同步 D 触发器

分析图 9-20 的逻辑功能可以得到 D 触发器特性方程如式（9-12）所示。

$$Q^{n+1}=D \hspace{4cm} 式（9\text{-}12）$$

D触发器不再有不定状态。D触发器的功能
表见表9-17。

从功能表和特性方程可看出，D触发器的次
态总是与输入端D保持一致，即状态Q^{n+1}仅取

表9-17　D触发器功能表

D	Q^{n+1}
0	0
1	1

决于控制输入D，而与现态Q^n无关。D触发器广泛用于数据存储，所以也被称为**数据触
发器**。

以上讨论的同步触发器虽然结构简单，但由于在CP脉冲作用期间，触发器会随时接收输
入信号而产生翻转，从而可能产生空翻现象。为避免触发器在实际使用中出现空翻，在实际
的触发器产品中是通过维持阻塞型、主从型、边沿型等几种结构类型限制触发器的翻转时刻，
使触发器的翻转时刻限定在CP脉冲的上升沿或下降沿。

（二）维持阻塞D触发器

维持阻塞D触发器的逻辑图如图9-21（a）所示，逻辑符号如图9-21（b）所示。该触发器
由六个与非门组成，其中G_1和G_2构成基本RS触发器，通过$\overline{R}_D$和$\overline{S}_D$端可进行直接复位和置
位操作。G_3、G_4、G_5、G_6构成维持阻塞结构，以确保触发器仅在CP脉冲由低电平上跳到高电
平这一上升沿时刻接收信号产生翻转，因此，在一个CP脉冲作用下，触发器只能翻转一次，不
能空翻。维持阻塞D触发器的逻辑功能与同步型相同。

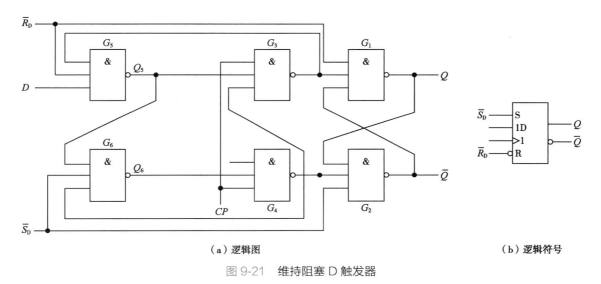

（a）逻辑图　　　　　　　　　　　　　　　　　　　　（b）逻辑符号

图9-21　维持阻塞D触发器

【例9-6】维持阻塞D触发器的时钟脉冲和输入信号的波形如图9-22所示，画出输出端
Q的波形。

解：触发器输出Q的变化波形取决于CP脉冲及输入信号D，由于维持阻塞D触发器是上
升沿触发，故作图时首先找出各CP脉冲的上升沿，再根据当时的输入信号D得出输出Q，作
出波形，如图9-22所示。由图9-22可得出上升沿触发器输出Q的变化规律：仅在CP脉冲的
上升沿有可能翻转，如何翻转取决于当时的输入信号D。

集成D触发器的典型品种是74LS74，它是TTL维持阻塞结构。该芯片内含两个D触发

器,它们具有各自独立的时钟触发端(CP)及置位($\overline{S}_D$)、复位($\overline{R}_D$)端,74LS74 管脚图如图 9-23 所示,74LS74 的功能见表 9-18。

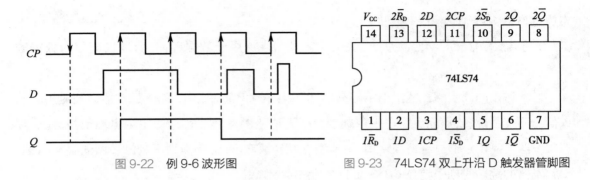

图 9-22　例 9-6 波形图　　　　图 9-23　74LS74 双上升沿 D 触发器管脚图

表 9-18　74LS74 功能表

输入				输出	
$\overline{S}_D$	$\overline{R}_D$	CP	D	Q	$\overline{Q}$
L	H	×	×	H	L
H	L	×	×	L	H
L	L	×	×	−	−
H	H	↑	H	H	L
H	H	↑	L	L	H
H	H	L	×	Q_0	$\overline{Q}_0$

　　分析功能表得出,前两行是异步置位(置 1)和复位(清 0)工作状态,它们无须在 CP 脉冲的同步下而异步工作。其中 $\overline{R}_D$、$\overline{S}_D$ 均为低电平有效。第三行为异步输入禁止状态。第四、五行为触发器同步数据输入状态,在置位端和复位端均为高电平的前提下,触发器在 CP 脉冲上升沿的触发下,将输入数据 D 读入。最后一行无 CP 上升沿触发,为保持状态。

四、JK 触发器

　　JK 触发器分为两大类型:主从型和边沿型。早期生产的集成 JK 触发器大多数是主从型的,但由于主从型工作方式的 JK 触发器工作速度慢,容易受噪声干扰,尤其是要求在 $CP=1$ 的期间不允许 J、K 端的信号发生变化,否则会产生逻辑混乱。随着工艺的发展,JK 触发器大都采用边沿触发工作方式,边沿触发具有抗干扰能力强、速度快等优点。74HC112 是一种典型的边沿触发 JK 触发器,其电路结构及工作原理如下。

　　74HC112 的电路结构是在集成 D 触发器的基础上,再加三个逻辑门 $G_1 \sim G_3$,其逻辑图如图 9-24(a)所示,逻辑符号图如图 9-24(b)所示。

　　在图 9-24(a)中,D 触发器输入端的表达式为

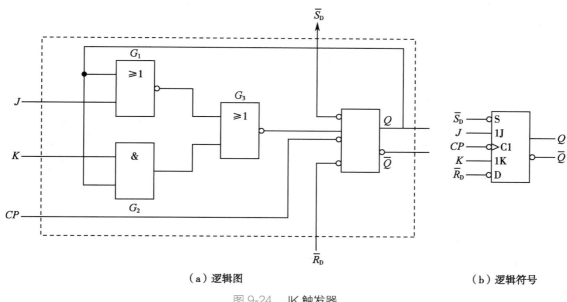

（a）逻辑图　　　　　　　　　　　　　　　（b）逻辑符号

图 9-24　JK 触发器

$$D = \overline{\overline{Q^n + J} + \overline{KQ^n}} = (Q^n + J)\overline{KQ^n} = (J + Q^n)(\overline{K} + \overline{Q^n}) = J\overline{Q^n} + \overline{K}Q^n$$

代入到 D 触发器即可得到 JK 触发器的特性方程如下

$$Q^{n+1} = D = J\overline{Q^n} + \overline{K}Q^n (CP \downarrow 有效) \tag{式（9-13）}$$

注意：在 CP 末端有一个小"。"，表示 CP 下降沿有效。表 9-19 是 JK 触发器真值表，JK 触发器的工作波形如图 9-25 所示。

表 9-19　JK 触发器真值表

J	K	Q^{n+1}
0	0	Q^n（不变）
0	1	0
1	0	1
1	1	$\overline{Q^n}$（翻转）

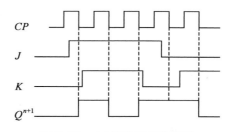

图 9-25　JK 触发器工作波形

74HC112 内含两个独立的 JK 下降沿触发的触发器，每个触发器有数据输入（J、K）、置位输入（$\overline{R}_D$）、复位输入（$\overline{R}_D$）、时钟输入（$\overline{CP}$）和数据输出（Q、$\overline{Q}$）。$\overline{R}_D$ 或 $\overline{S}_D$ 的低电平使输出预置或清除，而与其他输入端的电平无关。

第五节　计数器

一、计数器概述

计数器是数字电路中最为常用的重要器件。它能累计时钟脉冲个数，具有定时、分频、产生节拍脉冲及进行数字运算等多种功能。计数器的种类较多,可按照不同角度进行划分:按计数进制可分为二进制计数器、十进制计数器和任意进制计数器;按计数增减可分为加法计数器、减法计数器和可逆计数器;按触发器工作方式可分为同步计数器和异步计数器。下面分别以二进制加法计数器和十进制加法计数器为例介绍计数器的原理及功能。

二、二进制加法计数器

ER9-2 第九章
同步二进制加法
计数器(微课)

(一)同步二进制加法计数器

加法计数器的计数工作原理相当于在一个多位二进制数的末位加 1,若第 i 位数字后面均为 1,则第 i 位数字改变状态(即 0 变 1,1 变 0);末位的状态则在每次加 1 时都要改变。因此,在组成二进制加法计数器时,构成计数器的各触发器应满足两个条件:①每输入一个脉冲,触发翻转一次;②当低位触发器由 1 状态变为 0 状态时,应输出一个进位信号加到高位。

图 9-26 为由下降沿触发的 JK 触发器组成的 3 位同步二进制加法计数器。所谓同步计数器,即所有触发器的时钟脉冲由同一时钟脉冲控制,所有触发器的脉冲在同一时刻发生。在该图中 3 个 JK 触发器的时钟信号均由计数脉冲 CP 控制,因此是同步计数器。进一步观察发现,3 个 JK 触发器的 J 端和 K 端相接,构成了 T 触发器,具有"保持"和"翻转"功能。当时钟脉冲的下降沿到来时,触发器根据 T 端控制输出状态。可依据时序逻辑电路的分析方法对它的工作原理进行分析,具体方法如下。

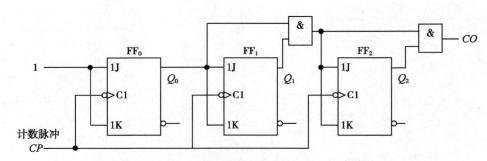

图 9-26 用 JK 触发器组成的 3 位同步二进制加法计数器

(1)由图 9-26 逻辑图可写出每个触发器输入信号的逻辑函数式,即驱动方程。

$$\begin{cases} J_0 = K_0 = 1 \\ J_1 = K_1 = Q_0^n \\ J_2 = K_2 = Q_1^n Q_0^n \end{cases} \qquad 式(9\text{-}14)$$

(2)将式(9-14)代入 JK 触发器的特性方程 $Q^{n+1} = J\overline{Q^n} + \overline{K}Q^n$ 中,得到每个触发器的状态方程,即该计数器的状态方程组。

$$\begin{cases} Q_0^{n+1} = 1 \cdot \overline{Q_0^n} + \overline{1} \cdot Q_0^n = \overline{Q_0^n} \\ Q_1^{n+1} = Q_1^n \cdot \overline{Q_1^n} + \overline{Q_0^n} \cdot Q_1^n & \text{式(9-15)} \\ Q_2^{n+1} = Q_1^n Q_0^n \cdot \overline{Q_2^n} + \overline{Q_1^n Q_0^n} \cdot Q_2^n \end{cases}$$

（3）根据逻辑图 9-26 写出输出方程。

$$CO = Q_2^n Q_1^n Q_0^n \qquad\qquad \text{式(9-16)}$$

（4）列状态转换表。在计数脉冲 CP 尚未到来时，3 位二进制计数器的初始状态设为 $Q_2^n Q_1^n Q_0^n = 000$，将该状态带入根据式（9-15）和式（9-16）可得次态和输出值为

$$\begin{cases} Q_0^{n+1} = 1 \\ Q_1^{n+1} = 0 \\ Q_2^{n+1} = 0 \end{cases}$$

$$CO = 0$$

即当第 1 个计数脉冲 CP 下降沿到来时，$Q_2^{n+1} Q_1^{n+1} Q_0^{n+1} = 001$。将该结果作为新的初态 $Q_2^n Q_1^n Q_0^n = 001$，再用同样的方法得到新的次态和输出值。重复该过程直至第 7 个计数脉冲 CP 下降沿到达，次态为 $Q_2^{n+1} Q_1^{n+1} Q_0^{n+1} = 111$，此时输出值 CO 为 1。当第 8 个计数脉冲 CP 到达时，次态为 $Q_2^{n+1} Q_1^{n+1} Q_0^{n+1} = 000$，重新回到了最初设定的初始状态，输出值 CO 变为 0。依次类推，可以得到图 9-27，八进制计数器的状态转换表如表 9-20 所示。可以看到随着计数脉冲数目的增加，计数器的状态按照二进制加法依次递增，而且每经过 8 个时钟脉冲电路的状态循环变化一轮，因此图 9-26 实现了八进制加法计数器功能。同时，每经过 8 个时钟脉冲，输出端 CO 输出一个脉冲（从 0 变为 1，再从 1 变回 0）。利用第 8 个计数脉冲到达时进位输出 CO 的下降沿（由 1 变为 0）可作为向高位计数器的进位信号。

表 9-20　图 9-26 计数器的状态转换表

计数脉冲 CP	二进制数			进位 CO
	Q_2	Q_1	Q_0	
0	0	0	0	0
1	0	0	1	0
2	0	1	0	0
3	0	1	1	0
4	1	0	0	0
5	1	0	1	0
6	1	1	0	0
7	1	1	1	1
8	0	0	0	0

（5）画状态转换图和时序图。为了更加形象直观地显示时序电路的逻辑功能，可用状态转换图和时序图的形式展示状态转换过程。

图 9-26 电路的状态转换图如图 9-27 所示。图 9-27 左上角的小图为状态转换图的图例,圆圈表示电路的各个状态,箭头指向表示状态转换的方向。通常输入变量和输出变量标注在箭头旁,两者用正斜杠"/"分隔,左侧是输入变量,右侧是输出变量。由于该计数器电路没有输入变量,故正斜杠左侧为空。

由状态转换图可以清晰地看到 $Q_2Q_1Q_0$ 状态共有 8 个状态,从 000 到 001,再到 010……直至 111,最后回到 000。在 $Q_2Q_1Q_0$ 由 111 重新回到 000 时,进位输出 CO 输出 1。相比于状态转换表,状态转换图使八进制计数器的逻辑功能展现得更为清晰形象。

图 9-28 为图 9-26 的时序图。时序图不仅展示出该电路经过 8 个计数脉冲 CP 实现一轮计数,而且显示出计数器状态变换由 CP 的下降沿触发,以及进位输出 CO 出现时刻和持续时长。

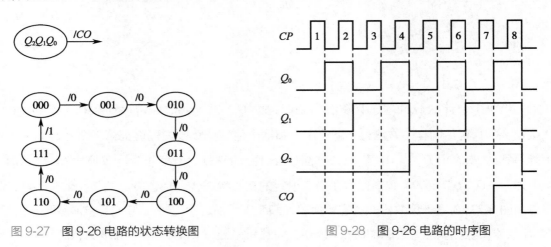

图 9-27　图 9-26 电路的状态转换图　　　　　　图 9-28　图 9-26 电路的时序图

（6）分析图 9-26 电路的逻辑功能。从图 9-26 电路的状态转换表、状态转换图和时序图中,均可得到该电路实现的是八进制加法计数器。此外,从时序图可以看到,如果计数脉冲的频率记为 f_0,则三个 JK 触发器输出端 Q_0、Q_1 和 Q_2 的输出脉冲频率分别为 $\frac{1}{2}f_0$、$\frac{1}{4}f_0$ 和 $\frac{1}{8}f_0$,因此可以用作分频器使用。

（二）异步二进制加法计数器

异步计数器实现加法计数时,使用从低位到高位逐位进位方式,触发器的时钟信号受多个脉冲信号控制,这些脉冲信号可以是计数脉冲,也可以是触发器的输出信号,造成触发器翻转的时间先后不一,故被称为异步加法计数器。下面以 4 个 JK 触发器构成的二进制加法计数器为例,如图 9-29 所示,来介绍异步计数器的工作原理。

图 9-29 中 4 个 JK 触发器都是下降沿触发,其 J 端和 K 端相连,接高电平 1,构成了 T 触发器,具有"翻转"功能。最低位触发器 FF_0 的时钟信号接计数脉冲 CP_0,在每个计数脉冲下降沿到来时其状态翻转一次。次低位触发器 FF_1 的时钟信号接 FF_0 输出 Q_0,当 Q_0 的下降沿到来时（从 1 态变为 0 态）,使 FF_1 触发器翻转。同理,触发器 FF_2 和 FF_3 的输出状态也是在相应的相邻低位下降沿出现时翻转。因此,该异步计数器功能是将相邻低位触发器的下降沿作为高位的进位信号实现的。根据分析出的规律画出图 9-29 的时序图,如图 9-30 所示。计数器初始状态为 $Q_3^n Q_2^n Q_1^n Q_0^n = 0000$,当第 1 个计数脉冲到来时,$FF_0$ 状态翻转为 1,其余 3 个触发器

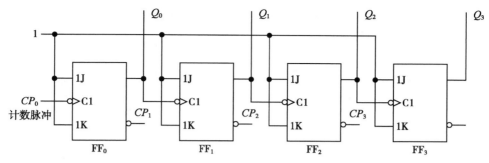

图 9-29　4 位异步二进制加法计数器

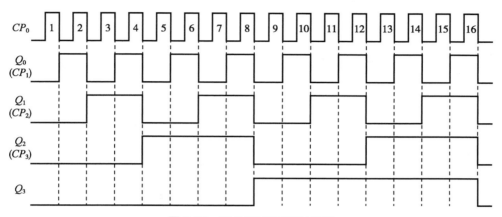

图 9-30　图 9-29 电路的时序图

状态不变,计数器状态变为 0001;当第 2 个计数脉冲到来时,FF_0 状态从 1 翻转为 0 产生下降沿,使 FF_1 状态翻转为 1,其余 2 个触发器状态不变,计数器变为 0010。以此类推,经过 16 个计数脉冲 CP_0,所有触发器重新回到 0 态。

对于异步二进制计数器,由于触发器是以串行方式连接,从输入一个计数脉冲到所有触发器建立新的稳态需要的最大时间是各个触发器传输延长时间的总和,使得计数器的计数速度受到限制。考虑到计数速度,常使用同步计数器。

三、十进制加法计数器

（一）同步十进制加法计数器

由于人们习惯于十进制计数,因此相比于二进制,在需要直接显示的地方,使用十进制更为方便。同步十进制加法计数器是基于 4 位同步二进制加法计数器的基础上修改而成,电路结构如图 9-31 所示。下面分析下它的工作原理。

（1）写出图 9-31 电路的驱动方程。

$$\begin{cases} J_0 = K_0 = 1 \\ J_1 = K_1 = \overline{Q_3^n} Q_0^n \\ J_2 = K_2 = Q_1^n Q_0^n \\ J_3 = K_3 = Q_2^n Q_1^n Q_0^n + Q_3^n Q_0^n \end{cases} \qquad 式(9\text{-}17)$$

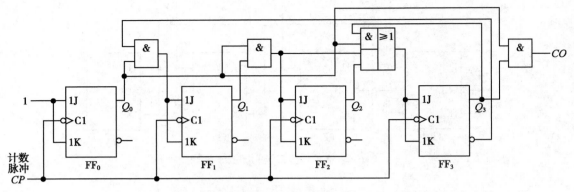

图 9-31　同步十进制加法计数器

（2）将式（9-17）代入 JK 触发器的特性方程，得到状态方程组为

$$
\begin{cases}
Q_0^{n+1} = \overline{Q_0^n} \\
Q_1^{n+1} = \overline{Q_3^n Q_0^n} \cdot \overline{Q_1^n} + \overline{\overline{Q_3^n Q_0^n}} \cdot Q_1^n \\
Q_2^{n+1} = Q_1^n Q_0^n \cdot \overline{Q_2^n} + \overline{Q_1^n Q_0^n} \cdot Q_2^n \\
Q_3^{n+1} = (Q_2^n Q_1^n Q_0^n + Q_3^n Q_0^n) \cdot \overline{Q_3^n} + \overline{Q_2^n Q_1^n Q_0^n + Q_3^n Q_0^n} \cdot Q_3^n
\end{cases}
\qquad 式（9-18）
$$

（3）根据逻辑图 9-31 写出输出方程。

$$
CO = Q_3^n Q_0^n \qquad 式（9-19）
$$

（4）分析图 9-31 电路的逻辑功能。设该电路的初始状态为 $Q_3^n Q_2^n Q_1^n Q_0^n = 0000$，根据式（9-18）和式（9-19）可得状态转换表，如表 9-21 所示。

（5）根据表 9-21 画出图 9-31 电路的时序图，如图 9-32 所示。

表 9-21　图 9-31 电路的状态转换表

计数脉冲 CP	二进制数				进位 CO
	Q_3	Q_2	Q_1	Q_0	
0	0	0	0	0	0
1	0	0	0	1	0
2	0	0	1	0	0
3	0	0	1	1	0
4	0	1	0	0	0
5	0	1	0	1	0
6	0	1	1	0	0
7	0	1	1	1	0
8	1	0	0	0	0
9	1	0	0	1	1
10	0	0	0	0	0

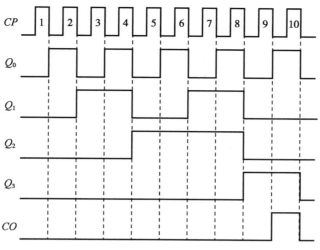

图 9-32 图 9-31 电路的时序图

（6）分析逻辑功能,结合表 9-21 和图 9-32 看到,$Q_3^n Q_2^n Q_1^n Q_0^n$ 状态在计数脉冲 CP 下降沿到来时转换,从初始状态 0000 增加到 1001,在第 10 个计数脉冲下降沿到来时,重新回到 0000 态,同时,进位输出 CO 输出下降沿作为进位信号,所以该电路为同步十进制加法计数器。

（二）异步十进制加法计数器

类似于同步十进制计数器设计,异步十进制计数器也是在 4 位异步二进制加法计数器（图 9-29）的基础上修改而成,电路结构如图 9-33 所示。

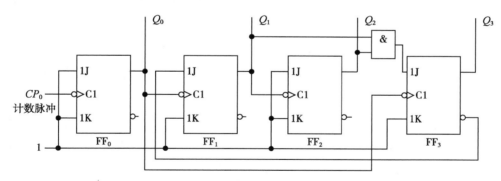

图 9-33 异步十进制加法计数器

下面根据图 9-33 电路结构分析工作原理。在第 8 个脉冲下降沿到来前,因 FF_0 和 FF_2 的 J 端和 K 端都接 1,而 FF_1 的 K_1 端接 1,J_1 端接 $\overline{Q_3}$,$\overline{Q_3} = 1$,所以这三个触发器均为 T 触发器翻转功能,与异步二进制加法器相同。在此期间,由于触发器 FF_3 的 $K_3 = 1$,$J_3 = Q_1 Q_2 = 0$,所以该触发器一直被置为 0 状态。当第 8 个脉冲输入时,计数器处于 0111 状态,$J_3 = K_3 = 1$,FF_3 等待翻转。待到下降沿到达后,Q_0 跳变为 0 出现下降沿,Q_3 则由 0 翻转为 1,计数器状态变为 1000,同时 $J_1 = \overline{Q_3} = 0$。当第 9 个脉冲下降沿到来,只有 FF_0 处于翻转状态,其他触发器保持不变,计数器状态变为 1001。第 10 个脉冲下降沿到来后,FF_0 翻转为 0,同时 $J_1 = \overline{Q_3} = 0$,Q_0 的下降沿使 FF_3 置 0,电路从 1001 回到 0000,实现十进制计数器功能。

该电路的时序图如图 9-34 所示。由于电路的状态转换表与表 9-21 一样,在此不再赘述。

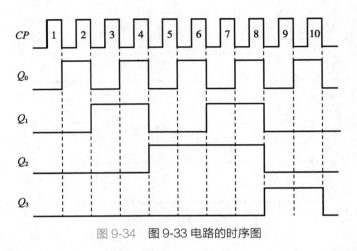

图 9-34　图 9-33 电路的时序图

第六节　模数和数模转换器

一、模数和数模转换器概述

随着数字电子技术的迅速发展,数字电子计算机、数字控制系统及数字通信设备已在自动控制、自动检测、信息与图像处理等各领域中广泛应用。由于自然界中的信号多为连续的模拟量,显然不能把表示温度、电压或时间等物理量的模拟量直接送入计算机进行运算处理,因此需要把模拟信号转换为数字信号。从模拟信号转换到数字信号称为模-数转换(A/D 转换),相应电路称为 A/D 转换器(analog-digital converter,ADC)。而计算机处理后的数字结果,需再转换为模拟信号,才能实现对执行部件的控制。从数字信号转换到模拟信号称为数-模转换(D/A 转换),相应电路称为 D/A 转换器(digital-analog converter,DAC)。图 9-35 所示方框图是 A/D 与 D/A 转换器在现代制药设备系统中的典型应用。

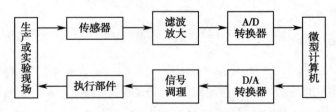

图 9-35　A/D 与 D/A 转换器在现代制药设备系统中的应用

通常传感器将检测到的生产或实验现场的待测信号变为电信号,经去噪滤波、信号放大等预处理之后,由 A/D 转换器把模拟信号转换成计算机可读取的数字信号,利用计算机进行数据存储和信息处理,通过 D/A 转换器将数字信号转换为模拟信号,用于对信号的调理,将调控指令传输给执行部件,最终实现对信号调控,以满足生产或实验现场的需要。本节将对

A/D 与 D/A 转换器的工作原理、性能指标及其应用作简单介绍。

二、数模转换器

（一）D/A 转换器的工作原理

D/A 转换器是将一组输入的二进制数转换成相应数量的模拟电压或电流的电路。将数字量中每一位二进制代码按权的大小转换成相应的模拟量,再将这些模拟量相加得到总模拟量,即可实现数字-模拟转换。若待转换的数字量为 n 位二进制数,用 $D_n = d_{n-1}d_{n-2}\cdots d_1d_0$ 表示,那么从最高位(most significant bit,MSB)到最低位(least significant bit,LSB)的权依次为 2^{n-1}、2^{n-2}、$\cdots$、2^1 和 2^0。

常见的 D/A 转换器主要有权电阻网络 D/A 转换器和倒 T 形电阻网络 D/A 转换器,下面简要介绍这两种 D/A 转换器电路及工作原理。

1. 权电阻网络 D/A 转换器　图 9-36 是 4 位权电阻网络 D/A 转换器的原理图,由权电阻网络、4 个电子开关和 1 个反相加法运算放大器组成。$S_3 \sim S_0$ 是电子开关,它们各自的状态分别受输入代码 $d_3 \sim d_0$ 的数值控制。当代码 $d_i = 1$ 时,开关 S_i 接到参考电压 U_R 上,该支路有电流 I_i 流向加法运算放大器;当代码 $d_i = 0$ 时,开关 S_i 接地,该支路电流为零。

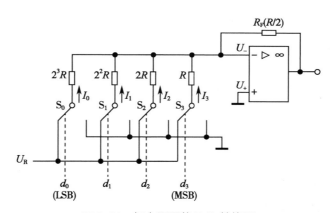

图 9-36　权电阻网络 D/A 转换器

在图 9-36 所示的电路中,可以认为集成运放是理想的,输入电流近似为零,而且反相输入端为"虚地",因此有

$$u_O = -R_F i_\Sigma = -R_F(I_3 + I_2 + I_1 + I_0) \qquad \text{式(9-20)}$$

而

$$I_3 = \frac{U_R}{R}d_3, \ I_2 = \frac{U_R}{2R}d_2, \ I_1 = \frac{U_R}{2^2R}d_1, \ I_0 = \frac{U_R}{2^3R}d_0$$

将它们代入式(9-20)并取 $R_F = \frac{1}{2}R$,则得到

$$u_O = -\frac{U_R}{2^4}(d_3 2^3 + d_2 2^2 + d_1 2^1 + d_0 2^0) \qquad \text{式(9-21)}$$

对于 n 位的权电阻网络 D/A 转换器,由式(9-21)可推得输出电压的计算公式

$$u_O = -\frac{U_R}{2^n}(d_{n-1}2^{n-1} + d_{n-2}2^{n-2} + \cdots + d_1 2^1 + d_0 2^0) = -\frac{U_R}{2^n}D_n \qquad \text{式}(9\text{-}22)$$

由式(9-22)可知,输出模拟电压 u_O 与输入数字量 D_n 成正比,与参考电压 U_R 反相。要使输出电压为正,U_R 可取为负值。

该电路优点是结构简单,电阻元件少。缺点是各个电阻相差较大,当输入信号位数较多时,给集成电路的设计和制作带来很大的不便。采用下面介绍的倒 T 形电阻网络 D/A 转换器可以解决这个问题。

2. **倒 T 形电阻网络 D/A 转换器** 图 9-37 为倒 T 形电阻网络 D/A 转换器的原理图。该电路与图 9-36 的组成相似,但电阻网络中只有 R、$2R$ 两种阻值的电阻元件,便于设计制作成集成电路。

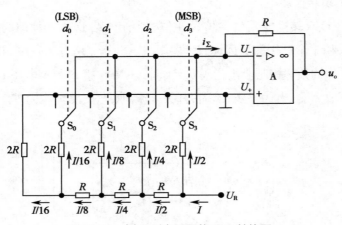

图 9-37　倒 T 形电阻网络 D/A 转换器

将图 9-37 中运放看成理想的,则运放同相输入端接地,反相输入端为"虚地",因此无论开关 $S_3 \sim S_0$ 接到哪一边,都相当于接"地",流过每个支路上的电流不会改变。根据电路中电阻网络的连接方式,可以计算出每个支路上的电流依次为 $I/2$、$I/4$、$I/8$ 和 $I/16$,而从参考电源流入倒 T 形电阻网络的总电流为 $I = U_R/R$。

设开关 S_i 接运放同相输入端时 $d_i = 0$,而开关 S_i 接运放反相输入端时 $d_i = 1$,则由图 9-36 可知

$$i_\Sigma = \frac{I}{2}d_3 + \frac{I}{4}d_2 + \frac{I}{8}d_1 + \frac{I}{16}d_0 \qquad \text{式}(9\text{-}23)$$

当取 $R_F = R$ 时,输出电压为

$$u_O = -Ri_\Sigma = -\frac{U_R}{2^4}(d_3 2^3 + d_2 2^2 + d_1 2^1 + d_0 2^0) \qquad \text{式}(9\text{-}24)$$

对于 n 位输入的倒 T 形电阻网络 D/A 转换器,输出模拟信号电压 u_O 与输入数字量 D_n 之间的关系为

$$u_O = -\frac{U_R}{2^n}(d_{n-1}2^{n-1} + d_{n-2}2^{n-2} + \cdots + d_1 2^1 + d_0 2^0) = -\frac{U_R}{2^n}D_n \qquad \text{式}(9\text{-}25)$$

因此,式(9-25)与权电阻网络 D/A 转换器输出电压表达式(9-22)形式相同。在实际应用中,因模拟开关存在导通电阻、导通压降以及个体差异,会引起转换误差,影响转换精度。解决方式可选用具有高转换精度的 D/A 转换器,如权电流型 D/A 转换器,限于篇幅,此处不再介绍。

(二)D/A 转换器的主要技术指标

在实际应用中,D/A 转换器使用的都是集成 DAC 芯片。用户应依据电路需要选择具有合适性能的 DAC 芯片,D/A 转换器的主要参数如下。

1. 分辨率 表征 DAC 能分辨的最小输出模拟变化量的能力。它用输入 n 位二进制数最小量(仅有最低位为 1,即 00…01)与最大量(所有位均为 1,即 11…11)的比值表示,即

$$分辨率 = \frac{1}{2^n - 1}$$

例如,10 位 D/A 转换器分辨率为 $\frac{1}{2^{10} - 1} = \frac{1}{1\,023} \approx 0.001$。通常用输入数字量的有效位数表示分辨率,如 8 位、12 位或 16 位,位数越多,分辨能力越强。

2. 转换误差 指实际的 D/A 转换特性与理想转换特性之间的最大误差。一般 DAC 的转换误差不大于 $\pm\frac{1}{2}$LSB,即输出模拟电压与理论值之间的绝对误差小于输入为 00…001 时输出电压的一半。

3. 转换时间 指从输入数字信号到输出稳定的模拟电压或电流所需的时间。目前,10 位或 12 位单片集成 D/A 转换器(不包含运算放大器)的转换时间一般小于 1 微秒。一般 D/A 转换器位数越多,转换时间越长。

(三)集成 D/A 转换器

集成 D/A 转换器有多种类型。按其性能,有通用型、高速型、高精度型等;按其内部结构,有包含数字寄存器的和不包含数字寄存器的;按其位数,有 8 位、12 位和 16 位等;按其输出模拟信号,有电流输出型和电压输出型。下面介绍一种通用型 8 位集成 D/A 转换芯片。

DAC0832 是用 CMOS 工艺制作的 8 位 D/A 转换芯片,采用倒 T 形电阻网络。它的分辨率为 8 位,转换时间为 1μs,功耗为 20mW,其方框图和管脚排列如图 9-38 所示。

DAC0832 采用 20 脚双列直插式封装,其管脚与功能如下。

1 脚($\overline{CS}$):片选输入端,低电平有效。

2 脚($\overline{WR}_1$):数据锁存器写选通输入端,低电平有效。

3 脚($AGND$):模拟量接地端。

4~7 脚($D_3 \sim D_0$):数字量输入端。

8 脚(U_R):参考电压输入端,U_R 的范围为 $-10 \sim$

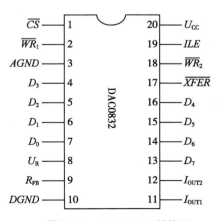

图 9-38 DAC0832 转换器

+10V,由稳压电源提供。

9 脚（R_{FB}）：反馈电阻引出端,用作外接运算放大器的反馈电阻。

10 脚（$DGND$）：数字量接地端。

11 脚（I_{OUT1}）：模拟电流输出 1 端,它是输入数字量中代码为 1 的各位对应输出电流之和,输入数为 1 时,其值最大。

12 脚（I_{OUT2}）：模拟电流输出 2 端,它是输入数字量中代码为 0 的各位对应输出电流之和,$I_{OUT1}+I_{OUT2}$=常数。

13~16 脚（$D_7 \sim D_4$）：数字量输入端。

17 脚（$\overline{XFER}$）：传送控制输入端,低电平有效。

18 脚（$\overline{WR_2}$）：DAC 寄存器写选通输入端,低电平有效。

19 脚（ILE）：数据锁存允许控制信号输入端,高电平有效。

20 脚（U_{CC}）：电源输入端,范围为+5V ~ +15V。

DAC0832 拥有输入寄存器和 DAC 寄存器二次缓冲方式。当 ILE、$\overline{CS}$ 和 $\overline{WR_1}$ 均有效时,可将数据写入输入寄存器;当 $\overline{WR_2}$ 有效时,在 $XFER$ 传送控制信号下,可将锁存在输入寄存器的数据送到 DAC 寄存器,同时进入 D/A 转换器开始转换。这种二次缓冲方式使得 DAC0832 可在输出同时,采集下一个数字量,提高转换速度。

三、模数转换器

A/D 转换器的作用是将模拟信号转换成数字信号,按转换方式可分为直接 A/D 转换器和间接 A/D 转换器。直接 A/D 转换器是把输入的模拟电压信号直接转换为相应的数字信号,常用的电路有并联比较型和反馈比较型两类;而间接 A/D 转换器是先把输入的模拟电压信号转换为一种中间变量,如频率、时间等,然后再将这个中间变量转换为相应的数字信号,目前使用的多半都属于电压-时间变换型（V-T 变换型）和电压-频率变换型（V-F 变换型）两类。

（一）A/D 转换器的工作原理

在 A/D 转换器中,输入的模拟信号在时间上是连续的,而输出的数字信号是离散的。一般 A/D 转换过程包含 4 步,即取样、保持、量化和编码。

取样（采样）是将时间上连续的模拟信号转换为时间上离散的数字信号。实现过程是按照一定的频率对模拟信号在时间上进行间隔取样,如图 9-39 所示。取样频率越高,则取样信号的复原度越高,即由取样信号复原所得的模拟信号与原始信号越接近。为了保证原始模拟信号的信息量,根据取样定理,取样频率 f_s 至少是输入模拟信号 u_i 最高频率 f_{imax} 的 2 倍,即 $f_s \geqslant 2f_{imax}$,通常 f_s 取 3~5 倍的 f_{imax}。

由于在一个取样点所获得值是瞬时的,所以在下一个取样时刻到来之前这个值须保持不变,才能作为后续量化的基准。将取样结果储存起来直至下次取样,这一过程称为保持。实现这一过程的电路称为取样保持电路,将在后续内容中介绍。

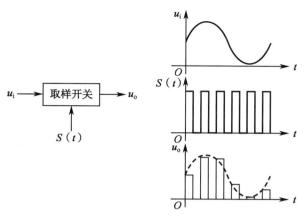

图 9-39　A/D 转换的取样过程

数字信号不仅在时间上是离散的,在数值上也是离散的。因此,数字量只能是规定最小数量单位的整数倍。量化就是将取样电压表示为这个最小数量单位的整数倍。

编码是将量化的离散电压结果用数字量代码表示,可以根据需要选用二进制或其他进制。

1. 反馈比较型 A/D 转换器　反馈比较型 A/D 转换器属于直接 A/D 转换器。它的构思是使用尝试法,先随机选取一个数字量加到 D/A 转换器上,得到一个对应的输出模拟电压。将这个模拟电压与输入的模拟电压比较,如果两者不相等,则按需增减调整所取的数字量,直至两个模拟电压相等为止,最后所取的数字量是待求的转换结果。

反馈比较型 A/D 转换器中常用计数型和逐次逼近型两类。逐次逼近型 A/D 转换器更为常用,一般由时钟脉冲源、逐次逼近寄存器、D/A 转换器、控制逻辑和电压比较器等部分组成,其原理框图如图 9-40 所示。

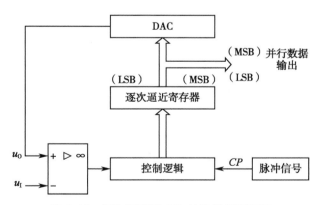

图 9-40　逐次逼近型 A/D 转换器原理框图

转换开始前将寄存器置 0。转换控制信号 u_L 为高电平时开始转换,时钟脉冲 CP 首先将寄存器的最高位置 1,使寄存器的输出为 $100\cdots00$。经 D/A 转换器将其转换为相应的模拟电压 u_o,送入电压比较器与待转换的电压 u_I 进行比较。若 $u_o > u_I$,说明数字量过大,将寄存器最高位置 0,而将次高位置 1;若 $u_o < u_I$,说明数字量还不够大,则保留寄存器最高位的 1,再将次高位也置 1。将该数字量相应的模拟电压 u_o 再送入比较器重新与 u_I 进行比

较。这样逐次比较下去，直到最低位为止。最后寄存器留存的逻辑状态是要求的输出数字量。

逐次逼近型 A/D 转换器虽没有并联比较型 A/D 转换器转换速度快，但是输出位数较多时，前者比后者的电路规模小得多。这使得逐次逼近型 A/D 转换器成为目前集成 A/D 转换器产品中用得最多的一种电路。

2. 电压-频率变换型 A/D 转换器　电压-频率变换型（V-F 变换型）A/D 转换器属于间接 A/D 转换器。它先把输入的模拟电压信号转换成与之成比例的频率信号，再对固定时段内的频率信号进行计数，所得计数结果即为待求的数字量。

V-F 变换型 A/D 转换器主要由 V-F 变换器、计数器、寄存器、时钟信号控制闸门及单稳态电路等部分组成，其电路结构框图如图 9-41 所示。

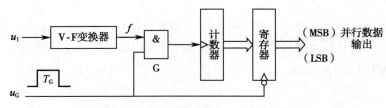

图 9-41　V-F 变换型 A/D 转换器

V-F 变换器输出脉冲的频率 f 随输入模拟电压 u_I 的大小不同而变化，而且在一定范围内 f 与 u_I 之间呈线性关系。当转换闸门信号 u_G 为高电平时，V-F 变换器的输出脉冲通过与门 G，被送入计数器进行计数。脉冲信号 u_G 的固定脉宽用 T_G 表示，在 T_G 时间内，通过 G 门的脉冲数与 f 成正比，同时与 u_I 成正比。每个 T_G 周期结束时计数器的数字即为所要转换结果。

通常计数器后设有寄存器，每次转换结束时，u_G 的下降沿将计数器的数字送入寄存器中，以保证转换过程中输出的数字稳定。

V-F 变换型 A/D 转换器的转换精度取决于 V-F 变换器的线性度和稳定度，并且受计数器容量的影响，计数器的容量越大转换误差越小。V-F 变换型 A/D 转换器虽因先要转换为频率信号，致使转换速度较慢，但这种调频信号易于传输、检出，而且抗干扰能力强，所以该类型 A/D 转换器非常适用于遥测、遥控系统中。

（二）A/D 转换器的主要技术指标

1. 分辨率　通常以输出二进制数字量的位数表示分辨率，位数越多，分辨率越高。如 ADC 输出为 8 位二进制数，输入信号最大值为 3V，则这个转换器应能区分出输入信号的最小电压为 $\dfrac{3}{2^8-1}$V，即 11.76mV。

2. 转换误差　转换误差是指输出数字量的实际值与理论值的差别，常以最低有效位的倍数表示。例如，转换误差 $\leqslant \dfrac{1}{2}$LSB 表示的是输出数字量的实际值与理论值的误差小于最低有效位的一半。

3. 转换时间　转换时间是指从收到转换控制信号起，至得到稳定的输出数字信号所耗费的时间。A/D 转换器的转换时间与转换电路的类型有关。直接 A/D 转换器的转换时间短，普通型的一般在几十微秒以内，高速型的可低至十纳秒数量级；而间接 A/D 转换器的转换时间较长，可达几十毫秒甚至几百毫秒。此外，还有功率消耗、温度系数等性能指标，这里不再一一介绍。

（三）集成 A/D 转换器

A/D 转换器芯片种类较多，性能指标各异。例如，A/D 转换器按照被转换的模拟量类型可分为时间/数字、电压/数字、机械变量/数字等；按转换方式可分为直接转换和间接转换；按性能分为通用数据转换器、高分辨率高速度转换器、低功耗转换器等。这里以 ADC0801 为例，简单介绍其特性、功能及简单应用。

ADC0801 是逐次逼近型 8 位 A/D 转换器。它具有三态输出锁存器，可直接与微处理器数据总线相连。输入部分采用差分输入，抑制共模噪声能力强，可以补偿模拟零电压输入。它主要特性是分辨率为 8 位，转换误差为 $\pm\frac{1}{4}$ LSB，转换时间为 $100\mu s$，采用 +5V 单电源供电，模拟输入电压范围为 0～5V。

ADC0801 芯片为 20 脚双列直插式封装，如图 9-42 所示。该芯片的时钟脉冲 CP 可由微机的系统时钟分频获得，或由芯片自身产生，当由芯片自身提供时钟时，只需外接一个电阻和电容，便可自行产生内部时钟脉冲。

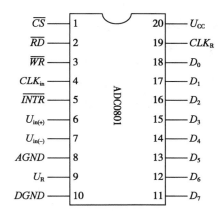

图 9-42　ADC0801 的管脚排列图

ADC0801 各管脚的功能如下。

1 脚（$\overline{CS}$）：片选输入端，低电平有效。

2 脚（$\overline{RD}$）：输出允许信号端，A/D 转换完成后变为低电平，允许外电路取走转换结果。

3 脚（$\overline{WR}$）：输入转换控制端，低电平时启动芯片进行转换。

4 脚（CLK_{in}）：外部时钟脉冲输入端。

5 脚（$\overline{INTR}$）：输出控制端，低电平有效。

6 脚（$U_{in(+)}$）、7 脚（$U_{in(-)}$）：模拟信号输入端。

8 脚（$AGND$）：模拟量接地端。

9 脚（U_R）：外接参考电压输入端，其值约为输入电压范围的一半。

10 脚（$DGND$）：数字量接地端。

11～18 脚（$D_7 \sim D_0$）：数字量输出端。

19 脚（CLK_R）：内部时钟脉冲端。使用内部时钟时，在 CLK_R 与 CLK_{in} 外接一电阻 R，CLK_{in} 端接一个接地电容 C，其频率 f 约为 $\frac{1}{1.1RC}$。

20 脚（U_{CC}）：电源输入端。

ADC0801 的 $\overline{CS}$ 输入低电平，选中该芯片进入工作状态。当 $\overline{WR}$ 同时有效时，启动 A/D

转换。数据转换期间 $\overline{RD}$ 输出高电平,表示转换未完成。转换结束时,$\overline{INTR}$ 自动变为低电平有效,通知其他设备(如计算机)取结果,并须将 $\overline{RD}$ 变为低电平,才能读取有效的转换结果,在读取数据的同时 $\overline{INTR}$ 自动复位。在 ADC0801 进行转换过程中,如果再次启动转换,则正在进行的转换被终止,而进入新的一次转换过程,但输出数据寄存器的内容仍是上一次转换后的数据。当 $\overline{INTR}$ 与 $\overline{CS}$、$\overline{WR}$ 一起接地时,A/D 转换器处于自动循环转换状态。

ADC0801 提供两个信号输入端 $U_{in(+)}$ 和 $U_{in(-)}$,可采用单端输入和双端输入两种方式。单端输入时,电压从 $U_{in(+)}$ 端接入,$U_{in(-)}$ 接地。双端输入时,$U_{in(+)}$ 和 $U_{in(-)}$ 分别接电压信号的正端和负端。在双端共模输入情况下,输入电压范围可以从非零开始,即 $U_{min} \sim U_{max}$。此时,$U_{in(+)}$ 端接入 U_{max},$U_{in(-)}$ 接 U_{min}。U_R 端的电压应该是输入电压范围的二分之一,即 $\dfrac{U_{max}-U_{min}}{2}$。例如,输入电压的范围是 $0.5 \sim 3.5V$,加到 U_R 端的电压应是 $1.5V$;只有当输入电压范围是 $0 \sim 5V$ 时,U_R 端则无须加任何电压,而由芯片内部提供参考电压。

图 9-43 所示电路中 ADC0801 的 $\overline{CS}$、$\overline{RD}$、$\overline{WR}$ 和 $\overline{INTR}$ 端均接地,工作在连续转换状态。在时钟脉冲控制下,将输入电压 u_1 转换为 8 位二进制输出值 $D_7 \sim D_0$。在这 8 个输出端分别接至 8 个发光二极管的阴极,可直接观察 A/D 转换的结果。若发光二极管亮,则表示相应输出端 D_i 输出高电平,反之则输出低电平。当输入模拟电压的值变化,ADC0801 会转换出不同的二进制输出值,发光二极管状态也会随之变化。

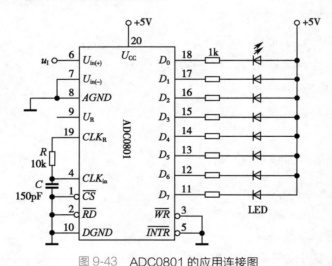

图 9-43 ADC0801 的应用连接图

四、取样保持电路

在模拟-数字器转换中,先要对模拟信号以固定间隔进行瞬时取样,并在两次取样之间保持前一次的取样值,实现这一过程的电路称为取样保持电路,其基本形式如图 9-44(a)所示。该电路由电压跟随器 A、电阻 R、保持电容 C 及模拟开关场效应管 T 组成。

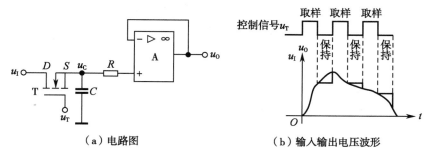

| (a) 电路图 | (b) 输入输出电压波形 |

图 9-44　取样保持电路

1. 基本工作原理　如图 9-44(a)所示,T 为 N 沟道增强型 MOS 管,作模拟开关使用。当取样控制信号 u_T 为高电平时 T 导通,输入信号 u_I 经 T 和电阻 R 向电容 C 充电。电压跟随器的输出电压 $u_O = u_C = u_I$。当 u_T 为低电平时 T 截止,电容 C 因没有放电回路其上电压 u_C 保持不变,电路处于保持状态,$u_O = u_C$ 输出电压保持采样的数值不变,直至下一次采样状态。取样波形如图 9-44(b)所示。

2. 主要性能指标

(1)取样时间:当取样指令发出后,取样保持电路获取输入信号电压值所需的最大时间。主要包括模拟开关的动作时间和保持电容的充电时间等,该时间越短越好。

(2)保持电压下降速率:指保持状态下,取样保持电路的输出电压随输入时间变化的速率,该值越小越好。

实际应用中常采用串联型取样保持电路,电路如图 9-45 所示。该电路在图 9-44 的基础上改进而来,在输入级加入了用运算放大器组成电压跟随器。目的是提高输入阻抗,减小取样电路对输入信号的影响;同时由于电压跟随器输出阻抗低,可缩短保持电容 C 的充电时间。在输出级也用运算放大器组成的电压跟随器,一方面提高其输入阻抗,以降低保持电压下降率;另一方面降低输出阻抗,以提高取样保持电路的带负载能力。

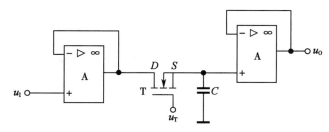

图 9-45　串联型取样保持电路

取样保持集成电路有多种类型,如通用型 LF198、LF298 和 AD582,高速型 HTS0025、HTS0010 和 AD783,高分辨率型 SHA1141 等,可以根据实际需求选取。

本章小结

1. 数字电路用于处理数字信号,其数学工具是逻辑代数。

2. 逻辑代数是一种研究二元性逻辑关系的数学方法,是按照一定的逻辑关系进行运算的代数。在逻辑代数中用字母表示变量,变量的取值只有两个:0 和 1。0 和 1 只表示两个相反的状态。

基本的逻辑关系有与逻辑、或逻辑和非逻辑三种。

3. 常用的逻辑函数的表示方法有逻辑表达式、真值表、逻辑图、卡诺图等。通常情况下逻辑函数需要化简。

4. 组合逻辑电路任何时刻的输出状态只取决于该时刻的输入状态,而与电路原来的状态无关。门电路是组合逻辑电路的基本单元。

常用的组合逻辑电路有译码器、加法器等。

5. 时序逻辑电路在任一时刻的输出信号不仅与当时的输入信号有关,而且还与电路原来的状态有关。触发器是时序逻辑电路的基本单元。

常用的时序逻辑电路有计数器、寄存器等。

6. 计数器是数字电路中最为常用的一种时序逻辑电路。它的基本功能是对时钟脉冲计数,还可用于定时、分频、产生节拍脉冲及进行数字运算等。

7. 计数器具有多种类型,按计数进制可分为二进制计数器、十进制计数器和任意进制计数器;按计数增减可分为加法计数器、减法计数器和可逆计数器;按触发器工作方式可分为同步计数器和异步计数器。

8. 分析计数器功能的方法是先写出驱动方程、状态方程和输出方程;再列出状态转换表,或转换为状态转换图和时序图;最后分析出计数器的进制。该方法同样适用于其他的时序逻辑电路。

9. 将模拟信号转换成数字信号为 A/D 转换,相应电路称为 A/D 转换器。将数字信号转换为模拟信号称为 D/A 转换,相应电路称为 D/A 转换器。

10. 在 D/A 转换器中,本章分别介绍了权电阻网络型和倒 T 形电阻网络型的 D/A 转换器,后者的转换速度较快,是前者的 5~10 倍,两者精度相同。

11. 在 A/D 转换器中,本章分别介绍了逐次逼近型和 V-F 变换型 A/D 转换器,前者属于直接 A/D 转换器,后者属于间接 A/D 转换器。

12. D/A 转换器和 A/D 转换器的主要参数有分辨率、转换误差和转换时间。

13. 在模拟-数字器转换中,先要对模拟信号以固定间隔进行瞬时取样,并在两次取样之间保持前一次的取样值,实现这一过程的电路称为取样保持电路。取样保持电路的捕捉时间越短越好,保持电压下降率越小越好。

9-1　数字信号有何特点?

9-2 数字电路有何特点？

9-3 列出下列逻辑函数的真值表。

（1）$Y=AB+BC+\overline{A}C$

（2）$Y=\overline{A}\,\overline{B}+BC+A\overline{C}$

（3）$Y=\overline{A}\,\overline{B}+AB$

（4）$Y=(A+B)(B+C)$

9-4 利用公式证明下列等式。

（1）$(A+B)(\overline{A}+C)(B+C)=(A+B)(\overline{A}+C)$

（2）$A+\overline{A}\,\overline{B}+C=A+\overline{B}\,\overline{C}$

（3）$\overline{A}+BC=\overline{A}\,\overline{C}+\overline{A}\,\overline{B}+BC+\overline{A}\,CD$

（4）$(AB+\overline{A}\,\overline{B})(BC+\overline{B}\,\overline{C})(CD+\overline{C}\,\overline{D})=\overline{\overline{A}B+\overline{B}\overline{C}+\overline{C}\overline{D}+\overline{D}\overline{A}}$

9-5 什么是逻辑函数？如何化简逻辑函数？

9-6 请用公式化简法化简下列逻辑函数。

（1）$Y=AB\overline{C}+\overline{A}+\overline{B}+C$

（2）$Y=A(\overline{A}+B)+B(B+\overline{C}+\overline{D})$

（3）$Y=\overline{A}\,\overline{B}C+ABC+\overline{A}BD+AB\,\overline{D}+\overline{A}BCD+CDE$

（4）$L=A+AB\overline{C}+\overline{A}CD+\overline{C}E+\overline{D}E$

9-7 组合逻辑电路有什么特点？

9-8 时序逻辑电路有什么特点？

9-10 简述异步计数器和同步计数器的根本区别。

9-11 如图9-46所示，分析题中电路的逻辑功能，列出状态转换表，画出状态转换图和时序图。

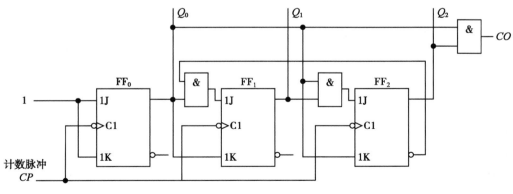

图9-46 习题9-11图

9-12 简述D/A转换器和A/D转换器的主要作用。

9-13 有一8位倒T形电阻网络D/A转换器，设$U_R=+5V$，$R_F=R$，试求d7～d0=1000 0000和1000 0100时的输出电压u_o。

9-14 某 D/A 转换器要求 8 位二进制数能代表 0~50V,问此二进制数的最低位代表的电压为多少?

9-15 在模拟-数字转换器中,取样保持电路的作用是什么?

（郭永新　高智贤）

第十章　非电量电测技术

ER10-1　第十章
非电量电测技术
（课件）

在工农业生产、科研、国防和日常生活中，经常需要检测各种参数和物理量，获取被测对象的定量信息，以便进行合理控制。而这些被测物理量在很多情况下是非电量。例如在药品生产中，为保证生产过程正常高效地进行，需要对其温度、压力、流量、物位等工艺参数进行检测控制。在药品研究中，需要分析各种化合物的组分和含量，需要掌握各种聚合物的物理、化学性能。又例如在检测生物体非电量过程中，必须首先通过"换能器"把非电量变换为电信号，才能应用电子仪器进行处理。

第一节　非电量电测系统的组成

ER10-2　第十章
非电量电测系统
的组成（微课）

一、非电量电测技术

随着微电子技术和计算机技术的飞速发展，电测技术也展现出更多的优势，促使人们研究利用电测的方法来测量"非电量"，形成了"非电量电测技术"。

所谓非电量电测技术，是先将各种待测的非电量变成相应的电量，然后进行电量测量。采用非电量电测的方法，具有快速、精确、远距离测量、无接触测量和实现自动测量等优点，因而在各行各业包括医药相关领域得到了广泛应用。

二、非电量电测系统组成

在非电量电测系统中，首先需要将被测的非电量转换成电信号，送入电子测量线路进行处理，然后用显示装置显示出来，或用它去控制一定的执行机构。因此，非电量电测系统主要由三部分组成：传感器、电子测量线路和显示装置，其组成框图如图 10-1 所示。

传感器是一种将非电量变换成电量的器件，它在电测系统中占有重要的位置。传感器获得信息的正确与否，关系到整个测量系统的精度，如果传感器误差很大，而后的测量和显示仪

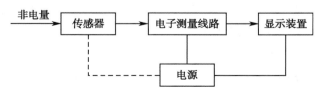

图 10-1　非电量电测系统的组成

表精度再高也难以提高整个测量系统的精度。

一个理想的传感器,它应只随被测参数的变化而发出具有单值函数关系的电信号。由于各种现象之间是相互联系的,很难找到理想的传感器,因此需要注意在测量过程中排除干扰,或加以补偿,或在测量结果中加以修正。

电子测量线路的作用是把传感器输出的信号进行处理,如整流、放大等处理成合适的电压或电流信号,使其能在显示装置上显示出来。电子测量线路根据传感器的要求不同而异,常用的电子线路有模拟电路和数字电路之分。

电子测量线路的选择还要注意与传感器的阻抗匹配问题。有些要求传感器内阻很高,如一些压电传感器、光电传感器及具有玻璃电极的 pH 计传感器,它们中有的内阻可达 $10^8 \sim 10^{10}\,\Omega$。因此与之配合的测量线路的输入阻抗应在 $10^{10} \sim 10^{13}\,\Omega$ 时,测量线路才能从传感器获得足够的信息量。

显示装置的作用是使人们获取被测的数值。显示方式有三类:模拟显示、数字显示和图像显示。

模拟显示是利用指针对标尺的相对位置表示读数,常用的有毫伏表、毫安表等指示仪表。数字显示是用数字的形式显示读数,常用的有数字电压表、数字电流表或数字频率计等仪表。图像显示是用屏幕显示读数或被测参数变化的曲线。当需要测量被测量的动态变化过程时,就要使用记录仪自动记录。常用的自动记录仪有笔式记录仪(如电子电位差计、$X\text{-}Y$ 函数的记录仪等)、光线示波器、磁带记录仪、电传打字机等。

第二节　传感器简介

一、传感器的作用

传感器也称为**换能器**,是一种将非电量转换为电量或电参量的器件。传感器主要应用于非电量电测技术领域。例如,在科研和生产实践中,经常要测量温度、压强、流量、转速、光强、酸碱度和化学成分等。测量时,先把这些非电量转换为电量或电参量,然后送至电子线路或电子仪器测量、显示和记录。之所以要这样测量,一方面是因为电子技术和计算机技术高度发展,电信号最容易显示、记录、传递、变换和处理,相对于使用温度计、压力计等机械或其他形式的仪表能得到更快更准确的结果。因此希望把被测参量变换成电量形式。以测量温度为例,如果只要测量和记录温度可用温差电偶或热敏电阻作为传感器,配以毫伏计、记录仪和简单电路。如果还要把温度控制在某一预定值上,可配上自动调节电路。另一方面,在定量检测,处理一般仪表无法检测的微弱非电量信号和生物体中各种非电性物理量和化学量时,更能发挥换能器的这种检测方法的优势和作用。因此不论是简单的显示和记录还是复杂的控制,都离不了传感器。要使生产向更高水平发展达到所谓自动化,就需要对电信号进行大量加工和处理。如果没有传感器,就很难实现生产和医疗诊断的现代化。

在一些先进企业中,生产操作人员很少,但产品质量和数量却很高,其原因是那里有成千上万的传感器,通过电子计算机起着"耳目"的作用,每时每刻都在严密"监视"每一个生产的细节。作为尖端技术之一的遥感技术,更是集中采用了许多高灵敏度、高精度和高可靠性的传感器。在人造卫星上采用遥感技术,可观察地面上植物的分布和生长情况,预计作物的收成;能勘察人迹罕至地区的矿藏,还能发现地下河流和湖泊。总之,这些在地面上难以完成的许多工作中,传感器将发挥很大的作用。

在当前对现有企业进行技术改造时,传感器也发挥很大作用。随着人们物质文化生活水平的日益提高,传感器也广泛地进入日常生活中,如电子售货秤,烹调控温,火灾预报,能显示脉搏、血压和体温的电子手表,收录机上的话筒,电唱机上的拾音器等都是实际例子。

二、传感器的主要种类和特点

非电形式的参量很多,传感器也因而多种多样,有对温度敏感的热敏元件,如温差电偶、铂电阻、热敏电阻和热释电器件;有对湿度敏感的湿敏元件,如湿敏电阻;有对磁场敏感的磁敏元件,如霍尔元件、磁敏二极管和晶体管;有对可燃气体敏感的气敏元件,如气敏电阻、测氧探头;有对力或压力敏感的力敏元件,如力敏电阻;有对光敏感的光敏元件,如光电池、光电二极管和晶体管、光电闸流管;还有一类对位置或位移敏感的元器件,如数码盘和差动变压器等。

从上述例子可知,大部分传感器是半导体器件。随着半导体技术的出现,晶体管和集成电路使传统的电路技术面貌为之一新,而半导体用于传感器则是半导体技术的又一重大贡献。许多古老的传感器一旦用半导体来制作,灵敏度就大大提高,力敏电阻比金属丝或箔式应变片的灵敏度高十至数十倍,热敏电阻比铂电阻的灵敏度高几个数量级。此外还有比半导体传感器更灵敏的传感器,如压电晶体和陶瓷,以及光纤维转速传感器等。

三、传感器的分类

传感器可以根据以下原则来分类。

1. **按输入物理量** 如速度传感器、温度传感器、压力传感器等。这种分类法对使用者来说,有一定的方便,可以根据测量对象选择所需要的传感器。但这种分类方法使得传感器名目繁多,对建立传感器的一些基本概念,掌握一些基本工作原理和分析是不利的。

2. **按工作原理** 如压电式、动圈式、涡流式、电磁式、磁阻式、差动变压器等。这种分类有它有利的一面,除可避免上述分类名目繁多的缺点外,还可使工作者对一些传感器的工作原理作归纳性的研究;但这种分类的缺点是选用传感器时有时会感到不方便。

3. **按能量传递方式** 把所有的传感器分为无源传感器和有源传感器两大类,前者是把被测电量变换为电压(或电流)信号。这类传感器本身是测量电路和指示器的电源,不需要单独的辅助电源供电,故称为**无源传感器**,例如电磁式、压电式、温差电偶等。在一部分传感器中,能量的传递是可逆的;后者并不起控制或调制作用,所以它必须具有辅助能源(电源)。这类传感器最典型的有电阻、电感、电容式等。因它本身并不是一个信号源,所以它所配合的测量放大器不是信号放大器,而通常是电桥电路或谐振电路。

这种分类法有利于对传感器的工作原理、内在联系作统一概括的分析,并能得到统一计算公式,有助于对传感器进行深入的研究。

4. 按输出信号的性质 按输出信号可将传感器分为模拟传感器和数字传感器两大类。前者如要配合数字计算机或数字显示,则需要进行模/数转换这一环节,而后者不需要。数字传感器可以将被测非电量直接转换成脉冲、频率或二进制数码输出,这些信号可以远距离传输而不被干扰。近年来,有更多数字传感器发展起来。

四、传感器的特性

传感器的特性主要包括灵敏度、稳定性和线性度。在选择和使用传感器时,首先要了解传感器的灵敏度。若待测信号过大,超过传感器的量程,可设法将信号衰减后,再进行测量。但更为普遍的情况是待测信号很小,而传感器的灵敏度不够,这时要采取一些辅助措施。例如,用温差电偶测量某种物体两端的温度,当温差很小时,可采用温差电堆,以提高信号电压。

传感器的另一个重要指标是稳定性,使用时应注意该传感器的参数是否会轻易地随环境条件或时间发生漂移。半导体传感器的灵敏度高是它的一大优点,但稳定性差是它的一个弱点。对稳定性考虑不周,会造成假象和意外损失,所以在使用时应采取相应措施改善稳定性。例如减振、恒温、恒湿和遮光来改善和维持传感器的环境因素稳定。另一种做法是采用补偿措施,使用性能一致的两个传感器,一个用于测量,一个用于补偿因环境条件变化引起的测量值的变化。

在稳定性达到一定指标后,传感器的精度有了保证,这时应注意线性度。在将传感器用于测量之前应了解它的线性度和线性范围,超出线性范围时应对读数进行修正。这个修正过程还可以在电路设计上加以完成,使传感器线性化。

此外,必须注意每一种传感器都有它特殊使用要点,否则会引起测量误差。在使用热敏电阻时应保持热接触良好,并减少电阻中工作电流自加热效应;使用温差电偶时要保持冷接触端的温度恒定;使用光电池时要注意负载电阻阻值应当较小,这样光电信号与光照强度成正比。

第三节 无源传感器

无源传感器也称为**发电式传感器**,其中有压电式、热电式、电磁感应式、光电式等。下面介绍几种常用传感器的构成原理和应用。

一、压电式传感器

天然晶体石英、电气石、酒石酸钾以及人工制造的陶瓷具有压电效应。从这些压电材料,例如石英中某一方向切割一块直角平行六面体晶片，当在两平行面施加压力或拉力时，两表面上产生等量异号电荷，所产生电量 q 与压力 f 成正比，即

$$q = kf \qquad \text{式（10-1）}$$

式中，k 称为**压电模量**，为压电材料的灵敏度常数。

如果把晶体两个相对平行平面上的极板视作平行板电容器，设极板的面积为 S，极板间的距离为 d，电压为 U，ε 为压电材料的介电常数，则电容 C 为

$$C = \frac{q}{U} = \frac{\varepsilon S}{d}$$

由此可得

$$q = kf = \frac{\varepsilon S}{d}U \qquad \text{式（10-2）}$$

或

$$U = \frac{kd}{\varepsilon S}f \qquad \text{式（10-3）}$$

因对于一定材料的晶片，S、d、ε 为常数，所以输出电压 U 与所施外力 f 呈线性关系。如外力不断变化，就有相应变化的电压输出。反之，利用压电材料的逆效应，将振荡器所产生的交流电压加在晶片平面上，输入电压就转换成机械振动。如振荡频率等于晶片振动的固有频率，则振动的振幅达到最大。利用压电晶片的压电效应，把机械能转换成电能的这种装置就是压电式传感器。

压电式传感器已有六十余年历史，由于这种传感器具有频率响应好、方向性强、抗噪声能力强、灵敏度高等特点，目前已广泛用于电声测量、压力测量、振动测量以及超声技术和水声技术。

压电式传感器在医学上的应用也很广泛，在振动方面可以测心音、食管内心音、胸壁振动、脉动、身体晃动、手指震颤等；在压力方面可以测心血管系统、气管、消化道等内压；在力量方面可以测心肌压力等；以及用超声诊断疾病。

二、热电式传感器

在制药等热力生产过程中，常常需要对温度进行测量和控制。准确测量温度是提高产品质量、保证生产设备安全正常运转的主要环节。

用作测量温度的传感器有热膨胀式、热电阻式和温差电偶等，这里只讨论温差电偶传感器。把两种不同成分的导体（或半导体）焊接成一闭合回路，当两接触点的温度 T_1 和 T_2 不同时，由于这两点所产生的接触电势差和导体中的自由电子密度不同，因而在回路中产生温差电动势，这种热电路称为**温差电偶**，也就是温差电偶传感器。由实验所测得温差电偶的电动势 ε 与温度差 $(T_1 - T_2)$ 的关系为

$$\varepsilon = a(T_1 - T_2) + \frac{1}{2}(T_1 - T_2)^2 \qquad \text{式（10-4）}$$

式中，a 为与组成温差电偶的导体性质有关的常数。

温差电动势可以用电势差计来测定。测量时，把一个接触点（称为自由端）的温度保持不变，例如保持 T_1 不变，另一接触点（称为工作端）放在被测温度的地方，则不同 T_2 就产生相应不同的温差电动势 ε。T_2 与 ε 的关系可以绘成曲线或列成表格，从仪表上测得的温差电动势就可得知温度 T_2。测量时必须保持自由端的温度稳定不变，否则就会产生误差。

这种传感器的优点是热容量小，灵敏度高，可以准确到 $10^{-3}\,℃$。铂与铂-铑合金制成的可量度的温度范围是 $200 \sim 1\,600\,℃$，并且它的体积可以制作得很小，在生物医学研究中可以用它测量体内某些部位的温度。

三、电磁感应式传感器

利用电磁感应原理可以制成多种传感器，电磁流量传感器是其中之一，它的构成原理示意图如图 10-2 所示。当导电的工作液体从直径为 D 非磁性材料制成的导管以垂直于磁场，流速为 V 流过时，若在管壁两侧插入电极，那么在电极上产生感应电动势大小为

$$\varepsilon = BDV \qquad \text{式（10-5）}$$

式中，B 为磁感应强度，单位为特（T）；V 的单位为米/秒（m/s）；ε 的单位为伏特（V）。

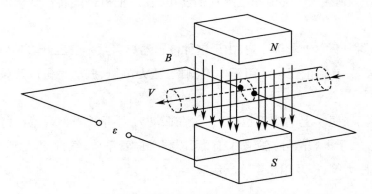

图 10-2　电磁流量传感器构成原理示意图

若速度在横截面内不均匀，但相对于管轴是对称的，则式（10-5）中 V 应以平均速度代之。由式（10-5）可以求得流量 Q 为

$$Q = \frac{\pi D^2}{4}V = \frac{\varepsilon \pi D}{4B} \qquad \text{式（10-6）}$$

从式（10-6）可以看出，当磁感应强度 B 和导管直径 D 一定时，流量 Q 与感应电动势 ε 成正比，测出 ε，即可知液体的流量 Q。

电磁流量传感器的磁场有两种形式。

（1）固定磁场式：采用永久磁铁产生的固定磁场。这样在液体中产生的感应电动势是直

流电动势,它将引起液体电解,使电极极化,增大测量误差。所以除了测量液态金属或在生物学和医学上应用外,大多采用交变磁场。

（2）交变磁场式:激磁电流通常采用频率从几十到几百赫兹的正弦波。这里应该注意,交变磁场虽可消除极化现象,但带来了新的问题。在传感器工作时,导体内充满液体,它与电极引线和测量仪表构成一个闭合回路,由于交变磁力线不可避免地穿过闭合回路,因而产生感生电动势,引起测量误差。为此,一般在结构上应注意使电极引线所形成的平面保持与磁力线平行,以避免磁力线穿过此闭合回路,同时设有机械调整装置以减小干扰电动势。

电磁流量传感器的优点:①导管内没有可动部件或突出于管内部件,可以用来测量含有颗粒、悬浮物等液体的流量,也可在采取防腐衬里的条件下,测量各种腐蚀性液体的流量。②输出电动势和流量呈线性关系,而且不受液体的物理性质,如温度、压强、黏滞性变化和流动状态的影响。同时,流速的范围也广,可测量 $1\sim10m/s$ 的流速。③反应迅速,可测量脉动流量。

目前,应用同样原理,已制成各种形式血流量传感器,用来测定流过粗细不同血管血液的流量。

四、光电式传感器

将光能转换为电能的装置称为**光电式传感器**,常用的硅光电池和硒光电池属于这一类。光电池在光的作用下产生光生电动势。如把它的两极连成闭合回路,就产生光生电流,电流的大小与被测光照强度成正比。利用这一特点可制成光电探测器,在工业生产上可以用于大量的自动监视、控制、警戒以及计数等。

例如,一束光从光源发出,经过一段特定路径,在对面被探测器接收,如在路径上出现任何物体挡住了光束,探测器的输出信号立刻发生变化,这表示光束路径上出现了物体,从而起到探测作用。

光电探测器在医学上根据血液容积变化可研究心脏搏动情况,用灯光照射放在硅光电池上的手指尖部,当血液容积变大时,红光透过少,当血液容积变小时红光透过多,利用光电探测器,把光照强度变化转换为相应的电信号变化,经放大电路放大后,把它记录下来就是光电容积脉搏波形图。

第四节　有源传感器

有源传感器(或参量传感器)有电阻式、电感式和电容式等。下面就这几种类型传感器的工作原理分别介绍。

一、电阻式传感器

电阻式传感器是利用阻值元件把被测物理量如力、温度、湿度、光照强度等变换成电阻阻值,从而通过对电阻阻值的测量达到测量该物理量的目的。电阻式传感器根据导体或半导体特性有很多种类,这里只介绍热敏电阻、光敏电阻和力敏电阻,最后介绍电解质电阻传感器。

(一)热敏电阻

热敏电阻是根据导体或半导体的电阻值随温度变化的性质来测量温度。这里讨论半导体电阻值与温度的关系,对于大多数半导体材料,其电阻与温度的关系可表示为

$$R_T = R_{T_0} e^{B\left(\frac{1}{T} - \frac{1}{T_0}\right)}$$ 式(10-7)

式中,R_{T_0} 和 R_T 分别表示温度为 T_0 和 T 时的电阻值;B 为由材料性质决定的电阻温度系数,其值可以通过实验求得。

由式(10-7)可知,当测量温度范围较大时,其阻值随温度的变化是指数曲线关系,只有在测量范围很小时才近似为线性关系。如果测温范围较大,可采用补偿电路,使其接近线性关系。

在生物医学上,为了精密测定各部分的微小温度差,通常将热敏电阻接入电桥线路中作为感温元件,原理如图 10-3 所示。图中 R_{t1} 和 R_{t2} 为阻值相等、温度特性相类似的两个热敏电阻,R_3 和 R_4 为电桥电阻。测量时,将 R_{t1} 和 R_{t2} 分别放在被测量部位,在温度差为零时,使 $R_3 R_{t2} = R_4 R_{t1}$,整个电桥处于平衡状态,没有信号输出,仪表指示为零。当某部分温度较高,即当温度差增加时,设热敏电阻 R_{t2} 的阻值发生变化,使 $R_3 R_{t2} \neq R_4 R_{t1}$,电桥处于不平衡状

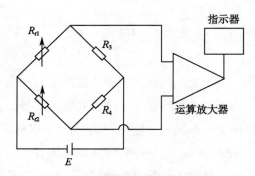

图 10-3 热敏电阻测量温度差

态,则有信号输出。两部位温度差愈大,电桥愈不平衡,输出电压经运算放大器放大后,在指示器上即有显示。

这种温度计灵敏度很高,可检测 $10^{-5}℃$ 的温度差,现已广泛用于测量流体、固体、气体、海洋、深井等方面的温度,成为当前自动测量温度的主要工具。

(二)光敏电阻

某些半导体材料受光照射后,阻值随着入射光的强弱而发生改变。一般说来,入射光增强时电导增大;反之,则电导减小。根据制作光敏电阻的材料经掺杂后的光谱特性,光敏电阻可分为紫外、可见和红外光敏电阻三种类型。紫外光敏电阻因对紫外光反应十分灵敏,可以用作探测紫外光。可见光敏电阻用于各种光电自动控制系统,如作光电自动开关和电子计算机的输入设备,光电跟踪系统等方面。红外光敏电阻广泛用于导弹制导、卫星运行姿态监视、天文探测、气体分析、无损伤探测方面。此外,如硫化镉光敏电阻对 X 射线及其他各种射线都很敏感,可用作测定这些射线剂量的元件。

光敏电阻的阻值除随光照强度变化外,还受温度的影响,测量时应采取补偿措施,最好的办法之一是用电桥电路,其电路与图 10-3 相似。

（三）力敏电阻

力敏电阻种类很多,常用的有金属丝应变片、金属膜应变片、半导体应变片等。将这些材料粘贴于弹性元件上,通过弹性元件的变形(位移),把被测压力转换成电阻的变化,这就成为电阻式压力传感器。现将它的工作原理说明如下。

设金属丝的截面积为 S,长为 L,电阻率为 ρ,则其电阻为

$$R = \rho \frac{L}{S} \qquad \text{式(10-8)}$$

对式(10-8)全微分后,并用相对变化量来表示,则有

$$\frac{\mathrm{d}R}{R} = \frac{\mathrm{d}\rho}{\rho} + \frac{\mathrm{d}L}{L} - \frac{\mathrm{d}S}{S} \qquad \text{式(10-9)}$$

一般情况下,电阻丝是圆截面,设其半径为 r,则 $S = \pi r^2$,微分后可得

$$\mathrm{d}S = 2\pi r \mathrm{d}r$$

则

$$\frac{\mathrm{d}S}{S} = \frac{2\pi r \mathrm{d}r}{\pi r^2} = \frac{2\mathrm{d}r}{r} \qquad \text{式(10-10)}$$

由力学可知,轴的纵向应变$\left(\dfrac{\mathrm{d}L}{L}\right)$与横向应变$\left(\dfrac{\mathrm{d}r}{r}\right)$的关系为

$$\frac{\mathrm{d}r}{r} = -\mu \frac{\mathrm{d}L}{L}$$

式中,μ 为泊松系数,对金属 $\mu = 0.24 \sim 0.40$。则式(10-9)可改写成

$$\frac{\mathrm{d}R}{R} = \frac{\mathrm{d}\rho}{\rho} + (1+2\mu)\frac{\mathrm{d}L}{L} \qquad \text{式(10-11)}$$

对于金属应变丝,$\dfrac{\mathrm{d}\rho}{\rho} \ll 1$,所以式(10-11)可近似为

$$\frac{\mathrm{d}R}{R} \approx (1+2\mu)\frac{\mathrm{d}L}{L} \qquad \text{式(10-12)}$$

因此,如果已知压力与应变的关系,则通过测量金属应变丝的相对电阻变化量可以间接地测定压力的大小。测量方法一般都采用惠斯通电桥。

电阻式压力传感器常作为测量压力的仪表,在生物医学中十分重要。通过它可以测量位移,从而可以推算出速度、加速度和力。在心血管研究中,从测量位移来测量心脏大小和大血管的直径及其变化。如同时测量心室的压力和体积的变化,可以了解心泵的功能。根据大血管的周期变化和血压变化之间的关系,可以算出血管阻力和血管壁的弹性。

（四）电解质电阻

将电源两个电极插入电解质溶液,构成一个电导池,正负两种离子在电场作用下,发生移动,并在电极上发生电化学反应而传递电子,因此电解质溶液具有导电作用,它的电阻就是电解质电阻。利用电解质电阻传感器可测定溶液的电导率。

电解质溶液是均匀的导体,其电阻服从欧姆定律,当温度一定时,电阻与电极间的距离 L 成正比,与电极的截面积 S 成反比,即

$$R = \rho \frac{L}{S}$$

式中,ρ 为电阻率。对于一个电极而言,电极面积 S 与极间距离 L 都是固定不变的,故 L/S 为常数,称为**电极常数**,以 Q 表示。电导用 G 表示,而电阻的倒数为电导,所以电导为

$$G = \frac{1}{R} = \frac{1}{\rho Q}$$

式中,$\frac{1}{\rho}$ 为电导率,它与电解质种类和浓度有关。如果以 γ 表示,则

$$\gamma = QG$$

(五)气体传感器

近年来半导体气体传感器得到了广泛应用。它是利用了吸附效应。半导体气体传感器通常由 SnO 等烧结制成,在烧结体上设置两个电极,并将其置于待测气体之中,通常两极间电阻很大,但当其表面吸附了待测气体分子时,其气体分子与烧结体之间发生电子交换,两极间的阻值将随着气体分子的吸附情况而增减。一般在还原性气体中电阻值减小,在氧化性气体中则增大。现已制成多种半导体气敏传感器。

如图 10-4 所示,为一种半导体气体传感器,它可以灵敏检测出气体中可燃性气体的浓度。它有 6 个引线端,F-F' 为加热丝引线,使用时需在其两端加上 4.5~5.5V 的电压;A-A' 短接为测量极的一端,一般接到电源正极;B-B' 短接构成测量极的另一端。

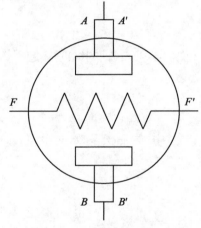

图 10-4　QM-N5 型半导体气体传感器

二、电感式传感器

电感式传感器是利用电感元件将被测的物理量的变化转换成自感系数或互感系数的变化,再由测量电路转换为电压信号。利用电感式传感器可以对位移、压力和振动等物理量进行静态或动态测量,由于它具有结构简单、灵敏度高、输出功率大和测量精度高等一系列优点,因此在工业自动化测量技术中得到广泛的应用。下面以自感式和互感式传感器为例,说明电感式传感器工作原理。

(一)自感式电感传感器

如图 10-5 所示,它是由铁芯、线圈和衔铁组成,在铁芯与衔铁之间留有一定厚度的空隙。传感器的运动部分与衔铁相连,当衔铁位置变化时,使气隙厚度发生变化,从而电感发生变化。根据理论计算,线圈的电感 L 为

$$L = \frac{n^2 \mu_0 S}{2\delta} \qquad 式(10\text{-}13)$$

式中，n 为线圈匝数；μ_0 为空气导磁系数；S 为铁芯截面积；δ 为气隙厚度。由式（10-13）可知，线圈的电感与气隙厚度成反比。

这种传感器在工作时线圈中一直有电流，流向负载的电流不为零，衔铁始终受到吸引力，也不能反映极性，因此很少使用，在实际工作中常采用差动式电感传感器，它是将两个相同的简单传感器结合在一起，在两者之间有一公共衔铁，如图 10-6 所示。当衔铁处于中间位置时，即位移为零时两线圈电感相等，这时两线圈中的电流 $I_1 = I_2$，$\Delta I = 0$，即负载 Z 上无电流，则输出电压 $U_{SC} = 0$。当衔铁在外力作用下向上或向下移动时，一个电感传感器的气隙增加，另一个减小，这时 $I_1 \neq I_2$，$\Delta I \neq 0$，负载 Z 就有电流通过和电压 U_{SC} 输出。这输出电压的大小反映了衔铁的位移大小，方向反映了衔铁的位移方向。

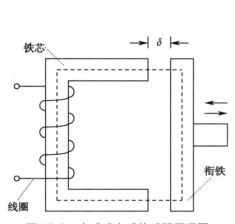

图 10-5　自感式电感传感器原理图

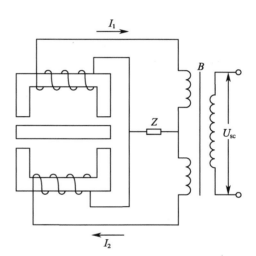

图 10-6　差动式传感器结构图

（二）互感式电感传感器

这种传感器以差动变压器式的使用较广，它本身是一个变压器，原绕组输入交流电压，副绕组感应出电信号，当互感受外界影响时，其感应电压也随之相应变化。由于它的副绕组接成差动形式，故称为**差动变压器**。图 10-7 为差动变压器式传感器结构原理图，图中 P 为原绕组，S_1 和 S_2 为匝数相同、几何形状完全对称放置的副绕组，在绕组中间为一可移动的铁芯。当原绕组加上一定的交流电压 U_{Sr} 后，在副绕组感应出的交流电压与铁芯的位置有关。当铁芯在中心位置时，$U_1 = U_2$，输出电压 $U_{SC} = 0$。当铁芯向上移动时，$U_1 > U_2$，反之，$U_1 < U_2$。如不考虑涡流损耗、铁损耗等因素，理想差动变压器的等效电路如图 10-8 所示，图中 R、R_1、R_2 分别为原绕组和副绕组的直流电阻，L、L_1、L_2 为自感，M_1 和 M_2 分别为原绕组和副绕组 1 和 2 之间的互感。

因原绕组的电流

$$\dot{I} = \frac{\dot{U}_{Sr}}{R + j\omega L} \qquad 式(10\text{-}14)$$

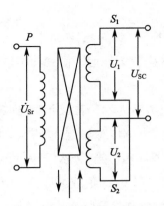

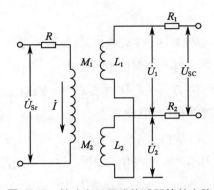

图 10-7　差动变压器式传感器结构原理　　　　图 10-8　差动变压器式传感器等效电路

副绕组的感应电压

$$\begin{cases} \dot{U}_1 = -j\omega M_1 \dot{I} \\ \dot{U}_2 = -j\omega M_2 \dot{I} \end{cases}$$　　　　　　式（10-15）

所以输出电压为

$$\dot{U}_2 = -j\omega (M_1 - M_2)\dot{I} = -j\omega (M_1 - M_2)\frac{\dot{U}_{Sr}}{R + j\omega L}$$

其峰值

$$U_{SC} = \frac{\omega (M_1 - M_2)\dot{U}_{Sr}}{\sqrt{R + (\omega L)^2}}$$　　　　　　式（10-16）

输出阻抗

$$Z = R_1 + R_2 + j\omega (L_1 + L_2)$$

或

$$|Z| = \sqrt{(R_1 + R_2)^2 + \omega^2 (L_1 + L_2)^2}$$　　　　　　式（10-17）

由式（10-16）可知，$M_1 = M_2$，则 $U_{SC} = 0$；移动铁芯位置，$M_1 \neq M_2$，则 $U_{SC} \neq 0$，输出电压经放大器放大，再经检波，就能显示出来。

差动变压器式传感器在生物医学中广泛用于测定血压、眼内压和膀胱内压等。

三、电容式传感器

电容式传感器是将被测物理量变化转换成电容器的电容量变化。现以平行板电容器为例说明其工作原理。

设平行板电容器的有效覆盖面积为 S，两板间的距离为 d，极板间充满介电系数为 ε 的电介质，在忽略极板边缘影响的情况下，它的电容量为

$$C = \frac{\varepsilon S}{d}$$　　　　　　式（10-18）

由式（10-18）可知，在 ε、S、d 三个参数中，任意保持其中两个参数不变，使另一个参数改变，则电容 C 也将改变。因此，电容式传感器有三种类型。

（1）改变覆盖面积：设覆盖面中的一块随外力作用发生移动，面积减小，则电容 C 随之减小。

（2）改变介电系数：设极板间的电介质原为空气，现有另一不同介电系数的电介质受外界影响逐渐被推入极板间，则因介电系数改变，电容器的电容也将发生相应的变化。

（3）改变极板间距离：与板垂直方向移动极板，改变极板间距离，电容器的电容量也将发生变化。

在实际应用中，为了提高传感器的灵敏度常制成差动式，它由两个电容器构成，共三块极板，其中一块是一公共极板，与拉杆连在一起，其他两块极板固定不动。因此，当拉杆在外力作用下与板面垂直方向移动时，一个电容器极板间距离减小，另一个增大，亦即一个电容增大，另一个减小。差动式传感器相当于两个传感器，故等效为两个阻抗，可分别作为交流电桥的两臂，另外两个桥臂用一定值阻抗。应用这种电桥可把被测位移量变换成电信号。

电容式传感器的优点是灵敏度高、结构简单、消耗量小，因此得到了广泛的应用。它的缺点是容易受温度和湿度的影响，泄漏电容大，要求有严密的屏蔽等。

下面简略地介绍一下目前传感器的发展情况。

（1）传感器技术数字化。为了配合数字计算机，目前国内外正致力于数字式传感器的研究。例如温度-频率传感器，它是以热敏电阻为桥臂的文氏电桥振荡器。当被测温度发生变化时，热敏电阻的电阻值随之发生变化，于是振荡器的振荡频率也随之变化，这样将直接变换成频率量，不仅不需要经过复杂的模/数转换这一环节，而且给采用电子计算机控制系统带来了不少的方便，提高了系统可靠性，加强了抗干扰能力。

（2）激光、微波和红外等，在非电量测量的应用使传感器技术得到新的发展。如用激光干涉原理测量振动、应变、表面光洁度等，微波测厚和红外测温。由于这些传感方法都是非接触式的，所以适宜于测量表面光洁度非常高的零件，在这些零件上不允许放置传感器。

（3）对于传感器，不仅要求它传感个别的非电量，而且要求它传感一个被测源所发出的全部信息，也即要传"像"，例如超声成像技术要求传感声像图。此外，对光学像、X 射线像、γ 射线像等的传感，要求传感器从大型发展到小型和微型，从单件发展到组合式，成千上万微型传感器组合成阵列，其中每个元件成为被测源的一个"像素"，然后将整个图像传感，显示在荧光屏上，这是阵列式传感器发展的新方向。

（4）模拟生物功能传感器的发展。生物体上充满着各种各样的有传感器作用的细胞，大凡视觉、听觉、嗅觉、触觉、味觉、温度觉都有这些传递感觉的作用。由于这些具有感觉的细胞，将非电量转变成生物电流，由神经传递给大脑，大脑像一个具有最大功能的计算机，它处理这些信息，及时发出各种命令对付各方情况。目前，模拟生物功能的传感器正在发展，机器人的功能也在发展，新的机器人装有光电装置，更复杂的装有光电成像装置，微型计算机执行"大脑"的功能，根据摄取的目标图像进行识别和判断，发出指令，指挥机械手，进行工作。

传感器种类多、用途广、发展快。即使对同一被测量的量来说,也可用多种传感器,因此要根据实际需要正确合理地选择传感器。例如,需要长期连续使用时,必须重视传感器长期使用的稳定性。对机械加工或化学分析等短时间的工序,需要重视传感器的灵敏度和动态性能,此外还应了解传感器的外形尺寸、重量、价格等因素,综合选定所需的传感器。

第五节　非电量电测技术应用举例

下面通过常用的几个例子,简要介绍非电量电测的方法及其应用。

一、分析混合气体中各气体的百分率含量

要用电测量的方法测定各气体的百分率含量,首先要掌握各气体的百分率含量与混合气体的哪些物理、化学性质有关,这样才能选择适当的传感器,以便将气体的某些物理、化学性质的变化转变成电信号,间接测定各气体的百分率含量。

由物理和化学的知识可知,气体的导热系数与被测气体成分的浓度有关。对于不发生化学反应的混合气体,它的导热系数为各气体导热系数的平均值。如果两种已知气体组成了混合气体,则混合气体的导热系数 λ_c 为

$$\lambda_c = \lambda_1 a + \lambda_2 (1-a) \qquad\qquad 式(10\text{-}19)$$

式中,λ_1、λ_2 和 a 分别为气体 1 和气体 2 的导热系数及气体 1 的百分含量。这样只要测出混合气体的导热系数 λ_c,便可知气体 1 的百分率含量 a。

采用温度传感器,将混合气体导热系数的变化转变成相应的电量变化。将一根热电阻丝(简称**热丝**,即温度传感器)放置在一个分析室中,分析室中通入混合气体,如图 10-9 所示。给热丝通以恒定电流加热。在结构、尺寸、材料一定的条件下,热丝最后达到的平衡温度将取决于分析室内混合气体的导热系数。因此当各气体的百分率含量改变时,热丝的平衡温度及相应的阻值随之改变。通过实验和理论均可证明,在一定范围内,热丝的阻值与被分析气体的百分率含量之间具有线性关系。

如何把热丝阻值的变化转换成电压或电流的变化呢? 通常可以采用电桥电路,如图 10-10 所示。将热丝 R_X 作为一个桥臂,测量前通过调节电位器 R_W 使电桥平衡,当混合气体通入分析室时,电桥失去平衡,电流计中流过的电流是混合气体中各气体百分率含量的函数。

以上仅是测量原理,在组成实际测量电路时还需要考虑许多实际问题,如怎样提高测量精度、电路中各电阻值应采用多大为宜、电流采用交流还是直流、电流参数值取多大、电路中是否有温度补偿措施、分析室的结构尺寸如何确定等,这些问题需进一步通过理论分析和实验来确定。

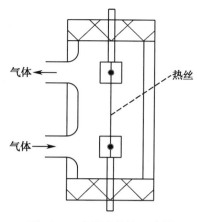

图 10-9　分析室结构示意图

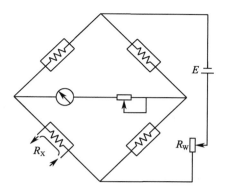

图 10-10　气体百分率含量测量电路原理图

二、酸度检测

酸度（pH）检测用于测定水溶液的酸碱度，也即水溶液中氢离子的浓度$[H^+]$，用 pH 表示。当 pH<7 时溶液呈酸性，pH>7 时溶液呈碱性，pH=7 时溶液呈中性。因而它是通过测量水溶液中氢离子的浓度$[H^+]$来得出溶液酸碱度。然而直接测量氢离子的浓度$[H^+]$相对比较困难，所以通常采用由氢离子的浓度$[H^+]$不同所引起的电极电位变化的方法来实现酸碱度的测量，如图 10-11 所示。这里的测量方法是用一个恒定电位的参比电极（如甘汞电极）和测量电极（如玻璃电极）组成一个原电池，原电池电动势的大小取决于氢离子的浓度$[H^+]$，也就是取决于溶液的酸碱度，电动势也可转换成相应的标准电信号，标准电信号经过检测电路处理后，再将 pH 显示出来。

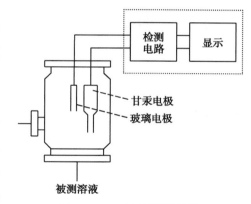

图 10-11　pH 检测原理图

酸度（pH）检测应用很广，制药、肥皂、食品等行业都有应用；在废水处理过程中酸度（pH）检测起了非常重要的作用。

三、电导仪

现在简要介绍常用的 DDS-Ⅱ型电导仪的测量原理。

DDS-Ⅱ型电导仪是由振荡器、电导池、放大器和检波指示器组成，如图 10-12 所示。图中R_X为被测电解质溶液的电阻，E为振荡器产生的标准电压，R_m为标准分压电阻，E_m为R_m上的交流电压。由电阻分压法，可得

$$E_m = \frac{ER_m}{R_m+R_X} = \frac{ER_m}{R_m+\dfrac{Q}{\gamma}} \qquad\qquad 式（10-20）$$

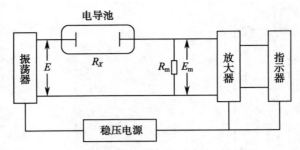

图 10-12　DDS-Ⅱ型电导仪原理图

从式（10-20）可知，当 E、R_m、Q 都为常数时，电导率 γ 的变化，必将引起 E_m 作相应的变化。通过测量 E_m，就可以测得电解质溶液的电导率。这里测量溶液的电阻不用直流而用交流，是为了防止在电极上因极化作用而改变溶液的组成和阻值，因此信号电源采用振荡器产生的交流电。同时，所测得的交流电压 E_m 经放大器放大后须再经检波将交流信号变成直流信号。最后由刻有电导率的直流指示器直接读出。由于温度对电解质电阻有影响，因此在测量过程中，必须保持温度恒定。

四、煤气报警器

当空气中煤气含量超过一定量时需接通报警电路，这也是一个非电量电测量的问题。对于空气中煤气含量的测定可以采用气体传感器，如 QM-N5 型（第四节已介绍过），其两个测量极间的电阻值随空气中煤气含量的增加而减小。用两极间的电阻与合适的电阻值相配合，使煤气含量达到一定浓度时，触发晶闸管，使蜂鸣器发声报警，原理电路如图 10-13 所示。

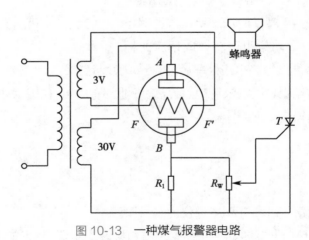

图 10-13　一种煤气报警器电路

本章小结

　　1. 本章介绍了非电量电测系统的组成，对其中能将非电量转换成电量的装置——传感器进行了简要介绍,并通过几个实例介绍了用非电量的电测法解决问题的思路和方法。

2. 要很好地利用非电量的电测方法解决专业生产和科研中的实际问题,首先需要对被测量有比较深入的研究,掌握它的多种性质,找到被测量与温度、压力、形变、磁、光、声等某一参量之间的定量关系,这样可以通过选用合适的传感器将被测量转换成某种电量的函数关系。

3. 对于测量系统中的具体电路,一方面要进一步研究和实验,另一方面可以借鉴具有类似功能的成熟电路或产品,这样可以加快解决问题的速度。

习题十

10-1 什么是传感器?它有哪些应用?

10-2 电磁流量传感器有哪些特点和不足之处?测量流量时应注意什么?

10-3 写出用半导体材料做成的热敏电阻的阻值与温度的关系式。如何看出当测量温度范围很小时,其阻值与温度变化为线性关系?

10-4 试述差动变压器式传感器的工作原理。

10-5 设有一个平行板电容式传感器,电容器的极板面积为 S,极板间隙为 d,极板间介质的介电系数为 ε,求当极板移动 X 距离后的电容量 C_X。C_X 与 X 是否呈线性关系?如当 $X \ll d$ 时,则两者关系又是怎样?

10-6 试述电阻式压力传感器测定压力的原理。

10-7 请设计一种恒温箱温度自动控制电路,画出电路图。

10-8 请设计一种电机转速测量电路,画出方框图。

10-9 请阅读有关资料,找到一种非电量电测技术应用实例的电路,并描述电路工作原理。

（洪 锐 章新友）

附录：直流电路的分析与计算

1 直流电路基础

1.1 电路及电路模型

电在日常生活中有广泛的应用。在电力、通信、电子计算机等领域中使用许多电路来完成多种任务。电路的形式、功能虽然多种多样，但它们受共同的规律约束，在这共同规律的基础上，形成了电路分析的一整套理论和分析方法。学好电路分析的理论和方法对进一步学习电子技术及电子计算机的后续课程十分重要。

如附图1所示，实际电路是由电器件(如电源、电阻、晶体管等)相互连接组成的。例如一个手电筒的实际电路如附图1(a)所示。附图1(b)给出了手电筒实际电路的"电气图"。在这个图中实际的干电池、灯泡及开关分别用它们的电气图符号表示。可以看出，电气图要比实际电路图简单多了。附图1(c)给出了手电筒电路的电路模型，也称"电路图"。在电路图中的元件是理想元件。理想元件是一定条件下对实际元件的理想化。这种理想化元件也称电路模型。一个实际电路元件在用理想元件表示时，根据要求条件不同，取得的电路模型也不同。例如附图1(a)中的实际电路元件干电池，当其内阻可以忽略不计时，可以用一个理想电压源构成它的电路模型。而实际电源的内阻必须考虑时，则其电路模型为理想电压源与电阻 R 串联。因此一个实际电路元件的电路模型可以有一个或多个理想元件构成它的电路模型。

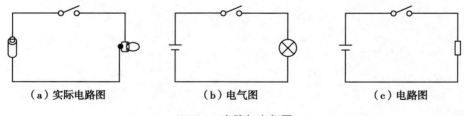

(a) 实际电路图　　　　　　　　(b) 电气图　　　　　　　　(c) 电路图

附图 1　电路与电气图

各种实际电路元件可以用理想模型近似表示它的特性。实际的器件是一个整体，内部有电能的消耗、电磁能的存储等。而构成它的电路模型中的单个元件是假设只有一种基本现象，这种元件称为**集总参数元件**，简称**集总元件**。

为器件建立模型时，采用上述集总假设的条件是在电路中，电场作用只发生在电容元件中，磁场作用只发生在电感元件中，不存在电磁辐射的能量损失。即只有在辐射能量可以忽略不计时,才能应用集总的概念。

由集总元件构成的电路模型称为集总电路模型,或称集总电路。本书不加注明的都是讨论集总电路的分析。以后讨论中为简化记,通常忽略"集总电路"中的"集总"二字。一般情况下,当电路工作的频率对应的波长与电路的元件尺寸相比,波长远大于元件的尺寸时,可以不考虑电磁辐射问题,而把电路作为集总电路考虑。

1.2 欧姆定律

1.2.1 关联参考方向

在进行电路分析时,既要对流过元件的电流选取参考方向,又要对元件两端的电压选取参考方向,两者是相互独立的,可以任意选取。如果电流的参考方向与电压的参考方向一致,则称为**关联参考方向**,如附图2(a)所示;反之,则称为**非关联参考方向**,如附图2(b)所示。

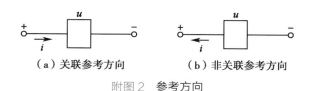

（a）关联参考方向　　　　（b）非关联参考方向

附图2　参考方向

当选取电压、电流的方向为关联参考方向时,则在电路图上只需标出电流或电压的参考方向即可,附图3所示的是两种等效的表示方法。

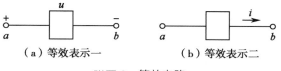

（a）等效表示一　　　　（b）等效表示二

附图3　等效电路

1.2.2 欧姆定律的作用

（1）欧姆定律:欧姆定律是电路分析中的重要定律之一,主要用于进行简单电路的分析,它说明了流过线性电阻的电流与该电阻两端电压之间的关系,反映了电阻元件的特性。遵循欧姆定律的电路称为**线性电路**,不遵循欧姆定律的电路称为**非线性电路**。

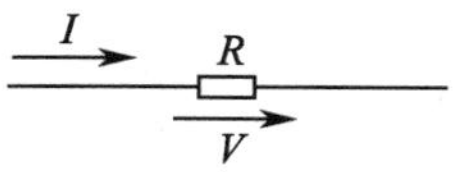

如附图4所示,在直流电路中的电阻器上,V、I 的关联参考方向下,欧姆用实验得出 V、I、R 三者间的关系与式(1)相同(欧姆用的是实际电阻器,V、I 为实际方向)。这个关系称为**欧姆定律**。

附图4　直流电路中的电阻器

$$V = RI \qquad\qquad 式(1)$$

电阻单位为欧姆(Ohm,简写 Ω)。此外,常用的单位还有千欧(kΩ)、兆欧(MΩ)等。

（2）电导:电阻的倒数为电导,以 G 表示,单位为西门子(siemens,简写 S)。

$$G = 1/R \qquad\qquad 式(2)$$

引入电导概念后,式(1)给出的欧姆定律又可以写成另一种形式,即

$$I = GV \qquad \text{式(3)}$$

(3) 电阻器上功率的计算：在附图 4 中，电阻器的端电压为 V，端电流为 I，在关联参考方向下，将欧姆定律代入功率计算公式后，则电阻器上的功率为

$$P = VI = RI^2 = V^2/R = GV^2 \qquad \text{式(4)}$$

附图 4 中的电阻（正电阻），在关联参考方向下，当电压为正值时，电流 I 亦为正值，这时有 $P = VI > 0$，即正电阻总是消耗功率；在负电阻上（在含有受控电源的电路中，有时会出现负电阻），在关联参考方向下，当电压为正值，电流为负值，这时有 $P = VI \ll 0$，即负电阻是产生功率的。在近代电路理论中，人们称正电阻为无源元件，称负电阻为有源元件。

必须指出，电阻器、电阻和电阻元件这三个术语经常被人们混用。此外，R 既表示电阻元件的参数，又表示电阻元件。

1.2.3 部分电路的欧姆定律

欧姆定律由德国科学家欧姆于 1827 年通过实验提出，它的内容为：在一段不含电源的电路中，流过导体的电流与这段导体两端的电压成正比，与这段导体的电阻成反比。其数学表示为

$$I = \frac{U}{R} \qquad \text{式(5)}$$

式中，I 为导体中的电流，单位 A；U 为导体两端的电压，单位 V；R 为导体的电阻，单位 Ω。

电阻是构成电路最基本的元件之一。由欧姆定律可知，当电压 U 一定时，电阻的阻值 R 愈大，则电流愈小，因此，电阻 R 具有阻碍电流通过的物理性质。

1.2.4 欧姆定律的几种表示形式

电压和电流是具有方向的物理量，同时，对某一个特定的电路，它又是相互关联的物理量。因此，选取不同的电压、电流参考方向，欧姆定律形式便可能不同。

在附图 5(a)(d) 中，电压参考方向与电流参考方向一致，其公式表示为

$$U = RI \qquad \text{式(6)}$$

在附图 5(b)(c) 中，电压参考方向与电流参考方向不一致，其公式表示为

$$U = -RI \qquad \text{式(7)}$$

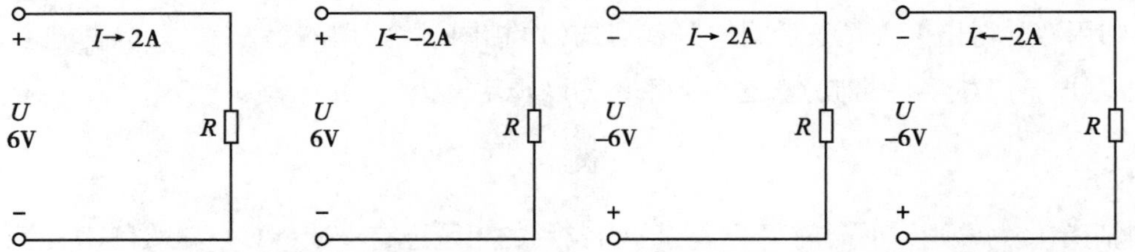

(a) 电压、电流参考方向一　(b) 电压、电流参考方向二　(c) 电压、电流参考方向三　(d) 电压、电流参考方向四

附图 5　欧姆定律的几种表示形式电路图

无论电压、电流为关联参考方向还是非关联参考方向，电阻元件的功率为

$$P = I_R^2 R = \frac{U_R^2}{R} \qquad\qquad \text{式（8）}$$

式（8）表明，电阻元件吸收的功率恒为正值，而与电压、电流的参考方向无关。因此，电阻元件又称为耗能元件。

例 1：应用欧姆定律，求附图 5 所示电路中电阻 R。

解：

在附图 5（a）中，电压和电流参考方向一致，根据公式 $U = RI$ 得

$$R = \frac{U}{I} = \frac{6}{2} = 3\Omega$$

在附图 5（b）中，电压和电流参考方向不一致，根据公式 $U = -RI$ 得

$$R = -\frac{U}{I} = -\frac{6}{-2} = 3\Omega$$

在附图 5（c）中，电压和电流参考方向不一致，根据公式 $U = -RI$ 得

$$R = -\frac{U}{I} = -\frac{-6}{2} = 3\Omega$$

在附图 5（d）中，电压和电流参考方向一致，根据公式 $U = RI$ 得

$$R = \frac{U}{I} = \frac{-6}{-2} = 3\Omega$$

本例题说明，在运用公式解题时，首先要列出正确的计算公式，然后再把电压或电流自身的正、负取值代入计算公式进行求解。

1.2.5　全电路欧姆定律

全电路是指含有电源的简单闭合电路，如附图 6 所示，虚线框中的 E 代表电源的电动势，r_0 代表电源自身具有的电阻称为内阻。通常把电源内部的电路称为内电路，电源外部的电路称为外电路。

如附图 7 所示，全电路欧姆定律的内容为：电路中的电流 I 与电源的电动势 E 成正比，与整个电路中的电阻成反比，其数学表示为

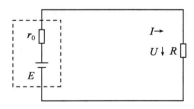

附图 6　含有电源的简单闭合电路

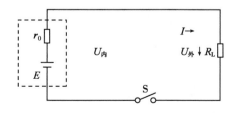

附图 7　全电路欧姆定律

$$I = \frac{E}{R + r_0} \qquad\qquad \text{式（9）}$$

式中，I 为电路中的电流，单位 A；E 为电源的电动势，单位 V；R 为外电路的电阻，单位 Ω；r_0 为

内电路的电阻,单位 Ω。

由式(9)可得

$$E=IR+Ir_0=U_{外}+U_{内} \qquad 式(10)$$

式中,$U_{外}$ 是外电路的电压,又称端电压;$U_{内}$ 是内电压。则全电路欧姆定律的内容又可叙述为:电源的电动势在数值上等于闭合电路中各部分的电压之和。

根据全电路欧姆定律,可以研究全电路中的电压与电流的变化规律。

(1)通路:又称为闭合电路。如附图7所示。当电路处于通路状态时,由全电路欧姆定律得

$$U_{外}=E-U_{内} \qquad 式(11)$$

式(11)表明,当电路处于通路状态时,电源向外电路所提供的电压要低于电源的电动势 E,由 $U_{内}=Ir_0$ 知,r_0 越大则向外电路所提供的电压越小,反之,若 r_0 越小则向外电路所提供的电压越大。因此,对电压源的要求是内阻越小越好。在理想状态下 $r_0 \rightarrow 0$,此时的全电路欧姆定律为

$$E=IR+Ir_0=U_{外}-0=U_{外} \qquad 式(12)$$

显然,电源向外电路所提供的电压 $U_{外}$ 等于它的电动势 E,满足这个关系的电源称为恒压源,也就是通常所说的直流电源。

(2)开路:又称断路。当电路处于断路状态时,如附图7中开关 S 断开,相当于 $R_L \rightarrow \infty$,电路中没有电流。

(3)短路:是指电路中电位不相等的两点之间直接连接在一起。根据短路产生的原因又分短接和事故短路。短接通常是人为原因造成的,如附图7中负载电阻 R_L 的两端误被导线连接在一起。事故短路则是由于连接在电路中的某个元器件因工作环境改变而形成的,如线圈之间的绝缘层老化或工作在高于其额定值时线路烧毁。

电路处于短路状态时,相当于 $R_L \rightarrow 0$,此时的全电路欧姆定律为

$$I=\frac{E}{R_L+r_0}=\frac{E}{0+r_0}=\frac{E}{r_0} \qquad 式(13)$$

由于电压源的内阻 r_0 通常很小,电源提供的电流将比通路时所提供的电流要大很多倍(在理想状态下 $r_0 \rightarrow 0$,则 $I \rightarrow \infty$),极易出现烧毁元器件的现象,所以,短路通常是一种严重事故,要尽力避免电路中出现短路情况。在实际工作中,为预防短路事故的发生,除了按规程要求经常检查电气设备和线路的绝缘情况外,还在电路中接入熔断器或自动断路器等保护装置来预防短路事故的发生。

通路、开路和短路统称为电路的三种工作状态。

例2:如附图8所示电路,理想电压源的电压 $U_S=10\text{V}$。求:

(1)$R=\infty$ 时的电压 U、电流 I。

(2)$R=10\Omega$ 时的电压 U、电流 I。

(3)$R \rightarrow 0$ 时的电压 U、电流 I。

解:题意明确告知附图8电路中的电源是理想电源,即内阻 $r_0 \rightarrow 0$,此时全电路欧姆定律

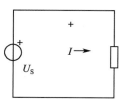

附图8 例2图

为 $U_s = E = IR + Ir_0 = IR - 0 = IR = U$。电路的工作状况主要由外接电阻 R 决定。

（1）当 $R = \infty$ 时，即外电路开路，U_s 为理想电压源，故 $U = U_s = 10\text{V}$

则
$$I = \frac{U}{R} = \frac{U_s}{R} = 0$$

（2）当 $R = 10\Omega$ 时，$U = U_s = 10\text{V}$

则
$$I = \frac{U}{R} = \frac{U_s}{R} = \frac{10}{10} = 1\text{A}$$

（3）当 $R = 0$ 时，电路短路，故 $U = U_s = 10\text{V}$

则
$$I = \frac{U}{R} = \frac{U_s}{R} \rightarrow \infty$$

显然，这么大的电流极易烧毁电路元器件和设备，所以，要避免电路中出现短路情况。结合这个例题，能很好地理解电路的三种工作状态的概念。

1.3 基尔霍夫定律

1.3.1 基尔霍夫定律的作用

基尔霍夫定律是电路中电压和电流所遵循的基本规律，是分析和计算较为复杂电路的基础，由德国物理学家基尔霍夫于 1847 年提出。它既可以用于直流电路的分析，也可以用于交流电路的分析，还可以用于含有电子元件的非线性电路的分析。

运用基尔霍夫定律进行电路分析时，仅与电路的连接方式有关，而与构成该电路的元器件的性质无关。

1.3.2 基尔霍夫电流定律

基尔霍夫电流定律（KCL）是确定电路中任意节点处各支路电流之间关系的定律，因此又称为节点电流定律，它的内容为：在任一瞬间，流向某一节点的电流之和恒等于由该节点流出的电流之和，即

$$\sum i(t)_\text{入} = \sum i(t)_\text{出} \qquad \text{式（14）}$$

在直流的情况下，则有

$$\sum I_\text{入} = \sum I_\text{出} \qquad \text{式（15）}$$

通常把式（14）、式（15）称为**节点电流方程**，或称为 **KCL 方程**。

它的另一种表示为

$$\sum i(t) = 0 \qquad \text{式（16）}$$

在列写节点电流方程时，各电流变量前的正、负号取决于各电流的参考方向对该节点的关系（是"流入"还是"流出"）；而各电流值的正、负则反映了该电流的实际方向与参考方向的关系（是相同还是相反）。通常规定，对参考方向背离（流出）节点的电流取正号，而对参考方向指向（流入）节点的电流取负号。

如附图9所示，为某电路中的节点 a，连接在节点 a 的支路共有 5 条，在所选定的参考方向下有

$$I_1 + I_4 = I_2 + I_3 + I_5$$

KCL 不仅适用于电路中的节点,还可以推广应用于电路中的任一假设的封闭面。即在任一瞬间,通过电路中任一假设封闭面的电流代数和为零。

如附图 10 所示,为某电路中的一部分,选择封闭面如图 10 中虚线所示,在所选定的参考方向下有

$$I_1 + I_6 + I_7 = I_2 + I_3 + I_5$$

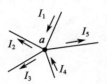

附图 9　KCL 应用

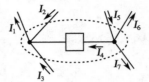

附图 10　KCL 应用推广

例 3:已知 $I_1 = 3A$、$I_2 = 5A$、$I_3 = -18A$、$I_5 = 9A$,计算附图 11 所示电路中的电流 I_6 及 I_4。

解:对于节点 a,4 条支路上的电流分别为 I_1 和 I_2 流入节点,I_3 和 I_4 流出节点;对于节点 b,3 条支路上的电流分别为 I_4、I_5 和 I_6 均为流入节点。

对节点 a,根据 KCL 可知

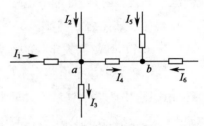

附图 11　例 3 图

$$I_1 + I_2 = I_3 + I_4$$

则 $I_4 = I_1 + I_2 - I_3 = 3 + 5 + 18 = 26A$

对节点 b,根据 KCL 可知

$$I_4 + I_5 + I_6 = 0$$

则 $I_6 = -I_4 - I_5 = -26 - 9 = -35A$

例 4:已知 $I_1 = 5A$、$I_6 = 3A$、$I_7 = -8A$、$I_5 = 9A$,试计算附图 12 所示电路中的电流 I_8。

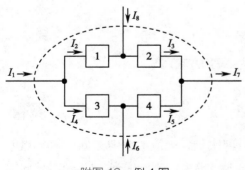

附图 12　例 4 图

解:在电路中选取一个封闭面,如图中虚线所示,根据 KCL 可知

$$I_1 + I_6 + I_8 = I_7$$

则 $I_8 = I_7 - I_1 - I_6 = -8 - 5 - 3 = -16A$

1.3.3　基尔霍夫电压定律

基尔霍夫电压定律(KVL)是确定电路中任意回路内各电压之间关系的定律,因此又称为回路电压定律,它的内容为:在任一瞬间,沿电路中的任一回路绕行 1 周,在该回路上电动势之和恒等于各电阻上的电压降之和,即

$$\sum E = \sum IR \qquad\qquad 式(17)$$

在直流的情况下,则有

$$\sum U_{电压升} = \sum U_{电压降} \qquad\qquad 式(18)$$

通常把式(17)、式(18)称为**回路电压方程**,简称 KVL 方程。

KVL 是描述电路中组成任一回路上各支路(或各元件)电压之间的约束关系,沿选定的回路方向绕行所经过的电路电位的升高之和等于电路电位的下降之和。

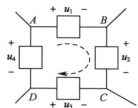

附图 13 某回路电路

回路的"绕行方向"是任意选定的,一般以虚线表示。在列写回路电压方程时通常规定,对于电压或电流的参考方向与回路"绕行方向"相同时,取正号,参考方向与回路"绕行方向"相反时取负号。

附图 13 所示为某电路中的一个回路 *ABCDA*,各支路的电压在所选择的参考方向下为 u_1、u_2、u_3、u_4,因此,在选定的回路"绕行方向"下有

$$u_1 + u_2 = u_3 + u_4$$

KVL 不仅适用于电路中的具体回路,还可以推广应用于电路中的任一假想的回路。即在任一瞬间,沿回路绕行方向,电路中假想的回路中各段电压的代数和为零。

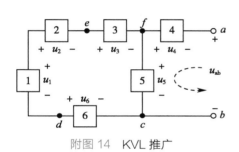

附图 14 KVL 推广

附图 14 所示为某电路中的一部分,路径 *a*、*f*、*c*、*b* 并未构成回路,选定图中所示的回路"绕行方向",对假象的回路 *afcba* 列写 KVL 方程有

$$u_4 + u_{ab} = u_5$$

则

$$u_{ab} = u_5 - u_4$$

由此可见,电路中 *a*、*b* 两点的电压 u_{ab},等于以 *a* 为原点、以 *b* 为终点,沿任一路径绕行方向上各段电压的代数和。其中,*a*、*b* 可以是某一元件或一条支路的两端,也可以是电路中的任意两点。

例 5:如附图 15 所示,试求电路中元件 3、4、5、6 上的电压。

解:仔细分析电路图,只有 *cedc* 和 *abea* 这两个回路中各含有一个未知量,因此,可先求出 U_5 或 U_4,再求 U_3 和 U_6。

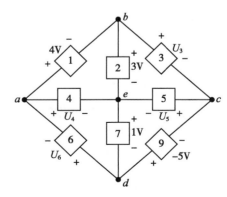

附图 15 例 5 图

在回路 *cedc* 中,$U_5 + U_7 + U_9 = 0$,则有

$$U_5 = -U_7 - U_9 = -(-5) - 1 = 4V$$

在回路 *abea* 中,$U_1 + U_2 = U_4$,则有

$$U_4 = U_1 + U_2 = 4 + 3 = 7V$$

在回路 *bceb* 中,$U_3 + U_5 = U_2$,则有

$$U_3 = U_2 - U_5 = 3 - 4 = -1V$$

在回路 $aeda$ 中，$U_4+U_7+U_6=0$，则有

$$U_6=-U_4-U_7=-7-1=-8V$$

2 直流电路计算

2.1 支路电流法

支路电流法，是在分析电路时，以支路电流为变量列方程、解方程，以求解出各支路电流的方法。

要求解 6 个变量，必须建立 6 个独立的方程。在支路电流法中，如果有 6 条支路以支路电流为变量，必须建立 6 个独立的方程。这 6 个独立的方程是根据电路的约束条件，即 KCL、KVL 及元件的伏安关系列出的。

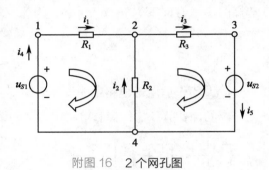

附图 16   2 个网孔图

如附图 16 所示，电路中有 5 条支路，4 个节点，2 个网孔。电路中有 4 个节点，可以由 KCL 列出 4 个电流方程。但是这 4 个方程中任取 3 个方程，可以得到第 4 个方程，所以只有 3 个是独立的。

4 个节点的 KCL 方程分别为

节点 1：$i_4-i_1=0$

节点 2：$i_1+i_2-i_3=0$

节点 3：$i_3-i_5=0$

节点 4：$i_2+i_4-i_5=0$

选用节点 1、2 和节点 3 的 KCL 方程，然后根据两个网孔分别列出以支路电流为变量的 KVL 方程。在列这两个 KVL 方程之前，先设定所列 KVL 方程的绕行方向。设两网孔都按顺时针方向绕行，则得到如下两个方程

$$U_{S1}+R_1i_1-R_2i_2=0$$
$$-U_{S2}-R_2i_2-R_3i_3=0$$

把这两个 KVL 方程和前面的三个 KCL 方程联立即可求得各支路电流。

例 6：如附图 17 该电路中有节点 $n=2$ 个，支路数 $b=3$ 条，假设电路中各元件的参数已知，

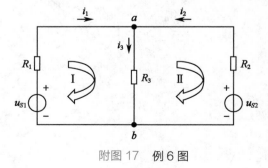

附图 17   例 6 图

求支路电流 I_1、I_2、I_3。因此 3 个未知量只要列 3 个方程就可求解。各电流的正方向，如附图 17 所示。

首先，应有 KCL 对节点 a 和 b 列电流方程

节点 a：$i_1+i_2-i_3=0$

节点 b：$I_3-I_1-I_2=0$

可以看出，此两个方程实为同一个方程，为非

独立的方程,因而独立方程只有1个。因此,对具有两个节点的电路,应用KCL能列出2-1=1个节点电流独立方程。

一般说来,对具有 n 个节点的电路应用KCL只能列出 $(n-1)$ 个独立方程。其次,在确定了一个方程后,另外两个方程可应用KVL列出。通常应用KVL可列出 $b-(n-1)$ 个方程。如附图17中回路Ⅰ、Ⅱ,选顺时针方向为绕行方向列方程式,则有

$$U_{S1}=I_1R_1+I_3R_3$$

$$-I_2R_2-I_3R_3=-U_{S2}$$

显然,本电路还有支路和支路组成的回路Ⅲ,但该回路列出的回路方程可从前两个方程求得,故不是独立方程。通常列回路方程时选用独立回路(一般选网孔),这样应用KVL列出的方程是独立方程。若网孔的数目等于 n 个,用KCL和KVL一共可列出 n 个独立方程,所以能解出 n 个支路电流。由以上的例题可以总结出,使用支路电流法解题时应注意以下几点:

(1)在图中首先设定支路电流参考方向。串联支路只设1个支路电流。

(2)设电路中有 n 个节点, m 个网孔,则列出的KCL方程为 $(n-1)$ 个,列出的KVL方程为 m 个,而且一定要满足等效电路支路数等于 $m+n-1$ 这样的关系。

(3)联立上述方程,求解该方程,即得各支路电流。

(4)如果某个支路的电流已知,这个支路是在电路的外围支路上,则包含这个支路的网孔的KVL方程不必列出。

2.2 电路中各点电位的计算

在电路分析中,除了要分析电压外,有时还要分析各点的电位,特别在电子电路中,常常用电位来分析电路的工作状态。

在电路中选取一个节点作为参考点,则其他各节点与参考点之间的电压,称为该点的**电位**。电压 U_{ab} 只能表明 a 点和 b 点之间的差值,不能表明 a 点和 b 点各自数值的大小。在电路分析和实际工作中,经常要对某两点的电性能进行比较,以确定电路的工作状况。比如,判断晶体三极管是处于放大、截止,还是饱和工作状态,要用到电位的概念。通常的做法是,先选定电路中的某个公共接点作为参考点,并规定该点的电位为"0",然后再计算或测量出电路中某点与参考点之间的电压,这个电压就是电位。在电路图或电子仪器和设备中,"0"电位点用符号"⊥"来表示。

电位的基本单位与电压相同,也是伏特,电位的符号用字母加单下标的方法来表示,如 U_a、U_b 则分别表示 a 和 b 点的电位。

电路中,任意两点之间的电位差称为电位差,用字母加双下标的方法表示,如 $U_{ab}=U_a-U_b$ 表示 a 点的电位和 b 点的电位之间的差值。显然,电路中任意两点之间的电位差是该两点之间的电压。

那么电位和电压有什么区别呢?先来分析下面这个例题。

例7:在附图18中,分别设 a、b 为参考点,求 a、b、c、d 各点电位。

解: 根据电位的概念,设 a 点为参考点时,则有

$$V_a = 0\text{V} \qquad\qquad V_b = U_{ba} = -10 \times 6 = -60\text{V}$$

$$V_c = U_{ca} = 4 \times 20 = 80\text{V} \qquad\qquad V_d = U_{da} = 5 \times 6 = 30\text{V}$$

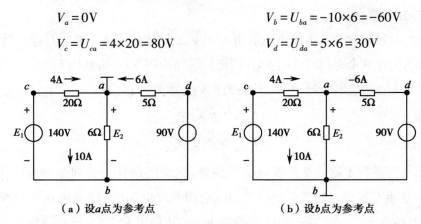

（a）设 a 点为参考点　　　　　　　（b）设 b 点为参考点

附图 18　例 7 图

设 b 点为参考点时,则有

$$V_b = 0\text{V}$$

$$V_a = U_{ab} = 10 \times 6 = 60\text{V}$$

$$V_c = U_{cb} = E_1 = 140\text{V}$$

$$V_d = U_{db} = E_2 = 90\text{V}$$

而两点间的电压则为

$$U_{ab} = 10 \times 6 = 60\text{V} \qquad\qquad U_{ca} = 4 \times 20 = 80\text{V}$$

$$U_{da} = 5 \times 6 = 30\text{V} \qquad\qquad U_{cb} = E_1 = 140\text{V}$$

$$U_{db} = E_2 = 90\text{V}$$

由以上讨论可以得出电位和电压的区别:①电路中某一点的电位等于该点与参考点之间的电压;②各点电位值的大小是相对的,随参考点的改变而改变,而两点间的电压值是绝对的。

有了电位的概念,附图 18 可以简化成附图 19 形式的习惯画法。

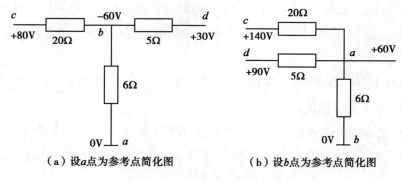

（a）设 a 点为参考点简化图　　　　　（b）设 b 点为参考点简化图

附图 19　附图 18 的简化图

2.3 电压源与电流源

2.3.1 理想电压源

如附图 20 所示,理想电压源简称电压源,其内阻 $r_0 = 0$。它的两个基本特点是:①无论它的外电路如何变化,它两端的输出电压为恒定值 U_S 或为一定时间的函数 $u_s(t)$;②通过电压源电流的大小由与之相连接的外部电路来决定。

电压源在电路图中的符号如附图 20(a) 所示,其电压用 u_s 表示。若 u_s 的大小和方向都不随时间变化,则称为直流电压源,其电压用 U_S 表示。附图 20(b) 是直流电压源的另一种符号,长线端表示参考正极性,短线端表示参考负极性。

直流电压源的伏安特性如附图 21 所示,它是一条以 I 为横坐标且平行于 I 轴的直线,表明其电流由外电路决定,不论电流为何值,直流电压源的端电压总为 U_S。

附图 20　理想电压源　　　　附图 21　直流电压源的伏安特性

$u_s(t) = 0$ 的电压源是电压保持为零、电流由其外电路决定的二端元件,因此,$u_s(t) = 0$ 的电压源可相当于 $R = 0$ 的电阻元件。在实际应用中,可以用一条短路导线来代替 $u_s(t) = 0$ 的电压源。

在实际应用中,不能将 $u_s(t)$ 不相等的电压源并联,也不能将 $u_s(t) \neq 0$ 的电压源短路。

2.3.2 实际电压源

理想电压源实际上是不存在的。实际电压源的端电压都是随着电流的变化而变化的。例如,当电池接通负载后,其电压会降低,这是因为电池内部存在电阻的缘故。由此可见,实际的直流电压源可用数值等于 U_S 的理想电压源和一个内阻 R_i 相串联的模型来表示,如附图 22(a) 所示。

于是,实际直流电压源的端电压为

$$U = U_S - U_R = U_S - IR_i \tag{式(19)}$$

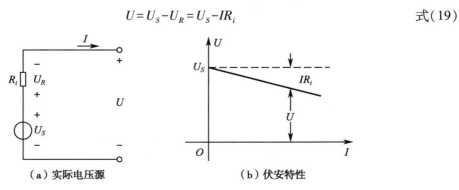

（a）实际电压源　　　　　（b）伏安特性

附图 22　实际电压源

式中，U_S 的参考方向与 U 的参考方向一致，取正号；U_R 的参考方向与 U 的参考方向相反，取负号。式(19)所描述的 U 与 I 的关系，即实际直流电压源的伏安特性，如附图 22(b)所示。

2.3.3　理想电流源

理想电流源简称电流源，其内阻 $r_0 = \infty$。它的两个基本特点如下。

（1）无论它的外电路如何变化，它输出的电流为恒定值 I_s，或为一定时间的函数 $i_s(t)$。

（2）电流源两端的电压的大小由与之相连接的外部电路来决定。

电流源在电路图中的符号如附图 23 所示，其中电流源的电流用 i_s 表示，电流源的端电压为 u_s。若 $i_s(t)$ 的大小和方向都不随时间变化，则称为直流电流源，其电流用 I_S 表示。

直流电流源的伏安特性如附图 24 所示，它是一条以 I 为横坐标且垂直于 I 轴的直线，表明其端电压由外电路决定，不论其端电压为何值，直流电流源的输出电流总为 I_S。

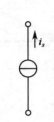

附图 23　电流源在
电路图中的符号

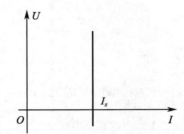

附图 24　直流电流源的伏安特性

$i_s(t) = 0$ 的电流源是电流保持为零、电压由其外电路决定的二端元件，因此，$i_s(t) = 0$ 的电流源相当于 $R = \infty$ 的电阻元件。在实际应用中，可以用一条开路导线来代替 $i_s(t) = 0$ 的电流源。

在实际应用中，不能将 $i_s(t)$ 不相等的电流源串联，也不能将 $i_s(t) \neq 0$ 的电流源开路。

2.3.4　实际电流源

理想电流源实际上是不存在的。实际电流源输出的电流是随着端电压的变化而变化的。例如，光电池在一定照度的光线照射下，被光激发产生的电流并不能全部外流，其中的一部分将在光电池内部流动。由此可见，实际的直流电流源可用数值等于 I_S 的理想电流源和一个内阻 R_i' 相并联的模型来表示，如附图 25(a)所示。

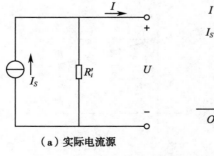

（a）实际电流源

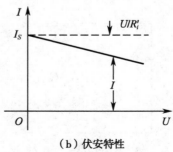

（b）伏安特性

附图 25　实际直流电流源及伏安特性

于是,实际直流电流源的输出电流为

$$I=I_S-\frac{U}{R_i'} \qquad\qquad 式(20)$$

式中,I_S 为实际直流电流源产生的恒定电流;R_i' 为其内部分流电阻。式(20)所描述的 U 与 I 的关系,即实际直流电流源的伏安特性,如附图25(b)所示。

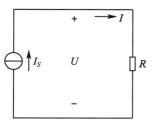

附图26　例8图

例8:附图26所示电路,直流电流源的电流 $I_S=1\mathrm{A}$。求:

(1)$R\to\infty$ 时的电流 I,电压 U。

(2)$R=10\Omega$ 时的电流 I,电压 U。

(3)$R\to0$ 时的电流 I,电压 U。

解:

(1)$R\to\infty$ 时即外电路开路,I_S 为理想电流源,故 $I=I_S=1\mathrm{A}$

则 $U=IR\to\infty$

(2)$R=10\Omega$ 时有 $I=I_S=1\mathrm{A}$

则 $U=IR=I_SR=1\times10=10\mathrm{V}$

(3)$R\to0$ 时即电路短路,故 $I=I_S=1\mathrm{A}$

则 $U=IR=I_SR=1\times0=0$

2.4　戴维南定理和叠加定理

2.4.1　线性电路

线性元件+独立电源=线性电路

独立电源是非线性单口元件,因其伏安特性曲线不是过原点的直线。

独立电源是电路的输入,起着激励的作用,可使线性元件中出现电压和电流(响应),并且响应与激励之间存在线性关系。

(1)齐次性:电路中只有一个激励,如附图27所示。

$i_j=k_ju_S,j=1,2,\cdots$　　当 u_S 扩大 a 倍时,i_j 也将随之扩大 a 倍。

$u_j=k_j'u_S,j=1,2,\cdots$　　当 u_S 扩大 a 倍时,u_j 也将随之扩大 a 倍。

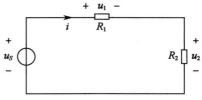

附图27　电路中单个激励

$$\begin{cases} i=\dfrac{1}{R_1+R_2}u_S \\[2mm] u_1=\dfrac{R_1}{R_1+R_2}u_S \\[2mm] u_2=\dfrac{R_2}{R_1+R_2}u_S \end{cases}$$

(2)相加性:电路中存在多个激励,如附图28所示。

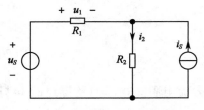

附图 28　电路中多个激励

$$i_j = k_{1j}u_{S1} + k_{2j}u_{S2} + \cdots + h_{1j}i_{S1} + h_{2j}i_{S2} + \cdots \qquad j = 1,2,\cdots$$

$$u_j = k'_{1j}u_{S1} + k'_{2j}u_{S2} + \cdots + h'_{1j}i_{S1} + h'_{2j}i_{S2} + \cdots \qquad j = 1,2,\cdots$$

$$\begin{cases} i_2 = \dfrac{1}{R_1+R_2}u_S + \dfrac{R_1}{R_1+R_2}i_S = k_{11}u_S + k_{12}i_S \\[2mm] u_1 = \dfrac{R_1}{R_1+R_2}u_S - \dfrac{R_1R_2}{R_1+R_2}i_S = k_{21}u_S + k_{22}i_S \end{cases}$$

u_S 单独作用：
$$i'_2 = \frac{1}{R_1+R_2}u_S,\ u'_1 = \frac{R_1}{R_1+R_2}u_S$$

i_S 单独作用：
$$i''_2 = \frac{R_1}{R_1+R_2}i_S,\ u''_1 = -\frac{R_1R_2}{R_1+R_2}i_S$$

$$\begin{cases} i_2 = i'_2 + i''_2 = k_{11}u_S + k_{12}i_S \\[2mm] u_1 = u'_1 + u''_1 = k_{21}u_S + k_{22}i_S \end{cases}$$

（1）每个支路电流或支路电压都是多个激励共同作用产生的结果。

（2）每一项只与一个激励成比例，其比例系数为该激励单独作用，其余激励全部置零求出的比例系数。

（3）电流源置零时相当于开路，电压源置零时相当于短路。

2.4.2　叠加定理

$$i_j = \sum_{k=1}^{m} i_j^k \bigg|_{\text{第}k\text{个电源单独作用,其余电源置零}}$$

线性电阻电路中,任一电压或电流都是电路中各个独立电源单独作用时,在该处产生的电压或电流的叠加。

（1）叠加定理仅适用于线性电路,不适用于非线性电路。

（2）叠加定理在线性电路分析中起着重要作用,线性电路中很多定理都与叠加定理有关。

（3）运用叠加定理计算电路时,如果有多个电源,可分组置零,不必单个置零。

（4）元件的功率不等于各电源单独作用时在该元件上所产生的功率之和,直接用叠加定理计算功率将失去"交叉乘积"项,因功率 p 不是电压 u 或电流 i 的线性函数。

（5）电路中存在受控源时,应用叠加定理计算各分电路时,要始终把受控源保留在各分电路中。

（6）叠加时各分电路中的电压和电流的参考方向可以取得与原电路中的相同。取和时,应注意各分量前的"＋""－"。

例 9：电路如附图 29 所示,求电压 u_3。

解：应用叠加定理,作 10V、4A 单独作用的等效电路,则有

$$i_1^{(1)} = i_2^{(1)} = \frac{10}{6+4} = 1\text{A},\ u_3^{(1)} = -10i_1^{(1)} + 4i_2^{(1)} = -6\text{V}$$

$$i_1^{(2)} = -\frac{4}{6+4} \times 4 = -1.6\text{A},\ i_2^{(2)} = 4 + i_1^{(2)} = 2.4\text{A},\ u_3^{(2)} = -10i_1^{(2)} + 4i_2^{(2)} = 25.6\text{V}$$

$$\therefore u_3 = u_3^{(1)} + u_3^{(2)} = 19.6\text{V}$$

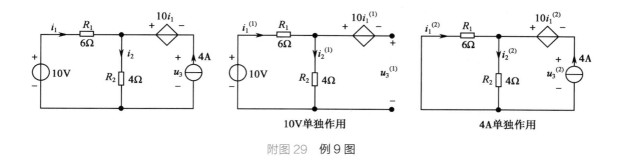

附图 29   例 9 图

2.4.3   戴维南定理

线性含源单口网络 N，可等效为一个电压源串联电阻支路，电压源电压等于该网络 N 的开路电压 u_{oc}，串联电阻 R_{eq} 等于该网络中所有独立源置为零值时所得网络 N_0 的等效电阻 R_{ab}，如附图 30 所示。

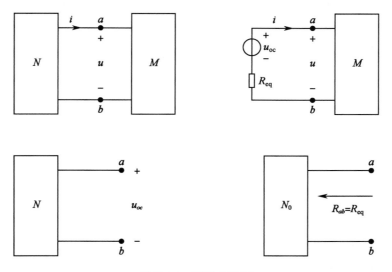

附图 30   戴维南定理

若线性含源单口网络的端口电压 u 和电流 i 为非关联参考方向，则其 VAR（伏安关系）可表示为

$$u = u_{oc} - R_{eq}i$$

（1）只要得到线性含源单口网络的两个数据：开路电压 u_{oc} 和短路电流 i_{sc}，即可确定戴维南等效电路。

（2）求含受控源的戴维南等效电路时，为了计算其受控源的作用，通常采用先算开路电压 u_{oc} 再算短路电流 i_{sc} 的方法获得 R_{eq}。

（3）求含受控源电路的等效电阻 R_{eq} 时，也可采用外加电压源求电流和外加电流源求电压的一般方法来解决。

（4）对电路的某一元件感兴趣时（求其电压、电流、功率等）应用戴维南定理会带来很大方便。

2.4.4 戴维南定理的证明

证明：如附图 31 所示，根据替代定理，将 M 用电流源 $i_S = i$ 替代，再据叠加定理，端口处电压 u 和电流 i 可叠加得到

$$u = u^{(1)} + u^{(2)} = u_{oc} - R_{ab} i$$

$$i = i^{(1)} + i^{(2)} = 0 + i_S = i_S$$

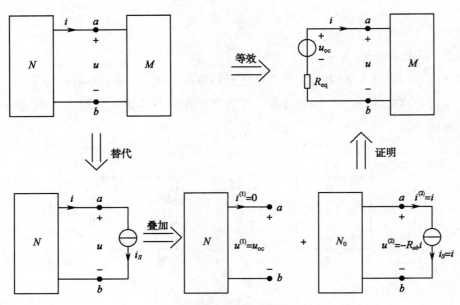

附图 31　戴维南定理证明

因此，从网络 N 的两个端钮 a、b 来看，含源单口网络可等效为一个电压源串联电阻的支路，其电压源电压为 u_{oc}，串联电阻为 R_{eq}。

例 10： 如附图 32 所示，试求电路中 12k 电阻的电流 I。

解： 据戴维南定理，除 12k 电阻以外的部分可等效为电压源 u_{oc} 与电阻 R_{eq} 的串联组合。

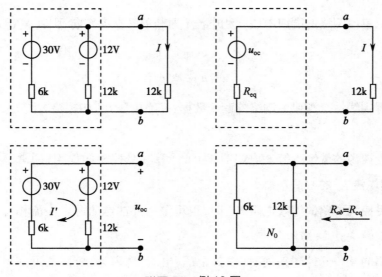

附图 32　例 10 图

$$\because I' = \frac{30-12}{8+10} = 1\text{mA}$$

$$u_{oc} = 12+12I' = 24\text{V}$$

又 $R_{ab} = 6/\!/12 = 4\text{k}$，$R_{eq} = R_{ab} = 4\text{k}$

$$\therefore I = \frac{U_{oc}}{R_{eq}+12} = \frac{24}{4\text{k}+12\text{k}} = 1.5\text{mA}$$

例 11： 如附图 33 所示，求单口网络的 VAR。

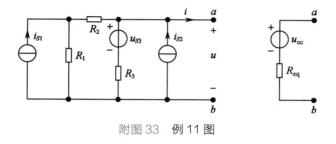

附图 33　例 11 图

解： 该网络的 VAR 可表示为

$$u = u_{oc} - R_{eq}i$$

S1：求 u_{oc}

$$u_{oc} = u_{oc}' + u_{oc}'' + u_{oc}'''$$

$$= i_{s1}\frac{R_1}{R_1+(R_2+R_3)}\times R_3 + i_{s2}\frac{R_1+R_2}{(R_1+R_2)+R_3}\times R_3 + U_{S3}\frac{R_1+R_2}{R_1+R_2+R_3}$$

$$= \frac{R_1 R_3 i_{s1} + (R_1+R_2)R_3 i_{s2} + (R_1+R_2)U_{S3}}{R_1+R_2+R_3}$$

S2：求 R_{eq}

$$R_{eq} = R_{ab} = (R_1+R_2)/\!/R_3 = \frac{(R_1+R_2)R_3}{R_1+R_2+R_3}$$

2.4.5　诺顿定理

诺顿定理：线性含源单口网络 N，可以等效为一个电流源并联电阻的组合，电流源的电流等于该网络 N 的短路电流 i_{sc}，并联电阻 R_{eq} 等于该网络中所有独立源为零值时，所得网络 N_0 的等效电阻 R_{ab}，如附图 34 所示。

（1）诺顿定理可由戴维南定理和等效电源定理推导出来。

（2）只能等效为一个电流源的单口网络（$R_{eq} = \infty$ 或 $G_{eq} = 0$），只能用诺顿定理等效，不能用戴维南定理等效；同理，只能等效为一个电压源的单口网络（$R_{eq} = 0$ 或 $G_{eq} = \infty$），只能用戴维南定理等效，不能用诺顿定理等效。

根据诺顿定理，线性含源单口网络的端口电压 u 和 i 为非关联参考方向时，则其 VAR 可表示为

$$i = i_{sc} - \frac{u}{R_{eq}}$$

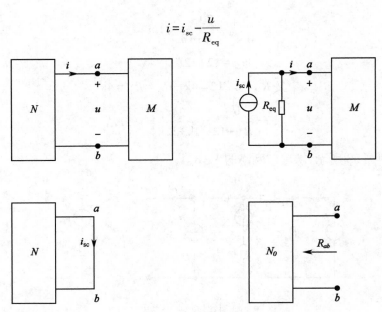

附图 34　诺顿定理

例 12： 如附图 35 所示，用诺顿定理求电路中 3Ω 电阻的电流 I。

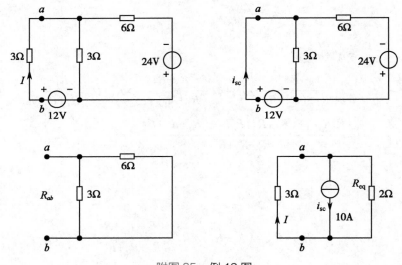

附图 35　例 12 图

解： $S1: i_{sc} = \dfrac{24}{6} + \dfrac{12}{3/\!/6} = 10A$

$S2: R_{ab} = 3/\!/6 = 2\Omega$

$S3: I = \dfrac{R_{eq}}{3 + R_{eq}} \times i_{sc} = \dfrac{2}{3+2} \cdot 10 = 4A$

（章新友　顾柏平　齐　峰）

参考文献

［1］张延芳. 医用电子学. 北京:科学出版社,2014.

［2］李君霖. 医用电子技术. 4 版. 北京:人民卫生出版社,2023.

［3］麻寿光. 电路与电子学. 2 版. 北京:高等教育出版社,2016.

［4］黄元峰,刘晓静,高玉良. 电工电子. 3 版. 北京:人民邮电出版社,2016.

［5］闫石. 数字电子技术基础. 6 版. 北京:高等教育出版社,2016.

［6］李晶皎,王文辉. 电路与电子学. 4 版. 北京:电子工业出版社,2012.

［7］陈仲本. 医学电子学基础. 3 版. 北京:人民卫生出版社,2010.

［8］章新友,侯俊玲. 物理学. 5 版. 北京:中国中医药出版社,2021.